高等数学
（浙江省专升本）

李金红 ◎ 主　编

周灿军　黄　辉　黄凯骏 ◎ 副主编

中国铁道出版社有限公司
CHINA RAILWAY PUBLISHING HOUSE CO., LTD.

内 容 简 介

本书根据浙江省专升本高等数学考试大纲要求编写,内容包括"高等数学"中的函数、极限和连续,导数与微分,微分学及其应用,不定积分,定积分及其应用,微分方程,无穷级数,向量代数与空间解析几何。

本书的编写参考了近十年的真题试卷,书中涵盖了常考知识点,专为考试设计,适合作为浙江省专升本考试的数学复习资料。

图书在版编目(CIP)数据

高等数学:浙江省专升本/李金红主编. -- 北京:中国铁道出版社有限公司,2024.9. -- ISBN 978-7-113-31507-8

Ⅰ. O13

中国国家版本馆 CIP 数据核字第 2024MW6948 号

| 书　　名：**高等数学**(浙江省专升本) |
| 作　　者：李金红 |

策　　划：侯　伟　谢世博	编辑部电话：(010)51873135
责任编辑：谢世博　徐盼欣	
封面设计：刘　莎　李金红	
责任校对：苗　丹	
责任印制：樊启鹏	

出版发行：中国铁道出版社有限公司(100054,北京市西城区右安门西街 8 号)
网　　址：https://www.tdpress.com/51eds/
印　　刷：天津嘉恒印务有限公司
版　　次：2024 年 9 月第 1 版　2024 年 9 月第 1 次印刷
开　　本：787 mm×1 092 mm　1/16　印张：12　字数：288 千
书　　号：ISBN 978-7-113-31507-8
定　　价：39.00 元

版权所有　侵权必究

凡购买铁道版图书,如有印制质量问题,请与本社教材图书营销部联系调换。电话:(010)63550836
打击盗版举报电话:(010)63549461

前　言

本书根据浙江省专升本高等数学考试大纲要求编写,目的是为准备参加浙江省专升本考试的广大考生提供一本系统性强、针对性高的数学复习资料,帮助考生在备考过程中高效地提高数学水平和应试能力。

本书内容包括"高等数学"中的函数、极限和连续,导数与微分,微分学及其应用,不定积分,定积分及其应用,微分方程,无穷级数,向量代数与空间解析几何。本书介绍了各知识点的基本概念、基本理论和基本方法,可以帮助考生理解各部分知识的结构及其联系,培养一定的抽象思维能力、逻辑推理能力、运算能力和空间想象能力,学会运用基本概念、基本理论和基本方法进行推理、证明和计算,并能运用所学知识分析解决一些简单的实际问题。

本书具有以下编写特色。

(1)基础知识:每章都涵盖了考试大纲所涉及的基础知识,以帮助考生夯实基础。

(2)例题解析:精选典型例题,通过详细的解析,帮助考生理解知识点的应用及解题思路。

(3)视频资源:本书配套了免费的视频课程,这些视频由编者录制,涵盖了本书中的重点内容和难点问题,可以帮助考生直观地理解知识点和解题技巧。考生可在哔哩哔哩网站内搜索 BV1MD421j7pg 进行观看。

本书的编写参考了近十年的真题试卷,书中涵盖了常考知识点,专为考试设计,希望能够成为考生备考路上的得力助手,帮助考生在浙江省专升本考试中取得优异成绩,实现理想的目标。

由于作者水平有限,书中疏漏和不妥之处在所难免,敬请广大读者批评指正。

编　者

2024 年 5 月

目 录

第1章 函数、极限和连续 ··· 1

- 1.1 函数的概念 ··· 2
- 1.2 基础初等函数 ··· 3
- 1.3 反函数 ··· 5
- 1.4 复合函数 ··· 6
- 1.5 函数的性质 ··· 10
- 1.6 数列极限的概念 ··· 13
- 1.7 函数极限的概念 ··· 14
- 1.8 单侧极限 ··· 15
- 1.9 无穷小与无穷大 ··· 17
- 1.10 两个重要极限 ··· 18
- 1.11 无穷小的比较 ··· 20
- 1.12 无穷大比无穷大 ··· 22
- 1.13 夹逼定理与极限小结 ··· 24
- 1.14 连续 ··· 30
- 1.15 间断 ··· 31
- 1.16 渐近线 ··· 34
- 1.17 闭区间上连续函数的性质 ··· 36

第2章 导数与微分 ··· 39

- 2.1 导数的定义 ··· 39
- 2.2 单侧导数 ··· 42
- 2.3 导函数 ··· 46
- 2.4 求导公式 ··· 46
- 2.5 导数的四则运算法则 ··· 47
- 2.6 复合函数求导 ··· 47
- 2.7 高阶导数 ··· 49
- 2.8 隐函数求导 ··· 52
- 2.9 幂指函数求导与对数求导法 ··· 53
- 2.10 由参数方程所确定的函数的导数 ··· 55
- 2.11 分段函数求导 ··· 56
- 2.12 反函数求导 ··· 58
- 2.13 微分 ··· 59

第3章 微分学及其应用 ··· 62

- 3.1 洛必达法则 ··· 62

3.2 单调区间、极值与驻点 64
3.3 最值 67
3.4 凹凸性与拐点 67
3.5 讨论方程根的个数 69
3.6 不等式的证明 70
3.7 微分中值定理 72

第4章 不定积分 84

4.1 不定积分的概念 84
4.2 第一类换元法 87
4.3 第二类换元法 90
4.4 分部积分法 96
4.5 有理函数的积分 98

第5章 定积分及其应用 106

5.1 定积分的概念 106
5.2 定积分的几何意义 108
5.3 定积分的性质 109
5.4 变限积分 111
5.5 牛顿-莱布尼茨公式 113
5.6 定积分的换元法与分部积分法 115
5.7 反常积分(广义积分) 123
5.8 定积分的应用 127

第6章 微分方程 132

6.1 微分方程的基本概念 132
6.2 可分离变量的微分方程 133
6.3 齐次方程 134
6.4 一阶线性微分方程 137
6.5 伯努利微分方程 139
*6.6 可降阶的高阶微分方程 140
6.7 高阶线性微分方程 143
6.8 二阶常系数线性微分方程 143

第7章 无穷级数 149

7.1 常数项级数的概念 149
7.2 常数项级数的性质 151
7.3 正项级数及其审敛法 152
7.4 交错级数及其审敛法 155
7.5 任意项级数的绝对收敛与条件收敛 156
7.6 幂级数的概念 157
7.7 收敛域的求解 158

7.8　幂级数的和函数 ·· 159
7.9　函数展开为幂级数 ·· 166

第 8 章　向量代数与空间解析几何 ·· 169

8.1　向量的基本概念 ··· 169
8.2　方向角和方向余弦 ··· 170
8.3　投影 ·· 171
8.4　数量积（点乘）··· 171
8.5　向量积（叉乘）··· 172
8.6　空间平面 ··· 173
8.7　空间直线 ··· 176

第1章 函数、极限和连续

1. 函数

①理解函数的概念,会求函数的定义域、表达式及函数值,会作出一些简单的分段函数图像.

②掌握函数的单调性、奇偶性、有界性和周期性.

③理解函数 $y=f(x)$ 与其反函数 $y=f^{-1}(x)$ 之间的关系(定义域、值域、图像),会求单调函数的反函数.

④掌握函数的四则运算与复合运算,掌握复合函数的复合过程.

⑤掌握基本初等函数的性质及其图像.

⑥理解初等函数的概念.

⑦会建立一些简单实际问题的函数关系式.

2. 极限

①理解极限的概念(只要求极限的描述性定义),能根据极限概念描述函数的变化趋势.理解函数在一点处极限存在的充分必要条件,会求函数在一点处的左极限与右极限.

②理解极限的唯一性、有界性和保号性,掌握极限的四则运算法则.

③理解无穷小量、无穷大量的概念,掌握无穷小量的性质,无穷小量与无穷大量的关系.会比较无穷小量的阶(高阶、低阶、同阶和等价).会运用等价无穷小量替换求极限.

④理解极限存在的两个收敛准则(夹逼准则与单调有界准则),掌握两个重要极限:

$$\lim_{x \to 0} \frac{\sin x}{x} = 1, \quad \lim_{x \to \infty} \left(1 + \frac{1}{x}\right)^x = e.$$

并能用这两个重要极限求函数的极限.

3. 连续

①理解函数在一点处连续的概念,函数在一点处连续与函数在该点处极限存在的关系,会判断分段函数在分段点的连续性.

②理解函数在一点处间断的概念,会求函数的间断点,并会判断间断点的类型.

③理解"一切初等函数在其定义区间上都是连续的",并会利用初等函数的连续性求函数的极限.

④掌握闭区间上连续函数的性质:最值定理(有界性定理)、介值定理(零点存在定理).会运用介值定理推证一些简单命题.

1.1 函数的概念

定义:若对任意 $x \in D$,按照一定的对应法则 f,总存在唯一确定的 y 与之对应,则称 y 是 x 的函数,记作 $y = f(x)$.其中,x 为自变量;y 为因变量;数集 D 为函数的定义域;$f(D)$ 为函数的值域.

因此,构成函数的基本要素为定义域 D 和对应法则 f.如果两个函数的定义域相同,对应法则也相同,那么两个函数即为同一函数.

表示函数的记号除了常用的 f 外,还可用其他英文字母或希腊字母,如 g、φ、F 等,即函数可记作 $y = g(x)$,$y = \varphi(x)$,$y = F(x)$ 等.下面列举几个函数的例子.

① 绝对值函数:$y = |x| = \begin{cases} x, & x \geq 0 \\ -x, & x < 0 \end{cases}$.其定义域为 $(-\infty, +\infty)$,值域为 $[0, +\infty)$.绝对值函数的图像如图 1-1 所示.

② 取整函数:设 x 为任一实数,不超过 x 的最大整数称为 x 的整数部分,记作 $y = [x]$.其定义域为 $(-\infty, +\infty)$,值域为整数集 $\mathbf{Z}$.例如,$\left[\dfrac{3}{4}\right] = 0$,$[\pi] = 3$,$[-2] = -2$,$[-3.4] = -4$,即向下取整.其中,$x - 1 < [x] \leq x < [x] + 1$.取整函数的图像如图 1-2 所示.

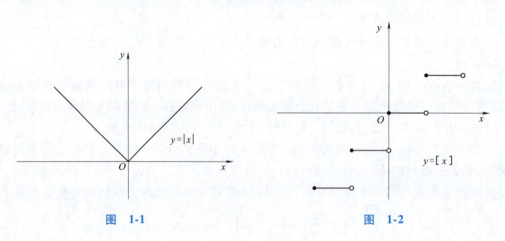

图 1-1   图 1-2

③ 符号函数:$y = \operatorname{sgn} x = \begin{cases} -1, & x < 0 \\ 0, & x = 0 \\ 1, & x > 0 \end{cases}$.其定义域为 $(-\infty, +\infty)$,值域为 $\{-1, 0, 1\}$.其中,$x = \operatorname{sgn} x \cdot |x|$.符号函数的图像如图 1-3 所示.

④ 狄利克雷函数:$D(x) = \begin{cases} 1, & x \text{ 是有理数} \\ 0, & x \text{ 是无理数} \end{cases}$

其以 y 轴为对称轴,是一个以任意有理数为周期的偶函数,它处处不连续,处处极限不存在,是不可黎曼积分的可测函数.其定义域为 $(-\infty, +\infty)$,值域为 $\{0, 1\}$.

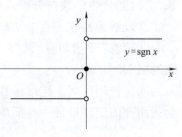

图 1-3

注：上述函数在考试中考察得比较少，更多考察的还是以基本初等函数进行有限次四则运算和复合运算所得到的函数．

1.2 基础初等函数

基础初等函数主要包括幂函数、指数函数、对数函数、三角函数、反三角函数、常数函数．（主要研究这些函数的图像、定义域、值域、相关运算、周期）

(1) 幂函数：$f(x) = x^a$（a 为常数）．其定义域和值域都与 a 的取值有关．例如，$y = \sqrt{x}$，定义域为 $[0, +\infty)$，值域为 $[0, +\infty)$；$y = x^3$，定义域为 $(-\infty, +\infty)$，值域为 $(-\infty, +\infty)$．幂函数的图像如图 1-4 所示．

相关运算：$x^a \cdot x^b = x^{a+b}$，$\dfrac{x^a}{x^b} = x^{a-b}$，$(x^a)^b = (x^b)^a = x^{a \cdot b}$，$\sqrt[a]{x^b} = x^{\frac{b}{a}}$．例如，$x^2 \cdot x^3 = x^5$，$\sqrt{x^3} = x^{\frac{3}{2}}$．

(2) 指数函数：$f(x) = a^x$（$a > 0$，且 $a \neq 1$）．其定义域为 $(-\infty, +\infty)$，值域为 $(0, +\infty)$．指数函数的图像如图 1-5 所示．

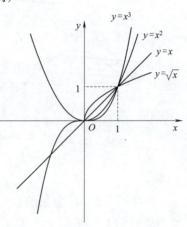

图 1-4

相关运算：$a^x \cdot b^x = (ab)^x$，$\dfrac{a^x}{b^x} = \left(\dfrac{a}{b}\right)^x$．指数运算与幂函数运算有相似的地方，例如，$a^x \cdot a^{2x} = a^{3x}$．但请注意指数函数与幂函数的区别：指数函数是底数为常数，次数为未知数；幂函数正好与之相反，底数为未知数，次数为常数．

特别地，当 $a = e$ 时，记作 $f(x) = e^x$，其中 e 一般指自然常数，是一个无理数，且 $e \approx 2.718$．

(3) 对数函数：$f(x) = \log_a x$（$a > 0$，且 $a \neq 1$）．其定义域为 $(0, +\infty)$，值域为 $(-\infty, +\infty)$．对数函数的图像如图 1-6 所示．

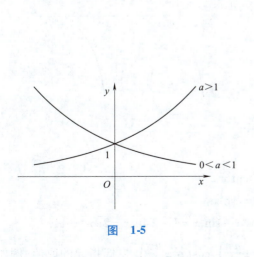

图 1-5

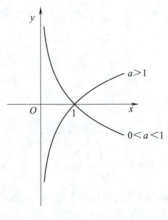

图 1-6

相关运算：$\log_a(M \cdot N) = \log_a M + \log_a N$，$\log_a\left(\dfrac{M}{N}\right) = \log_a M - \log_a N$，$\log_a M^N = N\log_a M$，$a^{\log_a M} = M$，其中 $M, N > 0$。例如，$\log_2 8 = \log_2 2 + \log_2 4$，$\log_2\left(\dfrac{7}{3}\right) = \log_2 7 - \log_2 3$。

特别地，当 $a = e$ 时，记作 $f(x) = \ln x$；当 $a = 10$ 时，记作 $f(x) = \lg x$。

（4）三角函数：$f(x) = \sin x$，$f(x) = \cos x$，$f(x) = \tan x$ 等。下面将分别对这三个三角函数进行介绍。

① $f(x) = \sin x$（正弦函数），定义域为 $(-\infty, +\infty)$，值域为 $[-1, 1]$，最小正周期为 2π。其图像如图 1-7 所示。

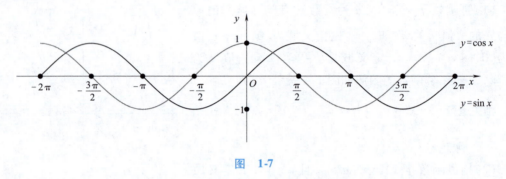

图 1-7

② $f(x) = \cos x$（余弦函数），定义域为 $(-\infty, +\infty)$，值域为 $[-1, 1]$，最小正周期为 2π。其图像如图 1-7 所示。

③ $f(x) = \tan x$（正切函数），定义域为 $\left\{x \mid x \neq \dfrac{\pi}{2} + k\pi, k \in \mathbf{Z}\right\}$，值域为 $(-\infty, +\infty)$，最小正周期为 π。其图像如图 1-8 所示。

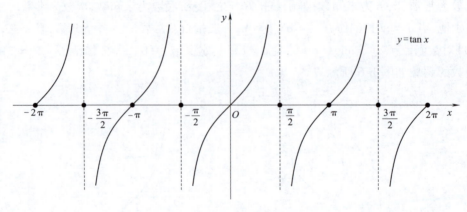

图 1-8

相关运算：$\cot x = \dfrac{1}{\tan x}$，$\sec x = \dfrac{1}{\cos x}$，$\csc x = \dfrac{1}{\sin x}$。

$\sin^2 x + \cos^2 x = 1$，$\tan^2 x + 1 = \sec^2 x$，$\cot^2 x + 1 = \csc^2 x$。

二倍角公式：$\sin 2x = 2\sin x \cos x$，$\cos 2x = \cos^2 x - \sin^2 x = 1 - 2\sin^2 x = 2\cos^2 x - 1$。

诱导公式：奇变偶不变，符号看象限，$\sin\left(\alpha \pm \dfrac{n\pi}{2}\right)$，$\cos\left(\alpha \pm \dfrac{n\pi}{2}\right)$，奇偶指 n 的取值。例如：

$\sin\left(\dfrac{\pi}{2}+\alpha\right)=\cos\alpha, \sin(\pi-\alpha)=\sin\alpha$ 等.

(5) 反三角函数: $f(x)=\arcsin x, f(x)=\arccos x, f(x)=\arctan x$ 等. 下面将分别对这三个反三角函数进行介绍.

① $f(x)=\arcsin x$, 定义域为 $[-1,1]$, 值域为 $\left[-\dfrac{\pi}{2},\dfrac{\pi}{2}\right]$. 其图像如图 1-9 所示.

② $f(x)=\arccos x$, 定义域为 $[-1,1]$, 值域为 $[0,\pi]$. 其图像如图 1-10 所示.

③ $f(x)=\arctan x$, 定义域为 $(-\infty,+\infty)$, 值域为 $\left(-\dfrac{\pi}{2},\dfrac{\pi}{2}\right)$. 其图像如图 1-11 所示.

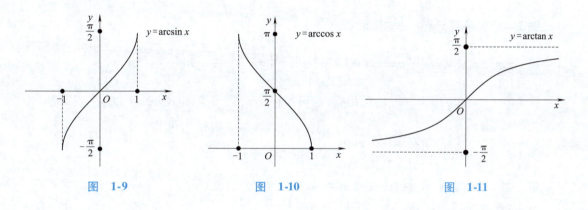

图 1-9　　　　　　　　图 1-10　　　　　　　　图 1-11

1.3　反　函　数

设函数 $y=f(x)$ 的定义域是 D, 值域是 $f(D)$. 如果对于值域 $f(D)$ 中的每一个 y, 在 D 中有唯一的 x 与之对应, 记作 $x=f^{-1}(y)$ 或 $x=\varphi(y)$, 称为 $y=f(x)$ 的反函数. 由于习惯上自变量用 x 表示, 因变量用 y 表示, 故 $x=f^{-1}(y)$ 通常也写作 $y=f^{-1}(x)$. 根据反函数的定义与函数的定义, 可以发现反函数具有以下几个特点:

① 一一对应的函数才有反函数;
② 反函数与原函数关于 $y=x$ 对称;
③ 反函数与原函数的定义域与值域互换;
④ $x=f^{-1}(y), y=f(x) \Rightarrow x=f^{-1}[f(x)]$;
⑤ 反函数与原来函数单调性相同.

求反函数的解题步骤:
① 将 $y=f(x)$ 看成方程, 解出 $x=f^{-1}(y)$, 也可写作 $y=f^{-1}(x)$;
② 原函数的值域作为反函数的定义域.

例 1-1　求函数 $y=\sqrt{x}+1(x\geqslant 0)$ 的反函数.

解　$y=\sqrt{x}+1 \Rightarrow \sqrt{x}=y-1 \Rightarrow x=(y-1)^2$, 故 $x=(y-1)^2$ 为 $y=\sqrt{x}+1$ 的反函数, 也可写作 $y=(x-1)^2$, 定义域 $x\in[1,+\infty)$.

例 1-2 求函数 $y = \dfrac{2x+3}{x-1}(x \neq 1)$ 的反函数.

解 $y = \dfrac{2x+3}{x-1} \Rightarrow yx - y = 2x + 3 \Rightarrow (y-2)x = 3 + y \Rightarrow x = \dfrac{3+y}{y-2}$,

故 $x = \dfrac{y+3}{y-2}$ 为 $y = \dfrac{2x+3}{x-1}$ 的反函数,也可写作 $y = \dfrac{x+3}{x-2}$,定义域 $x \neq 2$.

例 1-3 求函数 $y = \ln(x+1)$ 的反函数.

解 $y = \ln(x+1) \Rightarrow e^y = x+1 \Rightarrow x = e^y - 1$,故 $x = e^y - 1$ 为 $y = \ln(x+1)$ 的反函数,也可写作 $y = e^x - 1$,定义域 $x \in (-\infty, +\infty)$.

例 1-4 求函数 $y = \dfrac{x+1}{x+2}$ 的反函数.

解 $y = \dfrac{x+1}{x+2} \Rightarrow y = \dfrac{x+2-1}{x+2} \Rightarrow y = 1 - \dfrac{1}{x+2} \Rightarrow 1 - y = \dfrac{1}{x+2} \Rightarrow x = \dfrac{1}{1-y} - 2$.

故 $x = \dfrac{1}{1-y} - 2$ 为 $y = \dfrac{x+1}{x+2}$ 的反函数,也可写作 $y = \dfrac{1}{1-x} - 2$,定义域 $x \neq 1$.

例 1-5 求函数 $y = \begin{cases} e^x + 1, & x < 0 \\ x^2 + 2, & x \geq 0 \end{cases}$ 的反函数.

解 当 $x < 0$ 时,$y = e^x + 1 \Rightarrow y - 1 = e^x \Rightarrow x = \ln(y-1), 1 < y < 2$;

当 $x \geq 0$ 时,$y = x^2 + 2 \Rightarrow x = \sqrt{y-2}, y \geq 2$;

综上,反函数为 $x = \begin{cases} \ln(y-1), & 1 < y < 2 \\ \sqrt{y-2}, & y \geq 2 \end{cases}$,也可写作 $y = \begin{cases} \ln(x-1), & 1 < x < 2 \\ \sqrt{x-2}, & x \geq 2 \end{cases}$.

例 1-6 求函数 $y = \ln(x + \sqrt{1+x^2})$ 的反函数.

解 $e^y = x + \sqrt{1+x^2} \Rightarrow e^y - x = \sqrt{1+x^2} \Rightarrow (e^y - x)^2 = 1 + x^2$

$\Rightarrow e^{2y} - 2xe^y + x^2 = 1 + x^2 \Rightarrow e^{2y} - 1 = 2xe^y \Rightarrow x = \dfrac{e^{2y} - 1}{2e^y}$,也可写作 $y = \dfrac{e^{2x} - 1}{2e^x} = \dfrac{e^x - e^{-x}}{2}$.

例 1-7 求函数 $y = \dfrac{e^x - e^{-x}}{2}$ 的反函数.

解 $e^x - e^{-x} = 2y \Rightarrow e^{2x} - 1 = 2ye^x \Rightarrow e^{2x} - 2ye^x = 1$

$\Rightarrow e^{2x} - 2ye^x + y^2 = 1 + y^2 \Rightarrow (e^x - y)^2 = 1 + y^2 \Rightarrow e^x - y = \sqrt{1+y^2}$

$\Rightarrow e^x = \sqrt{1+y^2} + y \Rightarrow x = \ln(\sqrt{1+y^2} + y)$,也可写作 $y = \ln(\sqrt{1+x^2} + x)$.

1.4 复合函数

设 y 是 u 的函数 $y = f(u)$,u 是 x 的函数 $u = \varphi(x)$,如果 $\varphi(x)$ 的值全部或部分在 $f(u)$ 的定义域内(也即 $\varphi(x)$ 的值域与 $f(u)$ 的定义域有交集),则 y 通过 u 成为 x 的函数,即表达式 $y = f[\varphi(x)]$ 有意义,称它是由函数 $y = f(u)$ 和 $u = \varphi(x)$ 复合而成的复合函数,其中 u 称为中

间变量.这种由多个基本初等函数互相嵌套而成的函数称为复合函数.

例如,$y=\sin x^2$ 就是由 $y=\sin u, u=x^2$ 复合而成的复合函数;$y=\ln u, u=-x^2$ 便不能进行复合.对于复合函数,其拆解原则为"从外到里,从左到右,逐层剥离".

根据以上函数的相关内容,在考试当中常见的题型如下:

1. 求具体函数的定义域

① 根据基本初等函数的定义域及相关要求(如:分母不能等于零;偶次根式内要大于等于零;对数内的真数大于零;$y=x^0, x\neq 0$);

② 对得到的自变量 x 的范围取交集.

例 1-8 求 $y=\dfrac{x^2+x}{x^2-1}$ 的定义域.

解 $x^2\neq 1 \Rightarrow x\neq \pm 1$.

例 1-9 求 $y=\sin\dfrac{1}{x-2}+\sqrt{x-2}$ 的定义域.

解 $\begin{cases} x-2\neq 0 \\ x-2\geqslant 0 \end{cases} \Rightarrow x\in(2,+\infty)$.

例 1-10 求 $y=\dfrac{\ln(2-x)}{\sqrt{x-1}}$ 的定义域.

解 $\begin{cases} 2-x>0 \\ x-1>0 \end{cases} \Rightarrow \begin{cases} x<2 \\ x>1 \end{cases} \Rightarrow x\in(1,2)$.

例 1-11 求 $y=\dfrac{1}{\arctan x}+\ln(x+2)$ 的定义域.

解 $\begin{cases} x\neq 0 \\ x+2>0 \end{cases} \Rightarrow x\in(-2,0)\cup(0,+\infty)$.

例 1-12 求 $y=\arcsin\sqrt{x^2-1}$ 的定义域.

解 $\begin{cases} x^2-1\geqslant 0 \\ -1\leqslant \sqrt{x^2-1}\leqslant 1 \end{cases} \Rightarrow 0\leqslant x^2-1\leqslant 1 \Rightarrow x\in[-\sqrt{2},-1]\cup[1,\sqrt{2}]$.

例 1-13 求 $y=\ln\dfrac{x+1}{x-1}$ 的定义域.

解 $\dfrac{x+1}{x-1}>0 \Rightarrow \dfrac{x^2-1}{(x-1)^2}>0 \Rightarrow x^2>1 \Rightarrow x\in(-\infty,-1)\cup(1,+\infty)$.

2. 求抽象函数的定义域

① 定义域是自变量 x 的取值范围;

② 函数 $f[\varphi(x)]$ 与 $f[\theta(x)]$ 中,$\varphi(x)$ 与 $\theta(x)$ 的范围一致.

例 1-14 已知 $f(x)$ 的定义域是 $(-3,1)$,求 $f(2x-1)$ 的定义域.

解 因为 $f(x)$ 的定义域是 $(-3,1)$,所以 $-3<x<1$;

因为 f 前后括号内范围一致,所以 $-3<2x-1<1$,解得 $f(2x-1)$ 的定义域为 $x\in(-1,1)$.

例 1-15 已知 $f(x-1)$ 的定义域是 $(-2,1)$,求 $f(x+1)$ 的定义域.

解 因为 $f(x-1)$ 的定义域是 $(-2,1)$,所以 $-2<x<1$,即 $-3<x-1<0$;
因为 f 前后括号内范围一致,所以 $-3<x+1<0$,解得 $f(x+1)$ 的定义域 $x\in(-4,-1)$.

例 1-16 已知 $f(1-3x)$ 的定义域是 $(-3,3]$,求 $f(x)$ 的定义域.

解 因为 $f(1-3x)$ 的定义域是 $(-3,3]$,所以 $-3<x\leq 3$,即 $-8\leq 1-3x<10$;
因为 f 前后括号内范围一致,所以 $-8\leq x<10$,解得 $f(x)$ 的定义域 $x\in[-8,10)$.

例 1-17 已知 $f(x+1)$ 的定义域是 $(-1,0)$,求 $f(x^2)$ 的定义域.

解 因为 $f(x+1)$ 的定义域是 $(-1,0)$,所以 $-1<x<0$,即 $0<x+1<1$;
因为 f 前后括号内范围一致,所以 $0<x^2<1$,解得 $f(x^2)$ 的定义域 $x\in(-1,0)\cup(0,1)$.

例 1-18 已知 $f(x)$ 的定义域是 $(0,1)$,求 $f\left(x+\dfrac{1}{4}\right)+f\left(x-\dfrac{1}{4}\right)$ 的定义域.

解 由 $0<x<1$,得 $\begin{cases}0<x+\dfrac{1}{4}<1\\ 0<x-\dfrac{1}{4}<1\end{cases}\Rightarrow x\in\left(\dfrac{1}{4},\dfrac{3}{4}\right)$.

3. 求函数表达式

① 已知 $f(x)$ 去求 $f[\varphi(x)]$,将 $\varphi(x)$ 代入 x 中即可;已知函数 $f[\varphi(x)]$ 去求 $f(x)$,先将等号右边关于未知数的部分都转化为 $\varphi(x)$,再将 $\varphi(x)$ 替换为 x.

例 1-19 已知 $f(x)=\dfrac{1}{1-x}$,求 $f[f(x)]$.

解 对 f 括号内进行整体替换,$f[f(x)]=\dfrac{1}{1-f(x)}=\dfrac{1}{1-\dfrac{1}{1-x}}=\dfrac{1-x}{-x}$.

例 1-20 已知 $f(x)=e^x$,$g(x)=x-2$,求 $f[g(x)]$.

解 由 $f(x)=e^x$ 可知,$f[g(x)]=e^{g(x)}=e^{x-2}$.

例 1-21 已知 $f(x)=x-1$,$f[g(x)]=3x+1$,求 $g(x)$.

解 由 $f(x)=x-1$ 可知,$f[g(x)]=g(x)-1=3x+1\Rightarrow g(x)=3x+2$.

例 1-22 已知 $f(x)=\begin{cases}2\ 024, & x\geq 1\\ 1, & x<1\end{cases}$,求 $f[f(x)]$.

解 $f[f(x)]=\begin{cases}2\ 024, & f(x)\geq 1\\ 1, & f(x)<1\end{cases}$,由于不论 x 的值如何取,$f(x)$ 始终大于等于 1,
故 $f[f(x)]=2\ 024$.

例 1-23 已知 $f(x)=\begin{cases}x+1, & x\geq 0 \\ x, & x<0\end{cases}$，求 $f[f(x)]$.

解 $f[f(x)]=\begin{cases}f(x)+1, & f(x)\geq 0 \\ f(x), & f(x)<0\end{cases}$.

当 $x\geq 0$ 时，$f(x)=x+1$，

则 $f[f(x)]=\begin{cases}f(x)+1, & f(x)\geq 0 \\ f(x), & f(x)<0\end{cases}=\begin{cases}x+1+1, & x+1\geq 0 \\ x+1, & x+1<0\end{cases}=\begin{cases}x+2, & x\geq -1 \\ x+1, & x<-1\end{cases}$.

由于 $x\geq 0$，所以 $f[f(x)]=\begin{cases}x+2, & x\geq 0 \\ x+1, & 舍去\end{cases}$.

当 $x<0$ 时，$f(x)=x$，

则 $f[f(x)]=\begin{cases}f(x)+1, & f(x)\geq 0 \\ f(x), & f(x)<0\end{cases}=\begin{cases}x+1, & x\geq 0 \\ x, & x<0\end{cases}$,

由于 $x<0$，所以 $f[f(x)]=\begin{cases}x+1, & 舍去 \\ x, & x<0\end{cases}$.

综上，$f[f(x)]=\begin{cases}x+2, & x\geq 0 \\ x, & x<0\end{cases}$.

例 1-24 已知 $f(\sin x)=\cos^2 x+\tan^2 x$，求 $f(x)$.

解 $f(\sin x)=1-\sin^2 x+\dfrac{\sin^2 x}{1-\sin^2 x}$，故 $f(x)=1-x^2+\dfrac{x^2}{1-x^2}$.

例 1-25 已知 $f\left(x+\dfrac{1}{x}\right)=x^2+\dfrac{1}{x^2}(x\neq 0)$，求 $f(x)$.

解 $f\left(x+\dfrac{1}{x}\right)=x^2+\dfrac{1}{x^2}=\left(x+\dfrac{1}{x}\right)^2-2$，将 f 括号内的 $x+\dfrac{1}{x}$ 当作整体并替换成 x，得 $f(x)=x^2-2$. 由均值不等式可知，$\left|x+\dfrac{1}{x}\right|=|x|+\dfrac{1}{|x|}\geq 2\sqrt{|x|\cdot\dfrac{1}{|x|}}=2$，

故 $f(x)=x^2-2$ 的定义域 $|x|\geq 2$，即 $x\in(-\infty,-2]\cup[2,+\infty)$.

②换元法：已知函数 $f[\varphi(x)]$ 去求 $f(x)$，可令 t 等于 $\varphi(x)$，求出 $f(t)$ 后，再将自变量的记号 t 换成 x.

例 1-26 已知 $f(1-x)=\dfrac{1+x}{2x-1}$，求 $f(x)$.

解 令 $t=1-x$，$x=1-t$ 代入原式得 $f(t)=\dfrac{1+(1-t)}{2(1-t)-1}=\dfrac{2-t}{1-2t}$，注意对于 $f(t)$ 而言自变量的记号为 t，故只需将 t 替换成 x 即可. 即 $f(x)=\dfrac{2-x}{1-2x}$，$x\in\left(-\infty,\dfrac{1}{2}\right)\cup\left(\dfrac{1}{2},+\infty\right)$.

例 1-27 已知 $f(\ln x)=\dfrac{1}{1+x^2}$，求 $f(x)$.

解 令 $t=\ln x$，$x=e^t$，代入原式得 $f(t)=\dfrac{1}{1+e^{2t}}$，即 $f(x)=\dfrac{1}{1+e^{2x}}$.

例 1-28 已知 $f(x) + 2f\left(\dfrac{1}{x}\right) = \dfrac{3}{x}$，求 $f(x)$.

解 对于这类原式中既含有 $f(x)$，又含有 $f\left(\dfrac{1}{x}\right)$，我们的首要想法是把 $f\left(\dfrac{1}{x}\right)$ 给约掉，即可求得 $f(x)$. 令 $t = \dfrac{1}{x}, x = \dfrac{1}{t}$ 代入原式得 $f\left(\dfrac{1}{t}\right) + 2f(t) = 3t$，把自变量的记号 t 替换成 x，得 $f\left(\dfrac{1}{x}\right) + 2f(x) = 3x$，那么将其与原式联立 $\begin{cases} f\left(\dfrac{1}{x}\right) + 2f(x) = 3x \\ f(x) + 2f\left(\dfrac{1}{x}\right) = \dfrac{3}{x} \end{cases}$，解得 $f(x) = 2x - \dfrac{1}{x}$.

4. 判断各对函数是否为同一函数
①定义域相同；
②对应法则相同，即表达式相同.

例 1-29 判断 $y = \sqrt{x^2}$ 与 $y = x$ 是否为同一函数.

解 两个函数的定义域相同 $x \in \mathbf{R}$，但是 $y = \sqrt{x^2} = |x|$ 与 $y = x$ 的表达式不同，故两者不为同一函数.

例 1-30 判断 $y = \ln x^2$ 与 $y = 2\ln x$ 是否为同一函数.

解 $y = \ln x^2$ 的定义域 $x^2 > 0 \Rightarrow x \in (-\infty, 0) \cup (0, +\infty)$，$y = 2\ln x$ 的定义域 $x \in (0, +\infty)$ 定义域不同，故两者不为同一函数.

例 1-31 判断 $y = \dfrac{x^2}{x}$ 与 $y = x$ 是否为同一函数.

解 定义域分别为 $x \neq 0$ 和 $x \in \mathbf{R}$，定义域不同，不是同一个函数.

例 1-32 判断 $y = e^{\ln x}$ 与 $y = x$ 是否为同一函数.

解 定义域分别为 $x > 0$ 和 $x \in \mathbf{R}$，定义域不同，不是同一个函数.

例 1-33 判断 $y = \ln e^x$ 与 $y = x$ 是否为同一函数.

解 定义域相同，$x \in \mathbf{R}$，$y = \ln e^x = x$，对应法则相同，是同一个函数.

例 1-34 判断 $y = (2^x)^2$ 与 $y = 4^x$ 是否为同一函数.

解 定义域相同，$x \in \mathbf{R}$，$y = (2^x)^2 = 4^x$，对应法则相同，是同一个函数.

1.5 函数的性质

1. 有界性

设函数 $y = f(x)$ 的定义域为 D，区间 $I \subset D$.

如果存在数 K_1，对任一 $x \in I$ 都有 $f(x) \leq K_1$ 成立，则称函数 $f(x)$ 在 I 上有上界，而 K_1 称为函数 $f(x)$ 在 I 上的一个上界.

如果存在数 K_2,对任一 $x \in I$ 都有 $f(x) \geqslant K_2$ 成立,则称函数 $f(x)$ 在 I 上有下界,而 K_2 称为函数 $f(x)$ 在 I 上的一个下界.

如果存在正数 M,对任一 $x \in I$ 都有 $|f(x)| \leqslant M$ 成立,则称函数 $f(x)$ 在 I 上有界. 如果这样的 M 不存在,则称函数 $f(x)$ 在 I 上无界.

函数 $f(x)$ 在 I 上有界的充分必要条件是它在 I 上既有上界又有下界.

(所以,当要去证明一个函数有界时,去找 M 即可.)

注:有界函数之间,加减乘的结果均有界,除不一定.

例 1-35 判断函数 $y = \dfrac{\sin x}{x^2 + 1}$ 在其定义域内是否有界.

解 因为 $|\sin x| \leqslant 1, x^2 \geqslant 0$,所以 $\left|\dfrac{\sin x}{x^2 + 1}\right| \leqslant \left|\dfrac{1}{x^2 + 1}\right| \leqslant 1$,故此函数有界.

例 1-36 判断函数 $y = \sin \dfrac{1}{x} + \arcsin x$ 在其定义域内是否有界.

解 因为 $\left|\sin \dfrac{1}{x}\right| \leqslant 1, |\arcsin x| \leqslant \dfrac{\pi}{2}$,所以 $\left|\sin \dfrac{1}{x} + \arcsin x\right| \leqslant \left|\sin \dfrac{1}{x}\right| + |\arcsin x| \leqslant 1 + \dfrac{\pi}{2}$,故此函数有界.

例 1-37 判断函数 $y = \cos x + \ln x$ 在其定义域内是否有界.

解 $|\cos x + \ln x| \leqslant +\infty$,找不到一个正数 M,故无界.

2. 单调性

设函数 $y = f(x)$ 的定义域为 D,区间 $I \in D$.

如果对于区间 I 上任意两点 x_1 与 x_2,当 $x_1 < x_2$ 时,总满足 $f(x_1) < f(x_2)$,则称函数 $f(x)$ 在区间 I 上是单调增加的;如果对于区间 I 上任意两点 x_1 与 x_2,当 $x_1 < x_2$ 时,总满足 $f(x_1) > f(x_2)$,则称函数 $f(x)$ 在区间 I 上是单调减少的. 单调增加和单调减少的函数统称为单调函数.

例如,函数 $y = x^2$ 在区间 $[0, +\infty)$ 上是单调增加的,在区间 $(-\infty, 0]$ 上是单调减少的,在区间 $(-\infty, +\infty)$ 内不是单调的. 即有增有减不是单调函数.

注:单调区间之间建议用逗号隔开.

复合形式判别方法:设 $f(x)$ 为单调递增函数,$g(x)$ 为单调递减函数,则 $f[f(x)]$,$g[g(x)]$ 为单调递增函数,$f[g(x)]$,$g[f(x)]$ 为单调递减函数,即内外层单调性相同为单调递增,内外层单调性不同为单调递减(同增异减).

3. 奇偶性

设函数 $y = f(x)$ 的定义域 D 关于原点对称.

如果对于任一 $x \in D, f(-x) = f(x)$ 恒成立,即函数图像关于 y 轴对称,则称 $f(x)$ 为偶函数.

如果对于任一 $x \in D, f(-x) = -f(x)$ 恒成立,即函数图像关于原点 $(0, 0)$ 对称,则称 $f(x)$ 为奇函数. 对于奇函数而言,若 $f(x)$ 在 $x = 0$ 处有定义,则 $f(0) = 0$.

常见的奇函数有 $x^3, \sin x, \tan x, \arctan x$ 等;常见的偶函数有 $1, x^2, \cos x$ 等.

(1) 奇偶函数的四则运算:

奇 ± 奇 = 奇, 偶 ± 偶 = 偶, 奇 ± 偶 = 非奇非偶(这里不考虑常数0);

奇 × (÷) 奇 = 偶, 偶 × (÷) 偶 = 偶, 奇 × (÷) 偶 = 奇.

(2) 常见函数的奇偶性判别步骤:

① 先求函数 $f(x)$ 的定义域(如果定义域都不对称,直接就不用判断了);

② 根据已知的 $f(x)$ 去求 $f(-x)$,判断两者之间的关系,相等为偶,互为相反数为奇并与奇偶函数的四则运算相结合;

若 $f(x) - f(-x) = 0$,则 $f(x)$ 为偶函数;若 $f(x) + f(-x) = 0$,则 $f(x)$ 为奇函数.

(3) 复合形式判别方法:设 $f(x)$ 为奇函数,$g(x)$ 为偶函数,$h(x)$ 为非奇非偶,则 $f[g(x)], g[g(x)], h[g(x)]$ 均为偶函数,$f[f(x)]$ 为奇函数,$g[f(x)]$ 为偶函数,$h[f(x)]$ 为非奇非偶. 即内层为偶函数则整体为偶函数,内层为奇函数则整体的奇偶性由外层决定.

例 1-38 已知 $f(x) = \ln\dfrac{1-x}{1+x}$,判断 $f(x)$ 的奇偶性.

解 定义域: $\dfrac{1-x}{1+x} > 0 \Rightarrow \dfrac{(1+x)(1-x)}{(1+x)^2} > 0 \Rightarrow -1 < x < 1$,

$f(-x) = \ln\dfrac{1+x}{1-x} = \ln\left(\dfrac{1-x}{1+x}\right)^{-1} = -f(x)$,故 $f(x)$ 为奇函数.

例 1-39 已知 $f(x) = \ln(x + \sqrt{1+x^2})$,判断 $f(x)$ 的奇偶性.

解 定义域 $x \in \mathbf{R}$,

$f(-x) = \ln(-x + \sqrt{1+x^2}) = \ln\dfrac{(-x + \sqrt{1+x^2})(x + \sqrt{1+x^2})}{x + \sqrt{1+x^2}}$

$= \ln\left(\dfrac{-x^2 + 1 + x^2}{x + \sqrt{1+x^2}}\right) = \ln\dfrac{1}{x + \sqrt{1+x^2}} = \ln(x + \sqrt{1+x^2})^{-1} = -\ln(x + \sqrt{1+x^2}) = -f(x)$,

故 $f(x)$ 为奇函数.(这个奇函数在后面定积分的偶倍奇零中偶尔出现,建议记住.)

例 1-40 已知函数 $f(x) = \dfrac{\sqrt{1-x^2}}{|x+2|-2}$,判断 $f(x)$ 的奇偶性.

解 定义域 $\begin{cases} 1-x^2 \geq 0 \\ |x+2|-2 \neq 0 \end{cases} \Rightarrow \begin{cases} -1 \leq x \leq 1 \\ x \neq 0, -4 \end{cases} \Rightarrow x \in [-1, 0) \cup (0, 1]$,故 $x + 2 > 0$ 恒成立,可将绝对值直接去掉,$f(x) = \dfrac{\sqrt{1-x^2}}{x+2-2} = \dfrac{\sqrt{1-x^2}}{x}$,$f(-x) = \dfrac{\sqrt{1-x^2}}{-x} = -f(x)$,故 $f(x)$ 为奇函数.

例 1-41 已知函数 $f(x) = e^{\cos x} + |x|$,判断 $f(x)$ 的奇偶性.

解 $e^{\cos x}$ 为偶函数,$|x|$ 为偶函数,根据奇偶函数的四则运算,故 $f(x)$ 为偶函数.

4. 周期性

设函数 $f(x)$ 的定义域为 D,如果 $\exists T > 0$,使得对于任一 $x \in D, x \pm T \in D$,总有 $f(x+T) = f(x)$,则称 $f(x)$ 为周期函数,T 为 $f(x)$ 的周期. 通常所说周期函数的周期是指最小正周期(最小正周期:正周期中最小的).

例如,函数 $\sin x, \cos x$ 都是以 2π 为周期的周期函数;函数 $|\sin x|, |\cos x|, \tan x$ 是以 π 为周期的周期函数.

注:不是每个周期函数都有最小正周期. 如: $y = C$,它的周期为任意实数.

周期函数判定方法:

① 若 T 是 $f(x)$ 的周期,则 $f(ax+b)$ 的周期为 $\dfrac{T}{a}$,其中 a,b 为常数且 $a>0$.

② 若 T_1 是 $f(x)$ 的周期,T_2 是 $g(x)$ 的周期,且 $\dfrac{T_1}{T_2}$ 为有理数,则 T_1, T_2 的最小公倍数 T_3 是 $f(x) \pm g(x), f(x) \cdot g(x), \dfrac{f(x)}{g(x)}$ 的周期(此周期未必是最小正周期).

③ 若 $u = f(x)$ 是周期函数,函数 $y = g(u)$ 与 $u = f(x)$ 满足复合函数的条件,则 $y = g[f(x)]$ 是周期函数且 $u = f(x)$ 的周期也是 $y = g[f(x)]$ 的周期(此周期未必是最小正周期).

例 1-42 判断函数 $f(x) = \sin^2 x$ 是否为周期函数,若是,求其周期.

解 $f(x) = \sin^2 x = \dfrac{1 - \cos 2x}{2}$,故 $f(x)$ 是周期函数,周期为 $\dfrac{2\pi}{2} = \pi$.

例 1-43 判断函数 $f(x) = \sin x + \cos \dfrac{2}{3} x$ 是否为周期函数,若是,求其周期.

解 $\sin x$ 的周期为 2π,$\cos \dfrac{2}{3} x$ 的周期为 3π,所以 $f(x)$ 的周期为 6π.

*奇函数求导为偶函数;偶函数求导为奇函数;

奇函数的原函数(不定积分)为偶函数;偶函数的原函数(不定积分)不一定是奇函数;

奇函数在 $0 \to x$ 的变上限积分为偶函数;偶函数在 $0 \to x$ 的变上限积分为奇函数.

周期函数求导后还是周期函数;若 $f(x)$ 是以 T 为周期的周期函数,且满足 $\int_0^T f(x) \mathrm{d}x = 0$,则 $f(x)$ 不定积分(或变上限积分)后仍是周期函数.

1.6 数列极限的概念

数列:以正整数集为定义域的函数,是一列有序的数. 排在第一位的数称为这个数列的第一项(也称首项),依此类推,排在第 n 位的数称为这个数列的第 n 项(也称通项,记作 a_n). 常见有等比数列、等差数列.

例如:(1) $1, \dfrac{1}{2}, \dfrac{1}{4}, \cdots, \dfrac{1}{2^n}$;(2) $1, \dfrac{1}{2}, \dfrac{1}{3}, \cdots, \dfrac{1}{n}$;(3) $1, 2, 3, \cdots, n$.

1. 数列极限描述性定义

对于数列 $\{a_n\}$,若 n 无限增大时,通项 a_n 无限接近于某个确定的常数 A,则称常数 A 为数列 $\{a_n\}$ 的极限,也称数列 $\{a_n\}$ 收敛于 A,记作 $\lim\limits_{n \to \infty} a_n = A$(或 $a_n \to A (n \to \infty)$). 如果不存在这

样的常数 A，就称数列 $\{a_n\}$ 没有极限，或者称数列 $\{a_n\}$ 是发散的，习惯上也称极限 $\lim\limits_{n\to\infty}a_n$ 不存在.

*2. 精确定义

对于数列 $\{a_n\}$，$\forall \varepsilon>0$（无论 ε 多么小），$\exists N\in \mathbf{N}^*$，当 $n>N$ 时，不等式 $|a_n-A|<\varepsilon$ 恒成立，则称常数 A 是数列 $\{a_n\}$ 的极限.

因不等式 $|a_n-A|<\varepsilon \Rightarrow A-\varepsilon<a_n<A+\varepsilon$，所以当 $n>N$ 时，所有的点 a_n 都落在开区间 $(A-\varepsilon,A+\varepsilon)$ 内，而只有有限个（至多只有 N 个）落在此区间外.

例 1-44 设 $\lim\limits_{n\to\infty}x_n=a$，则下列选项说法不正确的是(D).

A. 对于正数 2，一定存在正整数 N，当 $n>N$ 时，使得不等式 $|x_n-a|<2$ 成立

B. 对于任意给定的无论多么小的正数 ε，总存在正整数 N，当 $n>N$ 时，使得不等式 $|x_n-a|<\varepsilon$ 成立

C. 对于任意给定的 a 邻域 $(a-\varepsilon,a+\varepsilon)$ 内，总存在正整数 N，当 $n>N$ 时，所有的点 x_n 都落在 $(a-\varepsilon,a+\varepsilon)$ 内，只有有限个（至多只有 N 个）在这个区间外

D. 可以存在某个小的正数 ε_0，使得有无穷多个点 x_n 落在区间 $(a-\varepsilon_0,a+\varepsilon_0)$ 外

解 选项 A，B 符合精确定义，选项 D 有无穷多个点 x_n 落在区间 $(a-\varepsilon_0,a+\varepsilon_0)$ 外是错误的，应将外改为内.

3. 数列极限的性质

①唯一性：若数列 $\{a_n\}$ 收敛，则极限必唯一；

②有界性：若数列 $\{a_n\}$ 收敛，则数列 $\{a_n\}$ 一定有界；

③单调有界定理：若数列 $\{a_n\}$ 单调且有界，则必有极限.（如果只是有界，推不出收敛）

> **注**：因为数列中 $n=1,2,3,\cdots,n$ 为正整数，故 $n\to\infty$ 中 ∞ 默认为 $+\infty$.

例 1-45 判断下列数列的敛散性.

① $\left\{\dfrac{1}{2^n}\right\}$；② $\{n\}$；③ $\{3^n\}$；④ $\left\{\dfrac{1}{(-2)^n}\right\}$；⑤ $\left\{\dfrac{n-1}{n+1}\right\}$；⑥ $\{(-1)^n\}$；⑦ $\left\{\dfrac{1}{n}\right\}$；⑧ $\{e^n\}$.

解 ①、④、⑤、⑦收敛，②、③、⑥、⑧发散.

1.7 函数极限的概念

1. 描述性定义

设函数 $f(x)$ 在点 x_0 的某一去心邻域内有定义，当自变量 x 在该去心邻域内无限接近于 x_0 时（$x\to x_0$），相应的函数值 $f(x)$ 无限接近于某个确定的常数 $A[f(x)\to A]$，则称常数 A 为 $x\to x_0$ 时函数 $f(x)$ 的极限，记作 $\lim\limits_{x\to x_0}f(x)=A[$ 或 $f(x)\to A(x\to x_0)]$.

如果不存在这样的常数 A，就称函数 $f(x)$ 在点 x_0 处没有极限，习惯上也称极限 $\lim\limits_{x\to x_0}f(x)$ 不存在.

*2. 精确定义

设函数 $f(x)$ 在点 x_0 的某一去心邻域内有定义,如果存在常数 A, $\forall \varepsilon > 0$(无论 ε 多么小),$\exists \delta > 0$,使得当自变量 x 满足不等式 $0 < |x - x_0| < \delta$ 时,对应的函数值 $f(x)$ 都满足不等式 $|f(x) - A| < \varepsilon$,则称常数 A 为 $x \to x_0$ 时函数 $f(x)$ 的极限.

因定义中 $0 < |x - x_0|$ 表示为 $x \neq x_0$,故 $x \to x_0$ 时函数 $f(x)$ 极限存不存在与函数 $f(x)$ 在点 x_0 处是否有定义无关.

3. 函数极限的性质

以 $\lim\limits_{x \to x_0} f(x)$ 为例.

① 唯一性:若 $\lim\limits_{x \to x_0} f(x) = A$,则极限 A 唯一.

② 局部有界性:若 $\lim\limits_{x \to x_0} f(x) = A$,则 $\exists M, \delta > 0$,使得当 $0 < |x - x_0| < \delta$ 时,总有 $|f(x)| \leq M$.

③ 局部保号性:若 $\lim\limits_{x \to x_0} f(x) = A > 0$(或 < 0),则 $\exists \delta > 0$,使得当 $0 < |x - x_0| < \delta$ 时,总有 $f(x) > 0$(或 $f(x) < 0$).

1.8 单侧极限

1. 自变量趋于某点处时函数的极限

通过数轴(见图 1-12)可以观察到,自变量 $x \to x_0$ 时,可以从 x_0 的左侧向 x_0 趋近,也可以从 x_0 的右侧向 x_0 趋近.

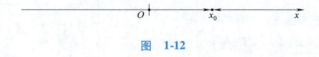

图 1-12

把从左侧向 x_0 趋近的极限结果称为左极限,记作 $\lim\limits_{x \to x_0^-} f(x)$.

从右侧向 x_0 趋近的极限结果称为右极限,记作 $\lim\limits_{x \to x_0^+} f(x)$.

左极限和右极限统称为单侧极限.

根据极限的定义可以得到:某点处极限存在的充分必要条件是左、右极限分别存在且相等,即 $\lim\limits_{x \to x_0} f(x) \Leftrightarrow \lim\limits_{x \to x_0^-} f(x) = \lim\limits_{x \to x_0^+} f(x) = $ 常数.

例 1-46 已知函数 $f(x) = \begin{cases} x + 1, & x \geq 0 \\ \sin x, & x < 0 \end{cases}$,问:函数 $f(x)$ 在 $x = 0$ 处的极限是否存在?

解 $\lim\limits_{x \to 0^-} f(x) = \lim\limits_{x \to 0^-} \sin x = 0$,$\lim\limits_{x \to 0^+} f(x) = \lim\limits_{x \to 0^+} (x + 1) = 1$,$\lim\limits_{x \to 0^-} f(x) \neq \lim\limits_{x \to 0^+} f(x)$,故由某点处极限存在的充分必要条件可知,$\lim\limits_{x \to 0} f(x)$ 不存在.

例 1-47 已知函数 $f(x)=\begin{cases} e^x-1, & x\geq 0 \\ x, & x<0 \end{cases}$,问函数 $f(x)$ 在 $x=0$ 处的极限是否存在?

解 $\lim\limits_{x\to 0^-}f(x)=\lim\limits_{x\to 0^-}x=0$,$\lim\limits_{x\to 0^+}f(x)=\lim\limits_{x\to 0^+}e^x-1=0$,故 $\lim\limits_{x\to 0}f(x)=0$.

例 1-48 已知函数 $f(x)=\begin{cases} \dfrac{x^2-1}{x-1}, & x\neq 1 \\ 3, & x=1 \end{cases}$,问函数 $f(x)$ 在 $x=1$ 处的极限是否存在?

解 $\lim\limits_{x\to 1^-}f(x)=\lim\limits_{x\to 1^-}\dfrac{x^2-1}{x-1}=\lim\limits_{x\to 1^-}\dfrac{(x+1)(x-1)}{x-1}=\lim\limits_{x\to 1^-}(x+1)=2$,

$\lim\limits_{x\to 1^+}f(x)=\lim\limits_{x\to 1^+}\dfrac{x^2-1}{x-1}=2$,故函数 $f(x)$ 在 $x=1$ 处的极限存在,且 $\lim\limits_{x\to 1}f(x)=2$.

通过例 1-48 可以再一次发现,函数 $f(x)$ 在某点处的极限存不存在,与函数 $f(x)$ 在点 x_0 处是否有定义无关.

2. 自变量趋于无穷大时函数的极限

通过数轴(见图 1-13)可以观察到,自变量 $x\to\infty$ 时,可以趋向正无穷($x\to+\infty$),也可以趋向负无穷($x\to-\infty$),故与单侧极限同理.

图 1-13

$\lim\limits_{x\to\infty}f(x)$ 极限存在的充分必要条件是:$\lim\limits_{x\to+\infty}f(x)$ 与 $\lim\limits_{x\to-\infty}f(x)$ 分别存在且相等. 即

$$\lim_{x\to\infty}f(x)\Leftrightarrow \lim_{x\to-\infty}f(x)=\lim_{x\to+\infty}f(x)=常数.$$

例如:$y=\arctan x$,$\lim\limits_{x\to+\infty}\arctan x=\dfrac{\pi}{2}$,$\lim\limits_{x\to-\infty}\arctan x=-\dfrac{\pi}{2}$,故 $\lim\limits_{x\to\infty}\arctan x$ 不存在.

3. 极限的四则运算法则

若 $\lim\limits_{x\to x_0}f(x)=A$,$\lim\limits_{x\to x_0}g(x)=B$,则:

① $\lim\limits_{x\to x_0}[f(x)\pm g(x)]=\lim\limits_{x\to x_0}f(x)\pm\lim\limits_{x\to x_0}g(x)=A\pm B$.

先相加减再求极限等于分别求极限再相加减的前提是:在 $x\to x_0$ 时,$f(x)$ 与 $g(x)$ 的极限分别存在. 因此可以引出一条结论:在极限的加减运算中,将一个极限拆成若干极限相加减,需要满足拆开后的若干极限的结果都分别存在且若干为有限个.

② $\lim\limits_{x\to x_0}[C\pm f(x)]=C\pm\lim\limits_{x\to x_0}f(x)=C\pm A$.

③ $\lim\limits_{x\to x_0}C\cdot f(x)=C\cdot\lim\limits_{x\to x_0}f(x)=C\cdot A$.

④ $\lim\limits_{x\to x_0}[f(x)\cdot g(x)]=\lim\limits_{x\to x_0}f(x)\cdot\lim\limits_{x\to x_0}g(x)=A\cdot B$.

⑤ $\lim\limits_{x\to x_0}\dfrac{f(x)}{g(x)}=\dfrac{\lim\limits_{x\to x_0}f(x)}{\lim\limits_{x\to x_0}g(x)}=\dfrac{A}{B}(B\neq 0)$.

在极限的乘除运算中,若一个极限中的某个项与其他项都是乘除的关系,并且这个项的极限值是除了零以外的常数,那么就可将该极限中的这个项替换成该常数. 简单来说就是极限中乘除的关系可以进行非零常数的替换.

1.9 无穷小与无穷大

1. 无穷小(0)

若函数 $f(x)$ 在 $x \to x_0$ (或 $x \to \infty$) 时的极限为零,则称函数 $f(x)$ 为 $x \to x_0$ (或 $x \to \infty$) 时的无穷小.

特别地,以零为极限的数列 $\{a_n\}$ 称为 $n \to \infty$ 时的无穷小.

注:无穷小是以零为极限的变量,并非很小的常数.

2. 无穷大(∞)

设函数 $f(x)$ 在点 x_0 的某一去心邻域内有定义(或 $|x|$ 大于某一正数时有定义),$\forall M>0$(无论 M 多么大),$\exists \delta>0$(或 $\exists X>0$),使得当自变量 x 满足不等式 $0<|x-x_0|<\delta$ (或 $|x|>X$)时,对应的函数值 $f(x)$ 都满足不等式 $|f(x)|>M$,则称函数 $f(x)$ 为 $x \to x_0$ (或 $x \to \infty$) 时的无穷大.

按函数极限的定义来说,当 $x \to x_0$ (或 $x \to \infty$) 时,无穷大作为函数 $f(x)$ 的极限是不存在的,但为了方便叙述,也说函数 $f(x)$ 的极限是无穷大.

注:无穷大是一个变量,并非很大的常数.

3. 无穷小与无穷大的运算法则

注:下列 0 为无穷小,∞ 为无穷大,这里的 ∞ 要么同时为正无穷,要么同时为负无穷.

在自变量的同一变化过程中,如果 $f(x)$ 为无穷大,则 $\dfrac{1}{f(x)}$ 为无穷小;反之,如果 $f(x)$ 为无穷小,且 $f(x) \neq 0$,则 $\dfrac{1}{f(x)}$ 为无穷大. 对无穷小与无穷大进行四则运算可得:

$$0+0=0 \quad \infty+\infty=\infty \quad \infty+0=\infty$$

$$\frac{1}{\infty}=0 \quad 0-0=0 \quad \infty-\infty=\begin{cases}C\\0\\\infty\end{cases} \quad \infty-0=\infty$$

$$\frac{1}{0}=\infty \quad 0\cdot 0=0 \quad \infty\cdot\infty=\infty \quad \infty\cdot 0=\begin{cases}C\\0\\\infty\end{cases}$$

$$\frac{0}{0}=\begin{cases}C\\0\\\infty\end{cases} \quad \frac{\infty}{\infty}=\begin{cases}C\\0\\\infty\end{cases} \quad \frac{\infty}{0}=\infty,\ \frac{0}{\infty}=0$$

$\dfrac{0}{0}$ 型:当 $x \to 0$ 时,则 $Cx \to 0$,$x^2 \to 0$,故 $\lim\limits_{x \to 0}\dfrac{Cx}{x}=C$,$\lim\limits_{x \to 0}\dfrac{x^2}{x}=0$,$\lim\limits_{x \to 0}\dfrac{x}{x^2}=\infty$;

$\infty-\infty$ 型:当 $x \to \infty$ 时,则 $x+C \to \infty$,$x^2 \to \infty$,故 $\lim\limits_{x \to \infty}(x+C)-x=C$,$\lim\limits_{x \to \infty}x-x=0$,$\lim\limits_{x \to \infty}x^2-x=\lim\limits_{x \to \infty}x(x-1)=\infty$;

$\frac{\infty}{\infty}$ 型：当 $x \to \infty$ 时，则 $Cx \to \infty$，$x^2 \to \infty$，故 $\lim\limits_{x \to \infty} \frac{Cx}{x} = C$，$\lim\limits_{x \to \infty} \frac{x}{x^2} = 0$，$\lim\limits_{x \to \infty} \frac{x^2}{x} = \infty$；

$\infty \cdot 0$ 型：$\begin{cases} \frac{1}{0} \cdot 0 \Rightarrow \frac{0}{0} \\ \infty \cdot \frac{1}{\infty} \Rightarrow \frac{\infty}{\infty} \end{cases}$，故 $\infty \cdot 0$ 型通常都转变成 $\frac{0}{0}$ 型或 $\frac{\infty}{\infty}$ 型进行讨论.

特别地，$0 \cdot 有界 = 0$，$\infty \cdot 有界 = 无界$.

例如：$\lim\limits_{x \to 0} x \cdot \sin \frac{1}{x} = 0$，$\lim\limits_{x \to 0} \frac{1}{x} \cdot \sin \frac{1}{x} = \begin{cases} 0 \\ \infty \end{cases}$. 对于 $\infty \cdot 有界$ 而言，若有界内全是非零常数，如 $[1,2]$，$[2,3]$，那么结果为 ∞；若有界内有零，如 $\sin \infty$ 在 $[-1,1]$ 之间，那么结果会在 ∞ 和 0 不停地跳动，所以结果既不为 ∞，也不为 0，故称此结果为无界.

通过以上讨论，会发现 $\frac{0}{0}$ 型、$\infty - \infty$ 型、$\frac{\infty}{\infty}$ 型、$\infty \cdot 0$ 型的结果是未定的. 故由此引出极限的七种未定型，除上述四种外还有 1^∞ 型、0^0 型、∞^0 型. 那么这七种极限未定型该如何计算？

1.10 两个重要极限

1. 第一重要极限 $\left(\frac{0}{0}\text{型}\right)$

$$\lim_{x \to 0} \frac{\sin x}{x} = 1 \Rightarrow \lim_{\Box \to 0} \frac{\sin \Box}{\Box} = 1.$$

该极限中只要三个 $\Box$ 内一致，则该极限结果即为 1.

例 1-49 求极限 $\lim\limits_{x \to 0} \frac{\sin 2x}{x}$.

解 $\lim\limits_{x \to 0} \frac{\sin 2x}{x} = \lim\limits_{x \to 0} 2 \cdot \frac{\sin 2x}{2x} = 2 \lim\limits_{2x \to 0} \frac{\sin 2x}{2x} = 2 \times 1 = 2$.

例 1-50 求极限 $\lim\limits_{x \to 0} \frac{\sin x}{2x}$.

解 $\lim\limits_{x \to 0} \frac{\sin x}{2x} = \lim\limits_{x \to 0} \frac{1}{2} \cdot \frac{\sin x}{x} = \frac{1}{2} \lim\limits_{x \to 0} \frac{\sin x}{x} = \frac{1}{2} \times 1 = \frac{1}{2}$.

例 1-51 求极限 $\lim\limits_{x \to 6} \frac{\sin(x-6)}{x-6}$.

解 $\lim\limits_{x \to 6} \frac{\sin(x-6)}{x-6} = \lim\limits_{x-6 \to 0} \frac{\sin(x-6)}{x-6} = 1$.

例 1-52 求极限 $\lim\limits_{x \to 0} \frac{\tan x}{x}$.

解 $\lim\limits_{x \to 0} \frac{\tan x}{x} = \lim\limits_{x \to 0} \frac{\sin x}{x \cdot \cos x} = 1$.

例 1-53 求极限 $\lim\limits_{n\to\infty} n^2 \sin\dfrac{2}{n^2}$.

解 $\lim\limits_{n\to\infty} n^2 \sin\dfrac{2}{n^2} = \lim\limits_{n\to\infty} n^2 \cdot \dfrac{2}{n^2} = 2.$

例 1-54 求极限 $\lim\limits_{x\to\infty} \dfrac{\sin x}{x}$.

解 $\lim\limits_{x\to\infty} \dfrac{\sin x}{x} = 0.$

注：$\lim\limits_{x\to\infty} \dfrac{\sin x}{x} = 0$ 时刻注意下标 x 趋于什么.

2. 第二重要极限（1^∞ 型）

$$\lim_{x\to 0}(1+x)^{\frac{1}{x}} = \mathrm{e} \Rightarrow \lim_{\square\to 0}(1+\square)^{\frac{1}{\square}} = \mathrm{e};\ \lim_{x\to\infty}\left(1+\dfrac{1}{x}\right)^x = \mathrm{e} \Rightarrow \lim_{\square\to 0}\left(1+\dfrac{1}{\square}\right)^{\square} = \mathrm{e}.$$

求解思路：
① 首先判断极限是 1^∞ 型；
② 底数部分凑出"$1+$"并且"$1+$"以外的部分与次数互为倒数；
③ 再凑回原来的次数,并求剩余次数的极限.
做习惯后可直接得出：若 $\lim\limits_{x\to\square} u^v$ 为 1^∞ 型,则 $\lim\limits_{x\to\square} u^v = \lim\limits_{x\to\square} \mathrm{e}^{(u-1)v}$.

例 1-55 求极限 $\lim\limits_{x\to 0}(1+2x)^{\frac{1}{x}}$.

解 $\lim\limits_{x\to 0}(1+2x)^{\frac{1}{x}} = \lim\limits_{x\to 0}(1+2x)^{\frac{1}{2x}\cdot 2} = \mathrm{e}^2.$

例 1-56 求极限 $\lim\limits_{x\to 1} x^{\frac{1}{x-1}}$.

解 $\lim\limits_{x\to 1} x^{\frac{1}{x-1}} = \lim\limits_{x-1\to 0} x^{\frac{1}{x-1}} = \lim\limits_{x-1\to 0}(1+x-1)^{\frac{1}{x-1}} = \mathrm{e}.$

例 1-57 求极限 $\lim\limits_{x\to 0}(1-x)^{\frac{1}{x}}$.

解 $\lim\limits_{x\to 0}(1-x)^{\frac{1}{x}} = \lim\limits_{x\to 0}\left[(1-x)^{\frac{1}{-x}}\right]^{-1} = \mathrm{e}^{-1}.$

例 1-58 求极限 $\lim\limits_{x\to\infty}\left(1+\dfrac{1}{x}\right)^{-x}$.

解 $\lim\limits_{x\to\infty}\left(1+\dfrac{1}{x}\right)^{-x} = \lim\limits_{x\to\infty}\left[\left(1+\dfrac{1}{x}\right)^x\right]^{-1} = \mathrm{e}^{-1}.$

例 1-59 $\lim\limits_{x\to 0}(1-3\sin x)^{\frac{2}{x}}$.

解 $\lim\limits_{x\to 0}(1-3\sin x)^{\frac{2}{x}} = \lim\limits_{x\to 0}\left[1+(-3\sin x)\right]^{\frac{1}{-3\sin x}\cdot(-3\sin x)\cdot\frac{2}{x}} = \lim\limits_{x\to 0}\mathrm{e}^{\frac{-6\sin x}{x}} = \mathrm{e}^{-6}.$

例1-60 $\lim\limits_{x\to\frac{\pi}{4}}(\tan x)^{\frac{1}{\cos x-\sin x}}$.

解 $\lim\limits_{x\to\frac{\pi}{4}}(\tan x)^{\frac{1}{\cos x-\sin x}}=\lim\limits_{x\to\frac{\pi}{4}}(1+\tan x-1)^{\frac{1}{\tan x-1}\cdot\frac{\tan x-1}{\cos x-\sin x}}=\lim\limits_{x\to\frac{\pi}{4}}e^{\frac{\tan x-1}{\cos x-\sin x}}=\lim\limits_{x\to\frac{\pi}{4}}e^{\frac{\sin x-\cos x}{\cos x-\sin x}}$

$=\lim\limits_{x\to\frac{\pi}{4}}e^{-\frac{1}{\cos x}}=e^{-\sqrt{2}}$.

1.11 无穷小的比较

在1.9无穷小与无穷大中我们发现,两个无穷小之比$\left(\text{即}\dfrac{0}{0}\text{型}\right)$的结果会出现不同的情况,这些情况反映了不同的无穷小趋于零的"快慢"程度.

定义: 设$f(x)$和$g(x)$都是在同一自变量变化过程中的无穷小. 即$\lim\limits_{x\to\square}f(x)=0,\lim\limits_{x\to\square}g(x)=0$,且$g(x)\neq 0$,对$\dfrac{f(x)}{g(x)}$求极限:

①若$\lim\limits_{x\to\square}\dfrac{f(x)}{g(x)}=0$,则称$f(x)$是$g(x)$的高阶无穷小,记作$f(x)=o(g(x))$;

②若$\lim\limits_{x\to\square}\dfrac{f(x)}{g(x)}=\infty$,则称$f(x)$是$g(x)$的低阶无穷小;

③若$\lim\limits_{x\to\square}\dfrac{f(x)}{g(x)}=C\neq 0$,则称$f(x)$是$g(x)$的同阶无穷小;

特别地,若$\lim\limits_{x\to\square}\dfrac{f(x)}{g^k(x)}=C\neq 0,k>0$,则称$f(x)$是$g(x)$的$k$阶无穷小;

若$\lim\limits_{x\to\square}\dfrac{f(x)}{g(x)}=1$,则称$f(x)$是$g(x)$的等价无穷小,记作$f(x)\sim g(x)$.

举例说明:

因为$\lim\limits_{x\to 0}\dfrac{2x^2}{x}=0$,所以当$x\to 0$时,$2x^2$是$x$的高阶无穷小,记作$2x^2=o(x)$;

因为$\lim\limits_{x\to 0}\dfrac{2x}{x^2}=\infty$,所以当$x\to 0$时,$2x$是$x^2$的低价无穷小;

因为$\lim\limits_{x\to 1}\dfrac{x^2-1}{x-1}=2$,所以当$x\to 1$时,$x^2-1$是$x-1$的同阶无穷小;

因为$\lim\limits_{x\to 0}\dfrac{1-\cos x}{x^2}=\dfrac{1}{2}$,所以当$x\to 0$时,$1-\cos x$是$x$的二阶无穷小;

因为$\lim\limits_{x\to 0}\dfrac{\sin x}{x}=1$,所以当$x\to 0$时,$\sin x$是$x$的等价无穷小,记作$\sin x\sim x$.

常见的等价无穷小: 可将下列x当作一个整体

当$x\to 0$时,$x\sim\sin x\sim\tan x\sim\arctan x\sim\arcsin x\sim e^x-1\sim\ln(1+x)$;

$1-\cos x\sim\dfrac{1}{2}x^2,1-\cos^n x\sim\dfrac{n}{2}x^2,x-\sin x\sim\dfrac{1}{6}x^3,\arcsin x-x\sim\dfrac{1}{6}x^3$;

$a^x-1\sim x\ln a,\sqrt[n]{1+x}-1\sim\dfrac{x}{n},\tan x-x\sim\dfrac{1}{3}x^3,x-\arctan x\sim\dfrac{1}{3}x^3$;

$\ln(x+\sqrt{1+x^2}) \sim x, x-\ln(1+x) \sim \frac{1}{2}x^2, \tan x - \sin x \sim \frac{1}{2}x^3, \log_a(1+x) \sim \frac{x}{\ln a}.$

在极限的四则运算法则中我们说过,极限中某些项是乘除的关系可以进行非零常数的替换,这里的替换也可以说是把某个项等价为常数,所以等价无穷小在进行等价替换时,也要与周围的其他项是乘除的关系才去使用,加减的关系不要去用(不要不是不能),当加减想要等价时,把极限拆开运算,满足拆开的前提即可拆.

例 1-61 求极限 $\lim\limits_{x\to 0}\dfrac{\ln(1+2x^3)}{x(1-\cos x)}$.

解 当 $x\to 0$ 时,$2x^3 \to 0$,故 $\ln(1+2x^3) \sim 2x^3$,$1-\cos x \sim \dfrac{1}{2}x^2$,则

$$\lim_{x\to 0}\frac{\ln(1+2x^3)}{x(1-\cos x)} = \lim_{x\to 0}\frac{2x^3}{x\cdot \frac{1}{2}x^2} = 4.$$

例 1-62 求极限 $\lim\limits_{x\to 0}\dfrac{\tan\left(x^2\sin\frac{1}{x}\right)}{\sin x}$.

解 当 $x\to 0$ 时,$x^2\sin\dfrac{1}{x} \to 0$,故 $\tan\left(x^2\sin\dfrac{1}{x}\right) \sim x^2\sin\dfrac{1}{x}$,$\sin x \sim x$,则

$$\lim_{x\to 0}\frac{\tan\left(x^2\sin\frac{1}{x}\right)}{\sin x} = \lim_{x\to 0}\frac{x^2\sin\frac{1}{x}}{x} = \lim_{x\to 0}x\sin\frac{1}{x} = 0.$$

例 1-63 求极限 $\lim\limits_{x\to 0}\dfrac{x\ln(1+3x)}{\arcsin x^2}$.

解 当 $x\to 0$ 时,$\ln(1+3x) \sim 3x$,$\arcsin x^2 \sim x^2$,则 $\lim\limits_{x\to 0}\dfrac{x\ln(1+3x)}{\arcsin x^2} = \lim\limits_{x\to 0}\dfrac{x\cdot 3x}{x^2} = 3.$

例 1-64 求极限 $\lim\limits_{x\to 0}\dfrac{\sin x - x\cos x}{x^2\sin x}$.

解 $\lim\limits_{x\to 0}\dfrac{\sin x - x\cos x}{x^2\sin x} = \lim\limits_{x\to 0}\dfrac{\cos x(\tan x - x)}{x^2\cdot x} = \lim\limits_{x\to 0}\dfrac{\cos x\cdot \frac{1}{3}x^3}{x^3} = \dfrac{1}{3}.$

例 1-65 求极限 $\lim\limits_{x\to 0}\dfrac{e^x - e^{\sin x}}{x^3}$.

解 $\lim\limits_{x\to 0}\dfrac{e^x - e^{\sin x}}{x^3} = \lim\limits_{x\to 0}\dfrac{e^{\sin x}(e^{x-\sin x}-1)}{x^3} = \lim\limits_{x\to 0}\dfrac{x-\sin x}{x^3} = \dfrac{1}{6}.$

例 1-66 求极限 $\lim\limits_{x\to 0}\dfrac{x-\sin x+\ln(1+x^3)}{\tan^3 x}$.

解 $\lim\limits_{x\to 0}\dfrac{x-\sin x+\ln(1+x^3)}{\tan^3 x} = \lim\limits_{x\to 0}\dfrac{x-\sin x}{\tan^3 x} + \lim\limits_{x\to 0}\dfrac{\ln(1+x^3)}{\tan^3 x} = \dfrac{1}{6} + 1 = \dfrac{7}{6}.$

注: 加减想要等价就考虑拆开.

例 1-67 求极限 $\lim\limits_{x\to 0}\dfrac{1}{x^2}\ln\left(\dfrac{\sin x}{x}\right)$.

解 $\lim\limits_{x\to 0}\dfrac{1}{x^2}\ln\left(\dfrac{\sin x}{x}\right)=\lim\limits_{x\to 0}\dfrac{1}{x^2}\ln\left(1+\dfrac{\sin x-x}{x}\right)=\lim\limits_{x\to 0}\dfrac{1}{x^2}\cdot\dfrac{\sin x-x}{x}=-\dfrac{1}{6}$.

例 1-68 求极限 $\lim\limits_{x\to 0}\dfrac{\mathrm{e}^{x^2}-\cos x}{\sqrt[3]{1+x^2}-1}$.

解 $\lim\limits_{x\to 0}\dfrac{\mathrm{e}^{x^2}-\cos x}{\sqrt[3]{1+x^2}-1}=\lim\limits_{x\to 0}\dfrac{\mathrm{e}^{x^2}-1+1-\cos x}{\dfrac{x^2}{3}}=\lim\limits_{x\to 0}\dfrac{\mathrm{e}^{x^2}-1}{\dfrac{x^2}{3}}+\lim\limits_{x\to 0}\dfrac{1-\cos x}{\dfrac{x^2}{3}}=3+\dfrac{3}{2}=\dfrac{9}{2}$.

例 1-69 当 $x\to 0$ 时,$\sqrt{1-x}-1$ 与 $\sin ax$ 是等价无穷小,求常数 a.

解 $\lim\limits_{x\to 0}\dfrac{\sqrt{1-x}-1}{\sin ax}=\lim\limits_{x\to 0}\dfrac{-\dfrac{1}{2}x}{ax}=-\dfrac{1}{2a}=1\Rightarrow a=-\dfrac{1}{2}$.

例 1-70 当 $x\to 0$ 时,$x-\ln(1+x)$ 与 $1-\cos ax$ 是等价无穷小,求常数 a.

解 $\lim\limits_{x\to 0}\dfrac{x-\ln(1+x)}{1-\cos ax}=\lim\limits_{x\to 0}\dfrac{\dfrac{1}{2}x^2}{\dfrac{1}{2}(ax)^2}=\dfrac{1}{a^2}=1\Rightarrow a=\pm 1$.

例 1-71 当 $x\to 0$ 时,$\ln(1+ax^3)$ 与 $\tan x-\sin x$ 是等价无穷小,求常数 a.

解 $\lim\limits_{x\to 0}\dfrac{\ln(1+ax^3)}{\tan x-\sin x}=\lim\limits_{x\to 0}\dfrac{ax^3}{\dfrac{1}{2}x^3}=2a=1\Rightarrow a=\dfrac{1}{2}$.

1.12 无穷大比无穷大

在无穷小与无穷大中可以发现,两个无穷大之比$\left(\text{即}\dfrac{\infty}{\infty}\text{型}\right)$的结果会出现不同的情况,这些情况反映了不同的无穷大趋于无穷的"快慢"程度. 这类题型往往采用"抓大头"的方法,即分子分母同时除以无穷大中最大的那一个.

1. 幂函数型

例 1-72 求极限 $\lim\limits_{x\to\infty}\dfrac{2x^2+x+1}{3x^2+2x+1}$.

解 分子分母同时除以 x^2,$\lim\limits_{x\to\infty}\dfrac{2x^2+x+1}{3x^2+2x+1}=\lim\limits_{x\to\infty}\dfrac{2+\dfrac{1}{x}+\dfrac{1}{x^2}}{3+\dfrac{2}{x}+\dfrac{1}{x^2}}=\dfrac{2+0+0}{3+0+0}=\dfrac{2}{3}$.

例 1-73　求极限 $\lim\limits_{x\to\infty}\dfrac{2x^2+x+1}{3x^3+2x+1}$.

解　分子分母同时除以 x^3，$\lim\limits_{x\to\infty}\dfrac{2x^2+x+1}{3x^3+2x+1}=\lim\limits_{x\to\infty}\dfrac{\dfrac{2}{x}+\dfrac{1}{x^2}+\dfrac{1}{x^3}}{3+\dfrac{2}{x^2}+\dfrac{1}{x^3}}=\dfrac{0+0+0}{3+0+0}=0.$

例 1-74　求极限 $\lim\limits_{x\to\infty}\dfrac{2x^3+x+1}{3x^2+2x+1}$.

解　分子分母同时除以 x^3，$\lim\limits_{x\to\infty}\dfrac{2x^3+x+1}{3x^2+2x+1}=\lim\limits_{x\to\infty}\dfrac{2+\dfrac{1}{x^2}+\dfrac{1}{x^3}}{\dfrac{3}{x}+\dfrac{2}{x^2}+\dfrac{1}{x^3}}=\dfrac{2+0+0}{0+0+0}=\infty.$

结论：
① 分子分母的最高次相同，结果为最高次系数之比；
② 分子最高次小于分母最高次，结果为 0；
③ 分子最高次大于分母最高次，结果为 ∞.

在单侧极限中我们提到，$\lim\limits_{x\to\infty}f(x)$ 极限存在的充分必要条件是 $\lim\limits_{x\to+\infty}f(x)$ 与 $\lim\limits_{x\to-\infty}f(x)$ 分别存在且相等，那什么时候需要考虑 $\pm\infty$ 的区别？

例 1-75　求极限 $\lim\limits_{x\to+\infty}\dfrac{\sqrt{x^2+1}-3x}{x+1}$.

解　分子分母同时除以 x，$\lim\limits_{x\to+\infty}\dfrac{\sqrt{x^2+1}-3x}{x+1}=\lim\limits_{x\to+\infty}\dfrac{\dfrac{\sqrt{x^2+1}}{x}-3}{1+\dfrac{1}{x}}=\lim\limits_{x\to+\infty}\dfrac{\sqrt{\dfrac{x^2+1}{x^2}}-3}{1+\dfrac{1}{x}}=-2.$

例 1-76　求极限 $\lim\limits_{x\to-\infty}\dfrac{\sqrt{x^2+1}-3x}{x+1}$.

解　分子分母同时除以 x，$\lim\limits_{x\to-\infty}\dfrac{\sqrt{x^2+1}-3x}{x+1}=\lim\limits_{x\to-\infty}\dfrac{\dfrac{\sqrt{x^2+1}}{x}-3}{1+\dfrac{1}{x}}=\lim\limits_{x\to-\infty}\dfrac{-\sqrt{\dfrac{x^2+1}{x^2}}-3}{1+\dfrac{1}{x}}=-4.$

两者间的区别在于 $\dfrac{\sqrt{x^2+1}}{x}$，分子是正的，但在 $x\to-\infty$ 时，分母是负的，所以将 x 并入根号中，需要在根号外面加上负号.

2. 指数型

例 1-77　求极限 $\lim\limits_{n\to\infty}\dfrac{2^{n+1}+3^{n+1}}{2^n+3^n}$.

解　$\lim\limits_{n\to\infty}\dfrac{2^{n+1}+3^{n+1}}{2^n+3^n}=\lim\limits_{n\to\infty}\dfrac{3^{n+1}}{3^n}=3.$

例 1-78 求极限 $\lim\limits_{x\to 0^+} \dfrac{e^{\frac{1}{x}}+1}{e^{\frac{2}{x}}+2}$.

解 $x\to 0^+$，$\dfrac{1}{x}\to +\infty$，$e^{\frac{1}{x}}\to +\infty$，若把 $e^{\frac{1}{x}}$ 当作整体，分子为 $e^{\frac{1}{x}}$ 的一次，分母为 $e^{\frac{1}{x}}$ 的两次，可直接套用上述结论②，也可分子分母同时除以 $e^{\frac{1}{x}}$. 故 $\lim\limits_{x\to 0^+} \dfrac{e^{\frac{1}{x}}+1}{(e^{\frac{1}{x}})^2+2}=0$.

例 1-79 求极限 $\lim\limits_{x\to 0^-} \dfrac{e^{\frac{1}{x}}+1}{e^{\frac{2}{x}}+2}$.

解 $x\to 0^-$，$\dfrac{1}{x}\to -\infty$，$e^{\frac{1}{x}}\to 0$，故 $\lim\limits_{x\to 0^-} \dfrac{e^{\frac{1}{x}}+1}{e^{\frac{2}{x}}+2}=\dfrac{0+1}{0+2}=\dfrac{1}{2}$.

通过上述例题可以发现，当 $\dfrac{\infty}{\infty}$ 型的极限中出现偶次根式、指数函数的次数有 ∞，需要注意 $\pm\infty$ 的区别.

3. 对数型

例 1-80 求极限 $\lim\limits_{x\to +\infty} \dfrac{2\ln x+7}{3\ln x+1}$.

解 $\lim\limits_{x\to +\infty} \dfrac{2\ln x+7}{3\ln x+1}=\lim\limits_{x\to +\infty} \dfrac{2\ln x}{3\ln x}=\dfrac{2}{3}$.

例 1-81 求极限 $\lim\limits_{x\to +\infty} \dfrac{\ln(x^3+2x+7)}{\ln(x^4+5x^2+x+1)}$.

解 $\lim\limits_{x\to +\infty} \dfrac{\ln(x^3+2x+7)}{\ln(x^4+5x^2+x+1)}=\lim\limits_{x\to +\infty} \dfrac{\ln x^3}{\ln x^4}=\dfrac{3}{4}$.

注：在 $x\to +\infty$ 时，增长速度指数 $\gg$ 幂 $\gg$ 对数.

例 1-82 求极限 $\lim\limits_{n\to \infty} \dfrac{2^n+n^2+3n+1}{2^{n+1}+n^{10\,000}+9}$.

解 $\lim\limits_{n\to \infty} \dfrac{2^n+n^2+3n+1}{2^{n+1}+n^{10\,000}+9}=\lim\limits_{n\to \infty} \dfrac{2^n}{2^{n+1}}=\dfrac{1}{2}$.

1.13 夹逼定理与极限小结

1. 夹逼定理

夹逼定理：若 $a_n \leqslant b_n \leqslant c_n$，且 $\lim\limits_{n\to \infty} a_n = \lim\limits_{n\to \infty} c_n = A$，则 $\lim\limits_{n\to \infty} b_n = A$. 对于夹逼定理而言，考试中主要考察以下两种题型：

①若 $a>0, b>0, c>0$，则 $\lim\limits_{n\to \infty} \sqrt[n]{a^n+b^n+c^n} = \max\{a,b,c\}$.

例 1-83 求极限 $\lim\limits_{n\to\infty}\sqrt[n]{2^n+3^n+4^n}$.

解 $\sqrt[n]{4^n}\leq\sqrt[n]{2^n+3^n+4^n}\leq\sqrt[n]{4^n+4^n+4^n}$,且 $\lim\limits_{n\to\infty}\sqrt[n]{4^n}=4$,$\lim\limits_{n\to\infty}\sqrt[n]{4^n+4^n+4^n}=4$,故 $\lim\limits_{n\to\infty}\sqrt[n]{2^n+3^n+4^n}=4$.

左边:只要最大项;右边:每一项换成最大项.

例 1-84 求极限 $\lim\limits_{n\to\infty}\sqrt[n]{1+x^n+x^{2n}}\ (x>0)$.

解 $\lim\limits_{n\to\infty}\sqrt[n]{1+x^n+x^{2n}}=\max\{1,x,x^2\}$.

当 $0<x<1$ 时,$\lim\limits_{n\to\infty}\sqrt[n]{1+x^n+x^{2n}}=1$;当 $x>1$ 时,$\lim\limits_{n\to\infty}\sqrt[n]{1+x^n+x^{2n}}=x^2$;

当 $x=1$ 时,$\lim\limits_{n\to\infty}\sqrt[n]{1+x^n+x^{2n}}=1$.

②无穷多项之和:分子或分母各项次数不齐,找最大的分母和最小的分母.

例 1-85 求极限 $\lim\limits_{n\to\infty}\left(\dfrac{1}{n+1}+\dfrac{1}{n+\sqrt{2}}+\cdots+\dfrac{1}{n+\sqrt{n}}\right)$.

解 $\dfrac{1}{n+\sqrt{n}}+\cdots+\dfrac{1}{n+\sqrt{n}}\leq\dfrac{1}{n+1}+\dfrac{1}{n+\sqrt{2}}+\cdots+\dfrac{1}{n+\sqrt{n}}\leq\dfrac{1}{n+1}+\cdots+\dfrac{1}{n+1}$,

$\lim\limits_{n\to\infty}\dfrac{n}{n+\sqrt{n}}=1$,$\lim\limits_{n\to\infty}\dfrac{n}{n+1}=1$,故 $\lim\limits_{n\to\infty}\left(\dfrac{1}{n+1}+\dfrac{1}{n+\sqrt{2}}+\cdots+\dfrac{1}{n+\sqrt{n}}\right)=1$.

例 1-86 求极限 $\lim\limits_{n\to\infty}\left(\dfrac{1}{n^2+1}+\dfrac{2}{n^2+2}+\cdots+\dfrac{n}{n^2+n}\right)$.

解 $\dfrac{1}{n^2+n}+\cdots+\dfrac{n}{n^2+n}\leq\dfrac{1}{n^2+1}+\dfrac{2}{n^2+2}+\cdots+\dfrac{n}{n^2+n}\leq\dfrac{1}{n^2+1}+\cdots+\dfrac{n}{n^2+1}$,

$\lim\limits_{n\to\infty}\dfrac{\frac{(1+n)n}{2}}{n^2+n}=\dfrac{1}{2}$,$\lim\limits_{n\to\infty}\dfrac{\frac{(1+n)n}{2}}{n^2+1}=\dfrac{1}{2}$,故 $\lim\limits_{n\to\infty}\left(\dfrac{1}{n^2+1}+\dfrac{2}{n^2+2}+\cdots+\dfrac{n}{n^2+n}\right)=\dfrac{1}{2}$.

左边:把每一项的分母换成最大的分母;右边:把每一项的分母换成最小的分母.

2. 极限小结

①将下标 x 趋于什么代入判断极限类型;(若下标代入极限中能直接得到一个常数,该常数即为所求的极限值)

②$\dfrac{0}{0}$ 型:等价无穷小.

$\dfrac{\infty}{\infty}$ 型:抓大头.

$\infty\cdot 0$ 型:转变成 $\dfrac{0}{0}$ 或 $\dfrac{\infty}{\infty}$;如 $\lim\limits_{x\to 0}x\cot x$,$\lim\limits_{x\to 0}x\left(\dfrac{\pi}{2}-\arctan x\right)$,把简单的那项往分母上放,注意取倒数.

$\infty-\infty$ 型:运用提取公因式、通分、平方差等方法转变成乘除的形式,再根据化简后得到的式子,判断其极限类型.(分式用通分,有根号凑平方差)

1^∞ 型:a.第二重要极限;b.取 $e^{\ln}$,即 $e^{\ln 1^\infty} \Rightarrow e^{\infty \cdot \ln 1} \Rightarrow e^{\infty \cdot 0}$,将次数转变成 $\frac{0}{0}$ 或 $\frac{\infty}{\infty}$.

∞^0 型:取 $e^{\ln}$,即 $e^{\ln \infty^0} \Rightarrow e^{0 \cdot \ln \infty} \Rightarrow e^{0 \cdot \infty}$,ln 里的 ∞ 一般为 $+\infty$,将次数转变成 $\frac{0}{0}$ 或 $\frac{\infty}{\infty}$.

0^0 型:取 $e^{\ln}$,即 $e^{\ln 0^0} \Rightarrow e^{0 \cdot \ln 0} \Rightarrow e^{0 \cdot \infty}$,ln 里的 0 一般为 0^+,将次数转变成 $\frac{0}{0}$ 或 $\frac{\infty}{\infty}$.

注:①在极限的乘除运算中,乘除的关系可以进行等价无穷小和非零常数的替换,加减不要去替换;当加减想要等价时,把极限拆开运算,满足拆开的前提即可拆;

②在极限的加减运算中,将一个极限拆成若干个极限相加减,需要满足拆开后的若干极限的结果都分别存在且若干为有限个;

③注意下标 x 趋于什么,每做一步判断一次极限类型;

④什么时候需要讨论左右极限:当该点是分段函数分界点时、当 $\frac{\infty}{\infty}$ 时极限中有根号、当 ∞ 出现在了指数函数的次数上、当 $x \to 0$ 时极限中有绝对值等,总的来说就是左右极限会对结果产生不同的影响时才要讨论.

例 1-87 求极限 $\lim\limits_{x \to \infty}\left(\dfrac{2x+3}{2x+1}\right)^{x+1}$.

解 $\lim\limits_{x \to \infty}\left(\dfrac{2x+3}{2x+1}\right)^{x+1} = \lim\limits_{x \to \infty}\left[\left(1+\dfrac{2}{2x+1}\right)^{\frac{2x+1}{2}}\right]^{\frac{2}{2x+1} \cdot (x+1)} = e$.

例 1-88 求极限 $\lim\limits_{x \to 0}(e^x + 2x)^{\frac{1}{x}}$.

解 $\lim\limits_{x \to 0}(e^x + 2x)^{\frac{1}{x}} = \lim\limits_{x \to 0}\left[(1 + e^x + 2x - 1)^{\frac{1}{e^x+2x-1}}\right]^{\frac{e^x+2x-1}{x}} = e^{\lim\limits_{x \to 0}\frac{e^x-1}{x} + \lim\limits_{x \to 0}\frac{2x}{x}} = e^3$.

例 1-89 求极限 $\lim\limits_{x \to 0}\left[\dfrac{1}{x} - \dfrac{1}{\ln(1+x)}\right]$.

解 $\lim\limits_{x \to 0}\left[\dfrac{1}{x} - \dfrac{1}{\ln(1+x)}\right] = \lim\limits_{x \to 0}\dfrac{\ln(1+x)-x}{x\ln(1+x)} = \lim\limits_{x \to 0}\dfrac{-\frac{1}{2}x^2}{x^2} = -\dfrac{1}{2}$.

例 1-90 求极限 $\lim\limits_{x \to 0}(1 + 2\sin^2 x)^{\frac{1}{\ln(1-2x^2)}}$.

解 $\lim\limits_{x \to 0}(1 + 2\sin^2 x)^{\frac{1}{\ln(1-2x^2)}} = \lim\limits_{x \to 0}\left[(1 + 2\sin^2 x)^{\frac{1}{2\sin^2 x}}\right]^{\frac{2\sin^2 x}{\ln(1-2x^2)}} = e^{-1}$.

例 1-91 求极限 $\lim\limits_{x \to 0}\cot x\left(\dfrac{1}{\sin x} - \dfrac{1}{x}\right)$.

解 $\lim\limits_{x \to 0}\cot x\left(\dfrac{1}{\sin x} - \dfrac{1}{x}\right) = \lim\limits_{x \to 0}\dfrac{1}{\tan x} \cdot \dfrac{x - \sin x}{x \sin x} = \lim\limits_{x \to 0}\dfrac{\frac{1}{6}x^3}{x^3} = \dfrac{1}{6}$.

例 1-92 求极限 $\lim\limits_{x\to\infty}\left(\sin\dfrac{1}{x^2}+\cos\dfrac{1}{x}\right)^{x^2}$.

解 $\lim\limits_{x\to\infty}\left(\sin\dfrac{1}{x^2}+\cos\dfrac{1}{x}\right)^{x^2}=\lim\limits_{x\to\infty}\left[\left(1+\sin\dfrac{1}{x^2}+\cos\dfrac{1}{x}-1\right)^{\frac{1}{\sin\frac{1}{x^2}+\cos\frac{1}{x}-1}}\right]^{\left(\sin\frac{1}{x^2}+\cos\frac{1}{x}-1\right)x^2}$

$=\mathrm{e}^{\lim\limits_{x\to\infty}\frac{\sin\frac{1}{x^2}+\cos\frac{1}{x}-1}{\frac{1}{x^2}}}=\mathrm{e}^{\frac{1}{2}}$.

例 1-93 求极限 $\lim\limits_{x\to+\infty}(\sqrt{x^2+2x+7}-x)$.

解 $\lim\limits_{x\to+\infty}(\sqrt{x^2+2x+7}-x)=\lim\limits_{x\to+\infty}\dfrac{x^2+2x+7-x^2}{\sqrt{x^2+2x+7}+x}=1$.

例 1-94 求极限 $\lim\limits_{x\to 0}\dfrac{1-\cos(\sin x)}{2\ln(1+x^2)}$.

解 $\lim\limits_{x\to 0}\dfrac{1-\cos(\sin x)}{2\ln(1+x^2)}=\lim\limits_{x\to 0}\dfrac{\frac{1}{2}(\sin x)^2}{2x^2}=\dfrac{1}{4}$.

***例 1-95** 求极限 $\lim\limits_{x\to+\infty}\dfrac{\left(1+\dfrac{1}{x}\right)^{x^2}}{\mathrm{e}^x}$.

解 $\lim\limits_{x\to+\infty}\dfrac{\left(1+\dfrac{1}{x}\right)^{x^2}}{\mathrm{e}^x}=\lim\limits_{x\to+\infty}\dfrac{\mathrm{e}^{\ln\left(1+\frac{1}{x}\right)^{x^2}}}{\mathrm{e}^x}=\lim\limits_{x\to+\infty}\dfrac{\mathrm{e}^{x^2\cdot\ln\left(1+\frac{1}{x}\right)}}{\mathrm{e}^x}=\lim\limits_{x\to+\infty}\mathrm{e}^{x^2\cdot\ln\left(1+\frac{1}{x}\right)-x}=\lim\limits_{x\to+\infty}\mathrm{e}^{x^2\left[\ln\left(1+\frac{1}{x}\right)-\frac{1}{x}\right]}$

$=\lim\limits_{x\to+\infty}\mathrm{e}^{x^2\cdot\left(-\frac{1}{2}\cdot\frac{1}{x^2}\right)}=\mathrm{e}^{-\frac{1}{2}}$.

注：因为分母有 e^x，相当于对 $x^2\cdot\ln\left(1+\dfrac{1}{x}\right)-x$ 中的 $\ln\left(1+\dfrac{1}{x}\right)\sim\dfrac{1}{x}$，加减不要去等价，所以不能用第二重要极限.

***例 1-96** 求极限 $\lim\limits_{x\to 0}\dfrac{\sin\left(x\cdot\sin\dfrac{1}{x}\right)}{x\cdot\sin\dfrac{1}{x}}$.

解 当 $x\to 0$ 时，$x\cdot\sin\dfrac{1}{x}$ 会等于 0，无意义，故此极限不存在.

***3. 无穷多项之和极限汇总**

(1) 等比、等差数列求和，裂项相消；

等差数列前 n 项和：$S_n=\dfrac{(a_1+a_n)\cdot n}{2}$；

等比数列前 n 项和：$S_n=\dfrac{a_1(1-q)^n}{1-q}$.

例 1-97 求极限 $\lim\limits_{n\to\infty}\left[\dfrac{1}{1\times 2}+\dfrac{1}{2\times 3}+\cdots+\dfrac{1}{n\times(n+1)}\right]$.

解 $\lim\limits_{n\to\infty}\left[\dfrac{1}{1\times 2}+\dfrac{1}{2\times 3}+\cdots+\dfrac{1}{n\times(n+1)}\right]=\lim\limits_{n\to\infty}\left(1-\dfrac{1}{2}+\dfrac{1}{2}-\dfrac{1}{3}+\cdots+\dfrac{1}{n}-\dfrac{1}{n+1}\right)=1.$

例 1-98 求极限 $\lim\limits_{n\to\infty}\dfrac{1+2+\cdots+n}{n^2+1}$.

解 $\lim\limits_{n\to\infty}\dfrac{1+2+\cdots+n}{n^2+1}=\lim\limits_{n\to\infty}\dfrac{\dfrac{(1+n)n}{2}}{n^2+1}=\dfrac{1}{2}.$

例 1-99 求极限 $\lim\limits_{n\to\infty}\left(\dfrac{1}{2}+\dfrac{1}{4}+\cdots+\dfrac{1}{2^n}\right)$.

解 $\lim\limits_{n\to\infty}\left(\dfrac{1}{2}+\dfrac{1}{4}+\cdots+\dfrac{1}{2^n}\right)=\lim\limits_{n\to\infty}\dfrac{\dfrac{1}{2}\left(1-\dfrac{1}{2^n}\right)}{1-\dfrac{1}{2}}=1.$

补充：① $1+2+\cdots+n=\dfrac{n(n+1)}{2}$；

② $1+2^2+\cdots+n^2=\dfrac{n(n+1)(2n+1)}{6}$；

③ $1+2^3+\cdots+n^3=\left[\dfrac{n(n+1)}{2}\right]^2$.

证明② 通过 $(n+1)^3-n^3=3n^2+3n+1$，可以发现

$2^3-1^3=3\times 1^2+3\times 1+1,$

$3^3-2^3=3\times 2^2+3\times 2+1,$

$\vdots$

$(n+1)^3-n^3=3\times n^2+3\times n+1.$

等号两边分别求和得 $(n+1)^3-1=3(1^2+2^2+\cdots+n^2)+3(1+2+\cdots+n)+n,$

所以 $1^2+2^2+\cdots+n^2=\dfrac{(n+1)^3-1-n-3\cdot\dfrac{(n+1)n}{2}}{3}=\dfrac{n(n+1)(2n+1)}{6}.$

证明③ 通过 $(n+1)^2=n^2+2n+1,(n-1)^2=n^2-2n+1$ 可得

$4n=(n+1)^2-(n-1)^2,\Rightarrow n^3=\dfrac{1}{4}n^2\cdot 4n=\dfrac{1}{4}\left[n^2(n+1)^2-(n-1)^2n^2\right],$

$1^3=\dfrac{1}{4}(1^2\times 2^2-0^2\times 1^2),$

$2^3=\dfrac{1}{4}(2^2\times 3^2-1^2\times 2^2),$

$\vdots$

$n^3=\dfrac{1}{4}\left[n^2(n+1)^2-(n-1)^2n^2\right].$

等号两边分别求和得 $1^3 + 2^3 + \cdots + n^3 = \dfrac{1}{4}[n^2(n+1)^2 - 0^2 \times 1^2] = \left[\dfrac{n(n+1)}{2}\right]^2$.

(2) 夹逼定理：分子或分母各项次数不齐，找最大的分母和最小的分母.

(3) 定积分定义：分子各项次数齐，分母各项次数也齐，且分子比分母少一次.

(4) 定积分与夹逼定理结合：

例 1-100 求极限 $\lim\limits_{n\to\infty}\left(\dfrac{n\sin\dfrac{1}{n}}{n^2+1} + \dfrac{n\sin\dfrac{2}{n}}{n^2+2} + \cdots + \dfrac{n\sin\dfrac{n}{n}}{n^2+n}\right)$.

解 $\lim\limits_{n\to\infty}\left(\dfrac{n\sin\dfrac{1}{n}}{n^2+1} + \dfrac{n\sin\dfrac{2}{n}}{n^2+2} + \cdots + \dfrac{n\sin\dfrac{n}{n}}{n^2+n}\right) = \lim\limits_{n\to\infty}\sum\limits_{i=1}^{n}\dfrac{n\sin\dfrac{i}{n}}{n^2+i}$,

进行放缩得 $\dfrac{n\sin\dfrac{i}{n}}{n^2+n} \leqslant \dfrac{n\sin\dfrac{i}{n}}{n^2+i} \leqslant \dfrac{n\sin\dfrac{i}{n}}{n^2}$,

左边：$\lim\limits_{n\to\infty}\sum\limits_{i=1}^{n}\dfrac{n\sin\dfrac{i}{n}}{n^2+n} = \lim\limits_{n\to\infty}\sum\limits_{i=1}^{n}\dfrac{\sin\dfrac{i}{n}}{n+1} = \lim\limits_{n\to\infty}\dfrac{n}{n+1}\sum\limits_{i=1}^{n}\dfrac{\sin\dfrac{i}{n}}{n}$

$= \lim\limits_{n\to\infty}\dfrac{1}{n}\sum\limits_{i=1}^{n}\sin\dfrac{i}{n} = \int_0^1 \sin x\,dx = 1 - \cos 1;$

右边：$\lim\limits_{n\to\infty}\sum\limits_{i=1}^{n}\dfrac{n\sin\dfrac{i}{n}}{n^2} = \lim\limits_{n\to\infty}\dfrac{1}{n}\sum\limits_{i=1}^{n}\sin\dfrac{i}{n} = \int_0^1 \sin x\,dx = 1 - \cos 1$.

所以原式 $= 1 - \cos 1$.

例 1-101 求极限 $\lim\limits_{n\to\infty}\left(\dfrac{2^{\frac{1}{n}}}{n+1} + \dfrac{2^{\frac{2}{n}}}{n+\dfrac{1}{2}} + \cdots + \dfrac{2^{\frac{n}{n}}}{n+\dfrac{1}{n}}\right)$.

解 $\lim\limits_{n\to\infty}\left(\dfrac{2^{\frac{1}{n}}}{n+1} + \dfrac{2^{\frac{2}{n}}}{n+\dfrac{1}{2}} + \cdots + \dfrac{2^{\frac{n}{n}}}{n+\dfrac{1}{n}}\right) = \lim\limits_{n\to\infty}\sum\limits_{i=1}^{n}\dfrac{2^{\frac{i}{n}}}{n+\dfrac{1}{i}}$,

进行放缩得 $\dfrac{2^{\frac{i}{n}}}{n+1} \leqslant \dfrac{2^{\frac{i}{n}}}{n+\dfrac{1}{i}} \leqslant \dfrac{2^{\frac{i}{n}}}{n}$,

左边：$\lim\limits_{n\to\infty}\sum\limits_{i=1}^{n}\dfrac{2^{\frac{i}{n}}}{n+1} = \lim\limits_{n\to\infty}\dfrac{n}{n+1}\sum\limits_{i=1}^{n}\dfrac{2^{\frac{i}{n}}}{n} = \lim\limits_{n\to\infty}\dfrac{1}{n}\sum\limits_{i=1}^{n}2^{\frac{i}{n}} = \int_0^1 2^x\,dx = \dfrac{2^x}{\ln 2}\bigg|_0^1 = \dfrac{1}{\ln 2};$

右边：$\lim\limits_{n\to\infty}\sum\limits_{i=1}^{n}\dfrac{2^{\frac{i}{n}}}{n} = \lim\limits_{n\to\infty}\dfrac{1}{n}\sum\limits_{i=1}^{n}2^{\frac{i}{n}} = \int_0^1 2^x\,dx = \dfrac{2^x}{\ln 2}\bigg|_0^1 = \dfrac{1}{\ln 2}$.

所以原式 $= \dfrac{1}{\ln 2}$.

(5) 无穷级数：

例 1-102 $\lim\limits_{n\to\infty}\left(\dfrac{1}{2}+\dfrac{2}{2^2}+\cdots+\dfrac{n}{2^n}\right).$

解 $\lim\limits_{n\to\infty}\left(\dfrac{1}{2}+\dfrac{2}{2^2}+\cdots+\dfrac{n}{2^n}\right)=\sum\limits_{n=1}^{\infty}\dfrac{n}{2^n}$，令 $S(x)=\sum\limits_{n=1}^{\infty}nx^n$，则

$$S(x)=\sum_{n=1}^{\infty}nx^n=x\sum_{n=1}^{\infty}nx^{n-1}=x\left(\sum_{n=1}^{\infty}x^n\right)'=x\left(\dfrac{x}{1-x}\right)'=\dfrac{x}{(1-x)^2},$$

$S\left(\dfrac{1}{2}\right)=\dfrac{\dfrac{1}{2}}{\left(1-\dfrac{1}{2}\right)^2}=2$，即 $\lim\limits_{n\to\infty}\left(\dfrac{1}{2}+\dfrac{2}{2^2}+\cdots+\dfrac{n}{2^n}\right)=2.$

1.14 连 续

定义：设函数 $y=f(x)$ 在点 x_0 的某一邻域内有定义，若 $\lim\limits_{x\to x_0}f(x)=f(x_0)$，则称函数 $f(x)$ 在点 x_0 连续. 即该点的极限值等于该点的函数值.

① 若 $\lim\limits_{x\to x_0^+}f(x)=f(x_0)$，则称函数 $f(x)$ 在点 x_0 右连续；

② 若 $\lim\limits_{x\to x_0^-}f(x)=f(x_0)$，则称函数 $f(x)$ 在点 x_0 左连续；

③ 基本初等函数(反对幂三指)在其定义域内连续；

④ 初等函数(由基本初等函数经过有限次的四则运算和复合运算所得到的函数)在其定义区间(包含在定义域内的区间)内连续；

⑤ 若 $f(x)$ 在 (a,b) 内连续，且在 $x=a$ 处左连续，$x=b$ 处右连续，称 $f(x)$ 在 $[a,b]$ 上连续.

例 1-103 判断函数 $f(x)=\begin{cases}|x|\sin\dfrac{1}{x},&x\neq 0\\ 1,&x=0\end{cases}$ 在 $x=0$ 的连续性.

解 $\lim\limits_{x\to 0^-}f(x)=\lim\limits_{x\to 0^-}(-x)\cdot\sin\dfrac{1}{x}=0$，$\lim\limits_{x\to 0^+}f(x)=\lim\limits_{x\to 0^+}x\cdot\sin\dfrac{1}{x}=0\neq f(0)$，故 $f(x)$ 在 $x=0$ 处不连续.

例 1-104 判断函数 $f(x)=\begin{cases}\ln(1-x),&0<x<1\\ \dfrac{1}{1-x},&x\leq 0\end{cases}$ 在 $x=0$ 的连续性.

解 $\lim\limits_{x\to 0^-}f(x)=\lim\limits_{x\to 0^-}\dfrac{1}{1-x}=1$，$\lim\limits_{x\to 0^+}f(x)=\lim\limits_{x\to 0^+}\ln(1-x)=0$，$\lim\limits_{x\to 0}f(x)$ 不存在，故 $f(x)$ 在 $x=0$ 处不连续.

例 1-105 判断函数 $f(x)=\begin{cases} e^{\frac{1}{x}}, & x<0 \\ 0, & 0\leq x\leq 1 \\ \dfrac{\ln x}{x-1}, & x>1 \end{cases}$ 在 $x=0, x=1$ 的连续性.

解 $\lim\limits_{x\to 0^-}f(x)=\lim\limits_{x\to 0^-}e^{\frac{1}{x}}=0, \lim\limits_{x\to 0^+}f(x)=f(0)=0$, 故 $f(x)$ 在 $x=0$ 处连续;

$\lim\limits_{x\to 1^-}f(x)=f(1)=0, \lim\limits_{x\to 1^+}f(x)=\lim\limits_{x\to 1^+}\dfrac{\ln x}{x-1}=\lim\limits_{x\to 1^+}\dfrac{\ln(1+x-1)}{x-1}=1$, 故 $f(x)$ 在 $x=1$ 处不连续.

例 1-106 已知函数 $f(x)=\begin{cases} \dfrac{\sin 2x+e^{2ax}-1}{x}, & x\neq 0 \\ 3a, & x=0 \end{cases}$ 在 $x=0$ 处连续,求 a 的值.

解 $\lim\limits_{x\to 0}f(x)=\lim\limits_{x\to 0}\dfrac{\sin 2x+e^{2ax}-1}{x}=2+2a=3a=f(0)\Rightarrow a=2$.

例 1-107 已知函数 $f(x)=\begin{cases} \dfrac{\sin x}{x}, & x<0 \\ a, & x=0 \\ x\sin\dfrac{1}{x}+b, & x>0 \end{cases}$ 在 $x=0$ 处连续,求 a,b 的值.

解 $\lim\limits_{x\to 0^-}f(x)=\lim\limits_{x\to 0^-}\dfrac{\sin x}{x}=1, \lim\limits_{x\to 0^+}f(x)=\lim\limits_{x\to 0^+}x\sin\dfrac{1}{x}+b=b, f(0)=a$,

由连续的充要条件可得, $\lim\limits_{x\to 0^-}f(x)=\lim\limits_{x\to 0^+}f(x)=f(0)$, 得 $a=b=1$.

例 1-108 已知函数 $f(x)=\begin{cases} \dfrac{\sin ax}{x}, & x>0 \\ b, & x=0 \\ \dfrac{\ln(1-3x)}{x}, & x<0 \end{cases}$ 在 $x=0$ 处连续,求 a,b 的值.

解 $\lim\limits_{x\to 0^-}f(x)=\lim\limits_{x\to 0^-}\dfrac{\ln(1-3x)}{x}=-3, \lim\limits_{x\to 0^+}f(x)=\lim\limits_{x\to 0^+}\dfrac{\sin ax}{x}=a\Rightarrow b=a=-3$.

1.15 间　　断

1. 定义

设函数 $f(x)$ 在点 x_0 的**某去心邻域内有定义**,在此前提下,若函数 $f(x)$ 有下列三种情形之一:

① 在 $x=x_0$ 处没有定义;

② 在 $x=x_0$ 处有定义,但 $\lim\limits_{x\to x_0}f(x)$ 不存在;

③在 $x = x_0$ 处有定义,且 $\lim\limits_{x \to x_0} f(x)$ 存在,但 $\lim\limits_{x \to x_0} f(x) \neq f(x_0)$,则函数 $f(x)$ 在点 x_0 处不连续,点 x_0 称为函数 $f(x)$ 的不连续点或间断点.

注:①简单来说,函数在某点处不连续就间断,即 $\lim\limits_{x \to x_0^-} f(x) = \lim\limits_{x \to x_0^+} f(x) = f(x_0)$ 不成立.

②间断点 x_0 要求在某去心邻域内有定义,即间断点在非连续的区间内,不会出现在边界点和边界点以外的地方.(例如:函数 $y = \ln x, x = 0, x = -1$ 都不是间断点;函数 $y = \ln |x|, x = 0$ 是间断点.)

2. 间断点的分类

①第一类间断点(左右极限都分别存在) $\begin{cases} \text{左极限} = \text{右极限} \to \text{可去间断点} \\ \text{左极限} \neq \text{右极限} \to \text{跳跃间断点} \end{cases}$

②第二类间断点(左右极限至少有一个不存在) $\begin{cases} \text{极限为无穷大}(\infty) \to \text{无穷间断点} \\ \text{极限为振荡} \to \text{振荡间断点} \end{cases}$

注:在求解间断点的题目中,通常找函数 $f(x)$ 的无定义点(一定间断)、分段函数的分界点(可能间断,分界点的左右极限相等时,不要想当然为可去间断点,看一眼分界点的函数值,可能是连续),再去求该点处的左右极限,根据分类去判断间断点类型.

例 1-109 判断函数 $f(x) = \dfrac{\sin x}{x}$ 的间断点及其类型.

解 间断点为 $x = 0$,$\lim\limits_{x \to 0} f(x) = \lim\limits_{x \to 0} \dfrac{\sin x}{x} = 1$,故 $x = 0$ 为可去间断点.

例 1-110 判断函数 $f(x) = \begin{cases} e^{\frac{1}{x-1}}, & x > 0 \\ \ln(1+x), & -1 < x \leq 0 \end{cases}$ 的间断点及其类型.

解 $\lim\limits_{x \to 0^-} f(x) = \lim\limits_{x \to 0^-} \ln(1+x) = 0$,$\lim\limits_{x \to 0^+} f(x) = \lim\limits_{x \to 0^+} e^{\frac{1}{x-1}} = e^{-1}$,故 $x = 0$ 为跳跃间断点;

$\lim\limits_{x \to 1^+} f(x) = \lim\limits_{x \to 1^+} e^{\frac{1}{x-1}} = +\infty$,故 $x = 1$ 为无穷间断点.

例 1-111 判断函数 $f(x) = \dfrac{1 - e^{\frac{1}{x-1}}}{1 + e^{\frac{2}{x-1}}} \cdot \arctan \dfrac{1}{x}$ 的间断点及其类型.

解 间断点为 $x = 0, x = 1$,$\lim\limits_{x \to 0^-} f(x) = \lim\limits_{x \to 0^-} \dfrac{1 - e^{\frac{1}{x-1}}}{1 + e^{\frac{2}{x-1}}} \cdot \arctan \dfrac{1}{x} = \dfrac{1 - e^{-1}}{1 + e^{-2}} \cdot \left(-\dfrac{\pi}{2}\right)$,

$\lim\limits_{x \to 0^+} f(x) = \lim\limits_{x \to 0^+} \dfrac{1 - e^{\frac{1}{x-1}}}{1 + e^{\frac{2}{x-1}}} \cdot \arctan \dfrac{1}{x} = \dfrac{1 - e^{-1}}{1 + e^{-2}} \cdot \dfrac{\pi}{2}$,故 $x = 0$ 为跳跃间断点;

$\lim\limits_{x \to 1^-} f(x) = \lim\limits_{x \to 1^-} \dfrac{1 - e^{\frac{1}{x-1}}}{1 + e^{\frac{2}{x-1}}} \cdot \arctan \dfrac{1}{x} = \dfrac{1 - 0}{1 + 0} \cdot \dfrac{\pi}{4} = \dfrac{\pi}{4}$,

$\lim\limits_{x \to 1^+} f(x) = \lim\limits_{x \to 1^+} \dfrac{1 - e^{\frac{1}{x-1}}}{1 + e^{\frac{2}{x-1}}} \cdot \arctan \dfrac{1}{x} = 0 \cdot \dfrac{\pi}{4} = 0$,故 $x = 1$ 为跳跃间断点.

例 1-112 判断函数 $f(x) = \dfrac{1-x}{\ln x} + \arctan \dfrac{1}{x^2 - 2}$ 的间断点及其类型.

解 间断点为 $x = 1, x = \sqrt{2}$，$\lim\limits_{x \to 1^-} \dfrac{1-x}{\ln(1+x-1)} + \arctan \dfrac{1}{x^2-2} = -1 - \dfrac{\pi}{4}$,

$\lim\limits_{x \to 1^+} \dfrac{1-x}{\ln(1+x-1)} + \arctan \dfrac{1}{x^2-2} = -1 - \dfrac{\pi}{4}$，故 $x = 1$ 为可去间断点;

$\lim\limits_{x \to \sqrt{2}^-} \dfrac{1-x}{\ln x} + \arctan \dfrac{1}{x^2-2} = \dfrac{1-\sqrt{2}}{\ln\sqrt{2}} - \dfrac{\pi}{2}$, $\lim\limits_{x \to \sqrt{2}^+} \dfrac{1-x}{\ln x} + \arctan \dfrac{1}{x^2-2} = \dfrac{1-\sqrt{2}}{\ln\sqrt{2}} + \dfrac{\pi}{2}$,

故 $x = \sqrt{2}$ 为跳跃间断点.

思考: 若将例 1-112 中的 $\ln x$ 改为 $\ln|x|$，其间断点是什么？

解 间断点为 $x = \pm\sqrt{2}, \pm 1, 0$.

例 1-113 判断函数 $f(x) = \dfrac{e^x - 1}{(x-1)x}$ 的间断点及其类型.

解 间断点为 $x = 0, x = 1$，

$\lim\limits_{x \to 0^-} f(x) = \lim\limits_{x \to 0^-} \dfrac{e^x - 1}{(x-1)x} = -1$, $\lim\limits_{x \to 0^+} f(x) = \lim\limits_{x \to 0^+} \dfrac{e^x - 1}{(x-1)x} = -1$，故 $x = 0$ 为可去间断点;

$\lim\limits_{x \to 1^-} f(x) = \lim\limits_{x \to 1^-} \dfrac{e^x - 1}{(x-1)x} = \infty$，故 $x = 1$ 为无穷间断点.

例 1-114 判断函数 $f(x) = \dfrac{(x-3) \cdot e^{\frac{1}{x-2}}}{\sin(x-3)}$ 的间断点及其类型.

解 间断点为 $x = 2, x = 3, x = 3 + k\pi (k \in \mathbf{Z}$，且 $k \neq 0)$，

$\lim\limits_{x \to 3^-} f(x) = \lim\limits_{x \to 3^-} \dfrac{(x-3) \cdot e^{\frac{1}{x-2}}}{\sin(x-3)} = e$, $\lim\limits_{x \to 3^+} f(x) = \lim\limits_{x \to 3^+} \dfrac{(x-3) \cdot e^{\frac{1}{x-2}}}{\sin(x-3)} = e$，故 $x = 3$ 为可去间断点;

$\lim\limits_{x \to 2^+} f(x) = \lim\limits_{x \to 2^+} \dfrac{(x-3) \cdot e^{\frac{1}{x-2}}}{\sin(x-3)} = \infty$，故 $x = 2$ 为无穷间断点;

$\lim\limits_{x \to 3+k\pi^+} f(x) = \lim\limits_{x \to 3+k\pi^+} \dfrac{(x-3) \cdot e^{\frac{1}{x-2}}}{\sin(x-3)} = \infty$，故 $x = 3 + k\pi$ 为无穷间断点.

例 1-115 当 $x > 0$ 时，判断 $f(x) = \lim\limits_{n \to \infty} \dfrac{1}{1 + x^n}$ 的连续性.

解 （分析:在极限中 $n \to \infty$，那么 n 为变量，x 相对于 n 来说是常量，故 x^n 类似于指数函数.）

当 $0 < x < 1$ 时，$f(x) = \lim\limits_{n \to \infty} \dfrac{1}{1+x^n} = \dfrac{1}{1+0} = 1$；当 $x > 1$ 时，$f(x) = \lim\limits_{n \to \infty} \dfrac{1}{1+x^n} = 0$；

当 $x = 1$ 时，$f(x) = \lim\limits_{n \to \infty} \dfrac{1}{1+x^n} = \dfrac{1}{1+1} = \dfrac{1}{2}$，故 $x = 1$ 为跳跃间断点.

例 1-116 判断 $f(x) = \lim\limits_{n\to\infty}\dfrac{x^n-1}{x^n+1}$ 的连续性.

解 当 $|x|<1$ 时，$f(x)=\lim\limits_{n\to\infty}\dfrac{x^n-1}{x^n+1}=\dfrac{0-1}{0+1}=-1$；

当 $|x|>1$ 时，$f(x)=\lim\limits_{n\to\infty}\dfrac{x^n-1}{x^n+1}=1$；$f(1)=0$，$f(-1)$ 不存在，故 $x=\pm 1$ 为跳跃间断点.

例 1-117 已知 $f(x)=\lim\limits_{n\to\infty}\dfrac{x^{2n-1}+ax^2+bx}{x^{2n}+1}$ 是连续函数，求 a,b 的值.

解 当 $|x|<1$ 时，$f(x)=\lim\limits_{n\to\infty}\dfrac{x^{2n-1}+ax^2+bx}{x^{2n}+1}=ax^2+bx$；

当 $|x|>1$ 时，$f(x)=\lim\limits_{n\to\infty}\dfrac{x^{2n-1}+ax^2+bx}{x^{2n}+1}=\dfrac{1}{x}$；$f(1)=\dfrac{1+a+b}{2}$，$f(-1)=\dfrac{-1+a-b}{2}$，

$f(x)$ 在 $x=\pm 1$ 处连续可得：$\begin{cases}a+b=1\\a-b=-1\end{cases}\Rightarrow\begin{cases}a=0\\b=1\end{cases}$.

例 1-118 判断 $f(x)=\lim\limits_{n\to\infty}\dfrac{e^{nx}-1}{e^{nx}+1}$ 的连续性.

解 当 $x<0$ 时，$nx\to-\infty$，$f(x)=\lim\limits_{n\to\infty}\dfrac{e^{nx}-1}{e^{nx}+1}=\dfrac{0-1}{0+1}=-1$；

当 $x>0$ 时，$nx\to+\infty$，$f(x)=\lim\limits_{n\to\infty}\dfrac{e^{nx}-1}{e^{nx}+1}=1$；

$f(0)=0$，故 $x=0$ 为跳跃间断点.

例 1-119 判断 $f(x)=\lim\limits_{t\to 0}\left(1+\dfrac{\sin t}{x}\right)^{\frac{x^2}{t}}$ 的连续性.

解 $x\ne 0$，$f(x)=\lim\limits_{t\to 0}\left(1+\dfrac{\sin t}{x}\right)^{\frac{x^2}{t}}=\lim\limits_{t\to 0}\left[\left(1+\dfrac{\sin t}{x}\right)^{\frac{x}{\sin t}}\right]^{\frac{\sin t}{x}\cdot\frac{x^2}{t}}=e^x$，故 $x=0$ 为可去间断点.

例 1-120 判断 $f(x)=\dfrac{\sqrt{x^2-1}}{x(x+2)(x-3)}$ 的间断点个数.

解 由于根号内要大于等于零，所以 $x=0$ 的左右两边无定义，故间断点有 2 个，为 $x=-2,x=3$.

1.16 渐近线

1. 定义

曲线上一点 M 沿曲线无限远离原点或者无限接近间断点时，若点 M 到一条直线的距离无限趋近于零，则这条直线称为该曲线的渐近线.

例如：$y = \dfrac{1}{x}$ 无限接近的直线有 $x = 0, y = 0$；$y = \arctan x$ 无限接近 $y = \pm \dfrac{\pi}{2}$.

2. 渐近线的分类

①水平渐近线：若 $\lim\limits_{x \to \infty} f(x) = C$，则称 $y = C$ 为函数 $f(x)$ 的水平渐近线；

②垂直（铅直）渐近线：若 $\lim\limits_{x \to x_0} f(x) = \infty$，则称 $x = x_0$ 为函数 $f(x)$ 的垂直渐近线；

③斜渐近线：若 $\lim\limits_{x \to \infty} \dfrac{f(x)}{x} = k (k \neq 0)$，$\lim\limits_{x \to \infty} f(x) - kx = b$，则称 $y = kx + b$ 为函数 $f(x)$ 的斜渐近线.

> **注：**①上述分类的极限只需要单侧极限满足即可（例如：$y = \ln x$，$\lim\limits_{x \to 0^+} \ln x = -\infty$，$x = 0$ 是 $\ln x$ 的垂直渐近线）；
>
> ②垂直渐近线往往在无穷间断点处，与无穷间断点不同的是，垂直渐近线可以出现在边界点处（例如：$y = \ln x$，$x = 0$ 是 $\ln x$ 的垂直渐近线，但 $x = 0$ 不是 $\ln x$ 的无穷间断点）；
>
> ③在同一自变量的趋势下，水平渐近线与斜渐近线不能共存，即当 $x \to +\infty$ 时，函数 $f(x)$ 有水平渐近线，就不会存在斜渐近线，反之亦然. 水平渐近线和斜渐近线要共存，只能是在 $x \to +\infty$ 有水平（斜）渐近线，在 $x \to -\infty$ 有斜（水平）渐近线.

例 1-121 求函数 $f(x) = \dfrac{x^3}{x^2 - 2x - 3}$ 的渐近线.

解 $\lim\limits_{x \to \infty} f(x) = \lim\limits_{x \to \infty} \dfrac{x^3}{x^2 - 2x - 3} = \infty$，故函数 $f(x)$ 无水平渐近线；

$\lim\limits_{x \to -1} f(x) = \lim\limits_{x \to -1} \dfrac{x^3}{(x-3)(x+1)} = \infty$，$\lim\limits_{x \to 3} f(x) = \lim\limits_{x \to 3} \dfrac{x^3}{(x-3)(x+1)} = \infty$，

故 $x = -1, x = 3$ 为函数 $f(x)$ 的垂直渐近线；

$\lim\limits_{x \to \infty} \dfrac{f(x)}{x} = \lim\limits_{x \to \infty} \dfrac{x^2}{x^2 - 2x - 3} = 1$，

$\lim\limits_{x \to \infty} f(x) - kx = \lim\limits_{x \to \infty} \dfrac{x^3}{x^2 - 2x - 3} - x = \lim\limits_{x \to \infty} \dfrac{2x^2 + 3x}{x^2 - 2x - 3} = 2$，

故 $y = x + 2$ 为函数 $f(x)$ 的斜渐近线.

例 1-122 求函数 $f(x) = \dfrac{3x^2 + 2}{1 - x^2}$ 的渐近线.

解 $\lim\limits_{x \to \infty} f(x) = \lim\limits_{x \to \infty} \dfrac{3x^2 + 2}{1 - x^2} = -3$，故 $y = -3$ 为水平渐近线，无斜渐近线；

$\lim\limits_{x \to 1} f(x) = \lim\limits_{x \to 1} \dfrac{3x^2 + 2}{1 - x^2} = \infty$，$\lim\limits_{x \to -1} f(x) = \lim\limits_{x \to -1} \dfrac{3x^2 + 2}{1 - x^2} = \infty$，故 $x = \pm 1$ 为垂直渐近线.

例 1-123 求函数 $f(x) = x\ln\left(e + \dfrac{1}{x}\right)(x>0)$ 的斜渐近线.

解 $k = \lim\limits_{x\to\infty}\dfrac{f(x)}{x} = \lim\limits_{x\to\infty}\ln\left(e + \dfrac{1}{x}\right) = 1$；$b = \lim\limits_{x\to\infty}f(x) - kx = \lim\limits_{x\to\infty}x\ln\left(e + \dfrac{1}{x}\right) - x$

$$= \lim_{x\to\infty}x\left[\ln\left(e + \dfrac{1}{x}\right) - 1\right] = \lim_{x\to\infty}x\left[\ln\left(e + \dfrac{1}{x}\right) - \ln e\right]$$

$$= \lim_{x\to\infty}x\ln\dfrac{e + \dfrac{1}{x}}{e} = \lim_{x\to\infty}x\ln\left(1 + \dfrac{1}{ex}\right)$$

$$= \lim_{x\to\infty}x \cdot \dfrac{1}{ex} = \dfrac{1}{e},$$

故 $y = x + \dfrac{1}{e}$ 为函数 $f(x)$ 的斜渐近线.

例 1-124 求函数 $f(x) = \dfrac{x^2 + 1}{x - 2}e^{\frac{1}{x}}$ 的渐近线.

解 $\lim\limits_{x\to\infty}f(x) = \lim\limits_{x\to\infty}\dfrac{x^2+1}{x-2}e^{\frac{1}{x}} = \infty$，无水平渐近线；

$\lim\limits_{x\to 2}f(x) = \lim\limits_{x\to 2}\dfrac{x^2+1}{x-2}e^{\frac{1}{x}} = \infty$，$\lim\limits_{x\to 0^+}f(x) = \lim\limits_{x\to 0^+}\dfrac{x^2+1}{x-2}e^{\frac{1}{x}} = \infty$，

故 $x = 2, x = 0$ 为垂直渐近线；

$\lim\limits_{x\to\infty}\dfrac{f(x)}{x} = \lim\limits_{x\to\infty}\dfrac{x^2+1}{x(x-2)}e^{\frac{1}{x}} = 1 = k$，$\lim\limits_{x\to\infty}f(x) - kx = \lim\limits_{x\to\infty}\dfrac{x^2+1}{x-2}e^{\frac{1}{x}} - x$

$$= \lim_{x\to\infty}\dfrac{x^2 \cdot e^{\frac{1}{x}} + e^{\frac{1}{x}} - x^2 + 2x}{x-2} = \lim_{x\to\infty}\dfrac{x^2 \cdot \left(e^{\frac{1}{x}} - 1\right)}{x-2} + \lim_{x\to\infty}\dfrac{e^{\frac{1}{x}} + 2x}{x-2}$$

$$= 1 + 2 = 3 = b,$$

故 $y = x + 3$ 为斜渐近线.

1.17 闭区间上连续函数的性质

1. 有界性与最大、最小值定理

定义： 若函数 $f(x)$ 闭区间上连续,则函数 $f(x)$ 在该区间上有界且一定能取得它的最大值和最小值($m \leq f(x) \leq M$).

> **注：** 若函数 $f(x)$ 在开区间内连续,且 $\lim\limits_{x\to a^+}f(x)$(左端点的右极限)存在, $\lim\limits_{x\to b^-}f(x)$(右端点的左极限)存在,则函数 $f(x)$ 也满足上述性质.

例 1-125 函数 $f(x) = \dfrac{|x| \cdot \sin(x-2)}{x(x-1)(x-2)^2}$,在下列(   )区间内有界.

A.$(-1,0)$ B.$(0,1)$ C.$(1,2)$ D.$(2,3)$

解 $\lim\limits_{x\to 1}\dfrac{|x| \cdot \sin(x-2)}{x(x-1)(x-2)^2} = \infty$，$\lim\limits_{x\to 2}\dfrac{|x| \cdot \sin(x-2)}{x(x-1)(x-2)^2} = \infty$，故选 C.

例 1-126 判断函数 $f(x)=\dfrac{\sin x}{1+x^2}$ 在 $(-\infty,+\infty)$ 上是否有界.

解 因为 $f(x)=\dfrac{\sin x}{1+x^2}$ 在 $(-\infty,+\infty)$ 上是连续的,且 $\lim\limits_{x\to-\infty}\dfrac{\sin x}{1+x^2}=0$,$\lim\limits_{x\to+\infty}\dfrac{\sin x}{1+x^2}=0$,所以 $f(x)$ 在 $(-\infty,+\infty)$ 上有界.

2. 零点定理

定义:设函数 $f(x)$ 在闭区间 $[a,b]$ 上连续,且 $f(a)$ 与 $f(b)$ 异号(即 $f(a)\cdot f(b)<0$),则函数 $f(x)$ 在开区间 (a,b) 内至少有一点 ξ,使得 $f(\xi)=0$.

零点:若点 x_0 使得 $f(x_0)=0$,则称 $x=x_0$ 为函数 $f(x)$ 的零点.

注:通常零点问题在题目中的形式是方程的实根问题,所以当题目要求证明方程有实根时,将其转换成零点进行讨论.

例 1-127 证明方程 $2\sin x=x$ 在 $(0,\pi)$ 内至少有一个实根.

证明 令 $f(x)=2\sin x-x$,$x\in[0,\pi]$,$f\left(\dfrac{\pi}{2}\right)=2-\dfrac{\pi}{2}>0$,$f(\pi)=0-\pi=-\pi<0$,因为 $f(x)$ 在 $[0,\pi]$ 上连续,且 $f\left(\dfrac{\pi}{2}\right)\cdot f(\pi)<0$,所以由零点定理可得,至少存在一点 $\xi\in\left(\dfrac{\pi}{2},\pi\right)\subset(0,\pi)$,使得 $f(\xi)=0$,

即 $2\sin\xi-\xi=0$,$2\sin\xi=\xi$,故方程 $2\sin x=x$ 在 $(0,\pi)$ 内至少有一个实根得证.

例 1-128 设函数 $f(x)$ 在 $[0,1]$ 上连续,且 $0<f(x)<1$,证明: $\exists\xi\in(0,1)$,使得 $f(\xi)=\xi$.

证明 令 $F(x)=f(x)-x$,那么 $F(0)=f(0)-0>0$,$F(1)=f(1)-1<0$.

因为 $F(x)$ 在 $[0,1]$ 上连续,且 $F(0)\cdot F(1)<0$,所以由零点定理可知,至少存在一点 $\xi\in(0,1)$,使得 $F(\xi)=0$,即 $f(\xi)=\xi$.

例 1-129 证明方程 $x^3+x=1$ 在 $(0,1)$ 内至少有一个实根.

证明 令 $f(x)=x^3+x-1$,$f(0)=-1<0$,$f(1)=1>0$.

因为 $f(x)$ 在 $[0,1]$ 上连续,且 $f(0)\cdot f(1)<0$,所以由零点定理可知,至少存在一点 $\xi\in(0,1)$,使得 $f(\xi)=0$,即方程 $x^3+x=1$ 在 $(0,1)$ 内至少有一个实根.

3. 介值定理

①**定义**:设函数 $f(x)$ 在闭区间 $[a,b]$ 上连续,且在这区间的端点取不同的函数值 $f(a)=A$,$f(b)=B$,$A\neq B$,则对于 A 与 B 之间的任意一个数 $C(A\leq C\leq B)$,在闭区间 $[a,b]$ 上至少有一点 ξ,使得 $f(\xi)=C$.

②**推论**:设函数 $f(x)$ 在闭区间 $[a,b]$ 上连续,则函数 $f(x)$ 值域为闭区间 $[m,M]$,其中 m 与 M 为函数 $f(x)$ 在 $[a,b]$ 上的最小值与最大值.

即设函数 $f(x)$ 在闭区间 $[a,b]$ 上连续,则对于 m 与 M 之间的任意一个数 $C(m\leq C\leq M)$,在闭区间 $[a,b]$ 上至少有一点 ξ,使得 $f(\xi)=C$.

注:当题目中有多个函数值相加时,考虑用介值定理.

例 1-130 函数 $f(x)$ 在 $[0,2]$ 上连续，且 $f(0)+2f(1)+3f(2)=6$，证明：$\exists c \in [0,2]$，使得 $f(c)=1$.

证明 因为函数 $f(x)$ 在 $[0,2]$ 上连续，所以 $\exists m, M$，使得 $m \leqslant f(x) \leqslant M$，因此

$$6m \leqslant f(0)+2f(1)+3f(2) \leqslant 6M, \text{故 } m \leqslant \frac{f(0)+2f(1)+3f(2)}{6} \leqslant M.$$

由介值定理可得，$\exists c \in [0,2]$，使得 $f(c)=\dfrac{f(0)+2f(1)+3f(2)}{6}=\dfrac{6}{6}=1$.

例 1-131 函数 $f(x)$ 在 $[0,2]$ 上连续，且 $2f(0)+f(1)+2f(2)=20$，证明：$\exists \xi \in [0,2]$，使得 $f(\xi)=4$.

证明 因为函数 $f(x)$ 在 $[0,2]$ 上连续，所以 $\exists m, M$，使得 $m \leqslant f(x) \leqslant M$，

因此 $5m \leqslant 2f(0)+f(1)+2f(2) \leqslant 5M$，故 $m \leqslant \dfrac{2f(0)+f(1)+2f(2)}{5} \leqslant M$.

由介值定理可得，$\exists c \in [0,2]$，使得 $f(c)=\dfrac{2f(0)+f(1)+2f(2)}{5}=\dfrac{20}{5}=4$.

例 1-132 函数 $f(x)$ 在 $[a,b]$ 上连续，且 $p>0, q>0, p+q=1$，证明：$\exists c \in [a,b]$，使得 $(p+q)f(c)=pf(a)+qf(b)$.

证明 因为函数 $f(x)$ 在 $[a,b]$ 上连续，所以 $\exists m, M$，使得 $m \leqslant f(x) \leqslant M$，

因此 $(p+q)m \leqslant pf(a)+qf(b) \leqslant (p+q)M$，故 $m \leqslant \dfrac{pf(a)+qf(b)}{p+q} \leqslant M$.

由介值定理可得，$\exists c \in [a,b]$，使得 $f(c)=\dfrac{pf(a)+qf(b)}{p+q}$.

第 2 章 导数与微分

①理解导数的概念及其几何意义,了解左导数与右导数的定义,理解函数的可导性与连续性的关系,会用定义求函数在一点处的导数.
②会求曲线上一点处的切线方程与法线方程.
③熟记导数的基本公式,会运用函数的四则运算求导法则、复合函数求导法则和反函数求导法则求导数. 会求分段函数的导数.
④会求隐函数的导数. 掌握对数求导法与参数方程求导法.
⑤理解高阶导数的概念,会求一些简单的函数的 n 阶导数.
⑥理解函数微分的概念,掌握微分运算法则与一阶微分形式不变性,理解可微与可导的关系,会求函数的一阶微分.

2.1 导数的定义

引例:

(1)某汽车的位移函数为 $s(t)$,从第 2 小时到第 5 小时,它的平均速度为

$$\frac{s(5)-s(2)}{5-2} \Rightarrow \frac{\text{函数值改变量}}{\text{自变量改变量}}$$

(2)某物体做变速直线运动,其位移函数为 $s(t)$,求该物体在 t_0 时刻的瞬时速度:

①在 $[t_0,t]$ 的平均速度:$\dfrac{s(t)-s(t_0)}{t-t_0}$;

②在 t_0 的瞬时速度:$\lim\limits_{t \to t_0} \dfrac{s(t)-s(t_0)}{t-t_0}$ 这里用到了第 1 章的极限思想,让 t 无限地向 t_0 接近,两点间的距离无限地趋于零,那么就可以把这段时间的平均速度看成 t_0 的瞬时速度.

(3)直线 $y=f(x)$ 的斜率为:$k=\dfrac{\Delta y}{\Delta x}=\dfrac{f(x_0+\Delta x)-f(x_0)}{\Delta x} \Rightarrow \dfrac{\text{函数值改变量}}{\text{自变量改变量}}$.

(4)在极限的思想下同理可得,曲线 $y=f(x)$ 在点 x_0 处的切线斜率为 $\lim\limits_{\Delta x \to 0} \dfrac{f(x_0+\Delta x)-f(x_0)}{\Delta x}$.

从上述所讨论的问题可以看出,瞬时速度与切线斜率都可以看作函数值改变量与自变量改变量之比的极限,由此可以引申出导数的定义.

1. 定义

设函数 $y=f(x)$ 在点 x_0 的某个邻域内有定义,当自变量 x 在 x_0 处取得增量 Δx(点 $x_0+\Delta x$ 仍在该邻域内,Δx 可正可负)时,对应因变量取得增量 $\Delta y=f(x_0+\Delta x)-f(x_0)$;若 Δy 与 Δx 之比在 $\Delta x \to 0$ 时的极限存在,即 $\lim\limits_{\Delta x \to 0} \dfrac{\Delta y}{\Delta x}$ 存在,则称函数 $y=f(x)$ 在点 x_0 处**可导**,并称此极限为函数 $y=f(x)$ 在点 x_0 处的导数,记作 $f'(x_0)$,即

$$f'(x_0)=\lim_{\Delta x \to 0}\frac{\Delta y}{\Delta x}=\lim_{\Delta x \to 0}\frac{f(x_0+\Delta x)-f(x_0)}{\Delta x},$$

也可记作 $y'\big|_{x=x_0},\dfrac{\mathrm{d}y}{\mathrm{d}x}\bigg|_{x=x_0}$ 或 $\dfrac{\mathrm{d}f(x)}{\mathrm{d}x}\bigg|_{x=x_0}$. 上式被称为导数的定义式,也可取不同的形式,常见的有

$$f'(x_0)=\lim_{h \to 0}\frac{f(x_0+h)-f(x_0)}{h}$$

或

$$f'(x_0)=\lim_{x \to x_0}\frac{f(x)-f(x_0)}{x-x_0}.$$

函数 $f(x)$ 在点 x_0 处可导,有时也称 $f(x)$ 在点 x_0 处具有导数或导数存在.

2. 导数的几何意义

通过引例可以发现,曲线上某点处的导数就是过该点的切线斜率,如图 2-1 所示.

根据平面直角坐标系中直线的点斜式方程,可以得到切点为 $(x_0,f(x_0))$,切线方程为 $y-f(x_0)=f'(x_0)(x-x_0)$,法线方程为 $y-f(x_0)=-\dfrac{1}{f'(x_0)}(x-x_0)$.

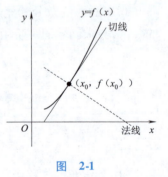

图 2-1

例 2-1 已知 $f'(2)=-2$,求:

① $\lim\limits_{h \to 0}\dfrac{f(2-h)-f(2)}{h}$;② $\lim\limits_{h \to 0}\dfrac{f(2+4h)-f(2)}{h}$;③ $\lim\limits_{h \to 0}\dfrac{f(2+h)-f(2-h)}{h}$.

解 ① $\lim\limits_{h \to 0}\dfrac{f(2-h)-f(2)}{h}=-\lim\limits_{h \to 0}\dfrac{f[2+(-h)]-f(2)}{-h}=-f'(2)=2;$

② $\lim\limits_{h \to 0}\dfrac{f(2+4h)-f(2)}{h}=4\lim\limits_{h \to 0}\dfrac{f(2+4h)-f(2)}{4h}=4f'(2)=-8;$

③ $\lim\limits_{h \to 0}\dfrac{f(2+h)-f(2-h)}{h}=\lim\limits_{h \to 0}\dfrac{f(2+h)-f(2)-[f(2-h)-f(2)]}{h}$

$=\lim\limits_{h \to 0}\dfrac{f(2+h)-f(2)}{h}-\lim\limits_{h \to 0}\dfrac{f(2-h)-f(2)}{h}=\lim\limits_{h \to 0}\dfrac{f(2+h)-f(2)}{h}+\lim\limits_{h \to 0}\dfrac{f(2-h)-f(2)}{-h}$

$=f'(2)+f'(2)=-4.$

例 2-2 已知 $f(-1)=1, f'(-1)=2$,求 $\lim\limits_{x\to 1}\dfrac{f(2-3x)-1}{x-1}$.

解 $\lim\limits_{x\to 1}\dfrac{f(2-3x)-1}{x-1}=-3\lim\limits_{x\to 1}\dfrac{f(-1+3-3x)-f(-1)}{3-3x}=-3f'(-1)=-6.$

例 2-3 已知 $f'(1)=2$,求 $\lim\limits_{x\to 0}\dfrac{f(2-\cos x)-f(1)}{x\cdot\sin x}$.

解 $\lim\limits_{x\to 0}\dfrac{f(2-\cos x)-f(1)}{x\cdot\sin x}=\lim\limits_{x\to 0}\dfrac{f(1+1-\cos x)-f(1)}{1-\cos x}\cdot\dfrac{1-\cos x}{x\cdot\sin x}=f'(1)\cdot\dfrac{1}{2}=1.$

例 2-4 已知 $f(x)$ 在点 $x=0$ 处可导,且 $f(0)=1, f'(0)=2$,求 $\lim\limits_{x\to 0}[f(x)]^{\frac{2x}{1-\cos x}}$.

解 $\lim\limits_{x\to 0}[f(x)]^{\frac{2x}{1-\cos x}}=\lim\limits_{x\to 0}\left[[1+f(x)-1]^{\frac{1}{f(x)-1}}\right]^{\frac{2x[f(x)-1]}{1-\cos x}}=e^{\lim\limits_{x\to 0}\frac{2x[f(x)-f(0)]}{\frac{1}{2}x^2}}=e^{4\lim\limits_{x\to 0}\frac{f(x)-f(0)}{x-0}}=e^8.$

3. 引申式

根据导数的定义式,进一步引申可以得到,若 $f'(x_0)$ 存在,则

$$\lim_{\Delta x\to 0}\dfrac{f(x_0+A\Delta x)-f(x_0+B\Delta x)}{C\Delta x}=\dfrac{A-B}{C}\cdot f'(x_0)$$

反之不一定成立(即该极限结果存在不能推出 $f'(x_0)$ 存在).

注:①某点处的导数 $f'(x_0)$ 必须先存在,后面的引申式才成立;

② 部分题目的 x_0 与 Δx 较难看出,所以常用 f 括号前减去 f 括号后,约掉的为 x_0,剩下的除以原来的分母,得出 $\dfrac{A-B}{C}$.

例 2-5 已知 $f'(1)=1$,求 $\lim\limits_{\Delta x\to 0}\dfrac{f(1-\Delta x)-f(1+\Delta x)}{\Delta x}$.

解 $\lim\limits_{\Delta x\to 0}\dfrac{f(1-\Delta x)-f(1+\Delta x)}{\Delta x}=\dfrac{-1-1}{1}\cdot f'(1)=-2.$

例 2-6 已知 $f(x)$ 在 $x=x_0$ 处可导,求 $\lim\limits_{h\to 0}\dfrac{f(x_0+2h)-f(x_0-4h)}{3h}$.

解 $\lim\limits_{h\to 0}\dfrac{f(x_0+2h)-f(x_0-4h)}{3h}=\dfrac{2-(-4)}{3}\cdot f'(x_0)=2f'(x_0).$

4. 多项式乘积形式函数求导

当题目中出现复杂的多项式乘积形式的函数 $f(x)$ 时,求其某点处的导数建议用导数定义式.

例 2-7 已知 $f(x)=x(x+1)(x+2)\cdots(x+10)$,求 $f'(0)$.

解 $f'(0)=\lim\limits_{x\to 0}\dfrac{f(x)-f(0)}{x-0}=\lim\limits_{x\to 0}\dfrac{x(x+1)(x+2)\cdots(x+10)}{x}=10!.$

例 2-8 已知 $f(x)=(x-1)(x-2)^2(x-3)^3$，求 $f'(1),f'(2),f'(3)$.

解 $f'(1)=\lim\limits_{x\to 1}\dfrac{f(x)-f(1)}{x-1}=\lim\limits_{x\to 1}\dfrac{(x-1)(x-2)^2(x-3)^3}{x-1}=-8;$

$f'(2)=\lim\limits_{x\to 2}\dfrac{f(x)-f(2)}{x-2}=\lim\limits_{x\to 2}\dfrac{(x-1)(x-2)^2(x-3)^3}{x-2}=0;$

$f'(3)=\lim\limits_{x\to 3}\dfrac{f(x)-f(3)}{x-3}=\lim\limits_{x\to 3}\dfrac{(x-1)(x-2)^2(x-3)^3}{x-3}=0.$

例 2-9 已知 $f(x)=x(\mathrm{e}^{2x}-2)(\mathrm{e}^{2x}-3)\cdots(\mathrm{e}^{2x}-n)$，求 $f'(0)$.

解 $f'(0)=\lim\limits_{x\to 0}\dfrac{f(x)-f(0)}{x-0}=\lim\limits_{x\to 0}\dfrac{x(\mathrm{e}^{2x}-2)(\mathrm{e}^{2x}-3)\cdots(\mathrm{e}^{2x}-n)}{x}$

$=\lim\limits_{x\to 0}(\mathrm{e}^{2x}-2)(\mathrm{e}^{2x}-3)\cdots(\mathrm{e}^{2x}-n)=(-1)(-2)\cdots[-(n-1)]=(-1)^{(n-1)}(n-1)!.$

5. 根据已知极限求函数导数

例 2-10 已知 $f(x)$ 在 $x=a$ 处连续，且 $\lim\limits_{x\to a}\dfrac{f(x)}{x-a}=2$，求 $f(a)$ 与 $f'(a)$.

解 由 $\lim\limits_{x\to a}\dfrac{f(x)}{x-a}=2$ 可知，$\dfrac{0}{0}$ 的极限结果才会是常数 2，即 $\lim\limits_{x\to a}f(x)=0$.

又因为 $f(x)$ 在 $x=a$ 处连续，故 $f(a)=\lim\limits_{x\to a}f(x)=0$，$f'(a)=\lim\limits_{x\to a}\dfrac{f(x)-f(a)}{x-a}=2$.

2.2 单侧导数

函数 $f(x)$ 在点 x_0 处的导数定义式 $f'(x_0)=\lim\limits_{x\to x_0}\dfrac{f(x)-f(x_0)}{x-x_0}$ 本质是一个极限，而极限存在的充分必要条件是左、右极限分别存在且相等，所以 $f(x)$ 在点 x_0 处可导的充分必要条件是左、右极限

$$\lim\limits_{x\to x_0^-}\dfrac{f(x)-f(x_0)}{x-x_0},\quad \lim\limits_{x\to x_0^+}\dfrac{f(x)-f(x_0)}{x-x_0}$$

分别存在且相等. 这两个极限分别称为函数 $f(x)$ 在点 x_0 处的左导数和右导数，即

$$f'_-(x_0)=\lim\limits_{x\to x_0^-}\dfrac{f(x)-f(x_0)}{x-x_0},\quad f'_+(x_0)=\lim\limits_{x\to x_0^+}\dfrac{f(x)-f(x_0)}{x-x_0}.$$

故函数 $f(x)$ 在点 x_0 处可导的充分必要条件是左导数 $f'_-(x_0)$ 和右导数 $f'_+(x_0)$ 分别存在且相等. 左导数和右导数统称为单侧导数.

若函数 $f(x)$ 在开区间 (a,b) 内可导，且 $f'_+(a)$ 与 $f'_-(b)$ 都存在，那么就说 $f(x)$ 在闭区间 $[a,b]$ 上可导.

例 2-11 已知 $f(x)=\begin{cases} x^2 \cdot \arctan\dfrac{1}{x}, & x<0 \\ x \cdot \sin x, & x\geqslant 0 \end{cases}$,判断 $f'(0)$ 是否存在.

解 $f'_-(0)=\lim\limits_{x\to 0^-}\dfrac{f(x)-f(0)}{x-0}=\lim\limits_{x\to 0^-}\dfrac{x^2\arctan\dfrac{1}{x}-0}{x-0}=\lim\limits_{x\to 0^-}x\cdot\arctan\dfrac{1}{x}=0$,

$f'_+(0)=\lim\limits_{x\to 0^+}\dfrac{f(x)-f(0)}{x-0}=\lim\limits_{x\to 0^+}\dfrac{x\sin x-0}{x-0}=\lim\limits_{x\to 0^+}\sin x=0$,故 $f'(0)=0$.

例 2-12 已知 $f(x)=\begin{cases} \sqrt{|x|}\cdot\sin\dfrac{1}{x^2}, & x\neq 0 \\ 0, & x=0 \end{cases}$,判断 $f'(0)$ 是否存在.

解 $f'_-(0)=\lim\limits_{x\to 0^-}\dfrac{f(x)-f(0)}{x-0}=\lim\limits_{x\to 0^-}\dfrac{\sqrt{-x}\cdot\sin\dfrac{1}{x^2}}{x}=\lim\limits_{x\to 0^-}\dfrac{(-x)\cdot\sin\dfrac{1}{x^2}}{x\sqrt{-x}}=$无界,故 $f'(0)$ 不存在.

例 2-13 已知 $f(x)=|x|$,判断 $f'(0)$ 是否存在.

解 $f(x)=|x|=\begin{cases} x, & x\geqslant 0 \\ -x, & x<0 \end{cases}$,$f'_-(0)=\lim\limits_{x\to 0^-}\dfrac{f(x)-f(0)}{x-0}=\lim\limits_{x\to 0^-}\dfrac{-x-0}{x-0}=-1$,

$f'_+(0)=\lim\limits_{x\to 0^+}\dfrac{f(x)-f(0)}{x-0}=\lim\limits_{x\to 0^+}\dfrac{x-0}{x-0}=1$,$f'_-(0)\neq f'_+(0)$,故 $f'(0)$ 不存在.

注:分段函数分界点处的导数用导数的定义式.

1. 可导与连续的关系
①可导一定连续;(根据导数定义式,分子需要趋向于零)
②连续不一定可导;(例如:$y=|x|$ 在 $x=0$ 时不可导)
③不连续一定不可导.(可导一定连续的逆否命题)

例 2-14 已知 $f(x)=\begin{cases} e^x, & x<0 \\ a+bx, & x\geqslant 0 \end{cases}$ 在 $x=0$ 处可导,求 a,b.

解 $f(x)$ 在 $x=0$ 处可导,则 $f(x)$ 在 $x=0$ 处连续,

$\lim\limits_{x\to 0^-}f(x)=\lim\limits_{x\to 0^-}e^x=1$,$\lim\limits_{x\to 0^+}f(x)=\lim\limits_{x\to 0^+}a+bx=a\Rightarrow a=1$;

$f'_-(0)=\lim\limits_{x\to 0^-}\dfrac{f(x)-f(0)}{x-0}=\lim\limits_{x\to 0^-}\dfrac{e^x-1}{x-0}=1$,

$f'_+(0)=\lim\limits_{x\to 0^+}\dfrac{f(x)-f(0)}{x-0}=\lim\limits_{x\to 0^+}\dfrac{1+bx-1}{x-0}=b$,得 $b=1$.

例 2-15 已知 $f(x) = \begin{cases} ae^x + 1, & x \leq 0 \\ x + b, & x > 0 \end{cases}$ 在 $x = 0$ 处可导, 求 a, b.

解 $f(x)$ 在 $x = 0$ 处可导, 则 $f(x)$ 在 $x = 0$ 处连续,

$\lim\limits_{x \to 0^-} f(x) = \lim\limits_{x \to 0^-} ae^x + 1 = a + 1 = f(0)$, $\lim\limits_{x \to 0^+} f(x) = \lim\limits_{x \to 0^+} x + b = b \Rightarrow a + 1 = b$;

$f'_-(0) = \lim\limits_{x \to 0^-} \dfrac{f(x) - f(0)}{x - 0} = \lim\limits_{x \to 0^-} \dfrac{ae^x + 1 - a - 1}{x} = a$,

$f'_+(0) = \lim\limits_{x \to 0^+} \dfrac{f(x) - f(0)}{x - 0} = \lim\limits_{x \to 0^+} \dfrac{x + b - b}{x} = 1$, 得 $a = 1, b = 2$.

2. 判断带绝对值的 $f(x)$ 的不可导点个数的步骤

①找绝对值内的零点[分析:加绝对值,相当于无绝对值的原图像在 x 轴下方的部分翻折到 x 轴上方,故绝对值内的零点处经翻折后容易出现尖锐的点,也即不可导点;这时可以通过观察导数的定义式 $f'(x_0) = \lim\limits_{x \to x_0} \dfrac{f(x) - f(x_0)}{x - x_0}$ 发现,分母是零点对应的一次多项式,如果 $f(x)$ (去绝对值后)内该零点对应的多项式次数 > 1,去绝对值后产生的正负号就没有影响了,该点处的一阶导为零;如果 $f(x)$ (去绝对值后)内该零点对应的多项式次数 $= 1$,和导数定义式的分母约掉之后,此时去绝对值后产生的正负号就会对结果造成影响,使得左右导数分别存在但是不相等,即该零点不可导].

②若绝对值内零点对应的多项式次数 > 1,则该零点处可导.

若绝对值内零点对应的多项式次数 $= 1$,则看该零点是否也为绝对值外多项式的零点:

$\begin{cases} \text{是} \Rightarrow \text{可导} \\ \text{不是} \Rightarrow \text{不可导} \end{cases}$

(该零点也为绝对值外零点相当于给该零点对应的多项式增加了次数,产生多项式次数 > 1 的效果)

例 2-16 判断 $f(x) = |x|$, $f(x) = |x(x-1)|$, $f(x) = x|x(x-1)|$ 的不可导点个数.

解 1 个, $x = 0$ 处不可导; 2 个, $x = 0, x = 1$ 处不可导; 1 个, $x = 0$ 处可导, $x = 1$ 处不可导.

例 2-17 判断 $f(x) = x|x(x-1)(x-2)^2|$ 的不可导点个数.

解 1 个, $x = 0, x = 2$ 处可导, $x = 1$ 处不可导.

3. 函数可导性满足的条件

利用导数的定义研究函数在某一点处的可导性时,需满足:

①保两侧: Δx 有正有负;

②有动静:动静结合,如极限 $\lim\limits_{h \to 0} \dfrac{f(x_0 + 2h) - f(x_0)}{h}$ 中分子 $f(x_0 + 2h)$ 表示动,因为 h 在变化, $f(x_0)$ 是函数值,是一个确定的常数,表示静;

③阶相同:分子得出的 Δx 与分母要同阶.

(低阶也可,如 $\lim\limits_{h\to 0}\dfrac{f(0+h-\sin h)-f(0)}{h^4}$ 存在,得 $\dfrac{1}{6}\lim\limits_{h\to 0}\dfrac{\left[\dfrac{f(0+h-\sin h)-f(0)}{h-\sin h}\right]}{h}$, $\dfrac{0}{0}$ 极限结果存在,即分子 $\lim\limits_{h\to 0}\dfrac{f(0+h-\sin h)-f(0)}{h-\sin h}=0$, $f'(0)=0$.)

例 2-18 设函数 $f(x)$ 在 $x=0$ 处连续,则下列选项错误的是(D).

A. 若 $\lim\limits_{x\to 0}\dfrac{f(x)}{x}$ 存在,则 $f(0)=0$

B. 若 $\lim\limits_{x\to 0}\dfrac{f(x)+f(-x)}{x}$ 存在,则 $f(0)=0$

C. 若 $\lim\limits_{x\to 0}\dfrac{f(x)}{x}$ 存在,则 $f'(0)$ 存在

D. 若 $\lim\limits_{x\to 0}\dfrac{f(x)-f(-x)}{x}$ 存在,则 $f'(0)$ 存在

解 选项 A, $\dfrac{0}{0}$ 极限结果存在,得 $\lim\limits_{x\to 0}f(x)=0$,因为连续,所以 $f(0)=0$,A 正确;

选项 B,同选项 A, $\lim\limits_{x\to 0}f(x)+f(-x)=0\Rightarrow 2f(0)=0\Rightarrow f(0)=0$,B 正确;

选项 C,由选项 A,得 $f(0)=0$,则 $\lim\limits_{x\to 0}\dfrac{f(x)}{x}=\lim\limits_{x\to 0}\dfrac{f(x)-f(0)}{x-0}=f'(0)$,C 正确;

选项 D, $\lim\limits_{x\to 0}\dfrac{f(x)-f(-x)}{x}=\lim\limits_{x\to 0}\dfrac{f(0+x)-f(0-x)}{x}$,有动无静,D 错误.

例 2-19 设 $f(x)$ 在点 x_0 的某个邻域内有定义,则 $f(x)$ 在点 x_0 处可导的充分条件是(A).

A. $\lim\limits_{h\to 0}\dfrac{f(x_0+2h)-f(x_0)}{h}$ 存在

B. $\lim\limits_{h\to 0^-}\dfrac{f(x_0)-f(x_0-h)}{h}$ 存在

C. $\lim\limits_{h\to 0}\dfrac{f(x_0+h)-f(x_0-h)}{h}$ 存在

D. $\lim\limits_{h\to +\infty}h\left[f\left(x_0+\dfrac{1}{h}\right)-f(x_0)\right]$ 存在

解 选项 A,完全符合,A 正确;选项 B 和选项 D,只能证明单侧导数存在;选项 C,有动无静.

例 2-20 设 $f(0)=0$,则 $f(x)$ 在 $x=0$ 处可导的充要条件是(B).

A. $\lim\limits_{h\to 0}\dfrac{1}{h^2}f(1-\cos h)$ 存在

B. $\lim\limits_{h\to 0}\dfrac{1}{h}f(1-e^h)$ 存在

C. $\lim\limits_{h\to 0}\dfrac{1}{h^2}f(h-\sin h)$ 存在

D. $\lim\limits_{h\to 0}\dfrac{f(2h)-f(h)}{h}$ 存在

解 选项 A, Δx 相当于 $1-\cos h$,在 $h\to 0$ 时, $\Delta x\to 0^+$,只能证明单侧导数存在;

选项 C, $\lim\limits_{h\to 0}\dfrac{1}{h^2}f(h-\sin h)=\dfrac{1}{6}\lim\limits_{h\to 0}\dfrac{f(0+h-\sin h)-f(0)}{h-\sin h}\cdot h$,什么乘 0 极限结果会存在?可以是 $0,\infty$,有界,C,故 $\lim\limits_{h\to 0}\dfrac{f(0+h-\sin h)-f(0)}{h-\sin h}$ 的结果无法确定;

选项 D,有动无静.

2.3 导函数

对于任一 $x_0 \in I$,都有函数 $f(x)$ 的一个导数值 $f'(x_0)$ 与之对应,这些导数值就构成了一个新的函数,称为 $f(x)$ 在区间 I 内的导函数,简称导数,记作 y', $f'(x)$, $\dfrac{\mathrm{d}y}{\mathrm{d}x}$ 或 $\dfrac{\mathrm{d}f(x)}{\mathrm{d}x}$. 其中 $f'(x) = \lim\limits_{\Delta x \to 0} \dfrac{f(x+\Delta x) - f(x)}{\Delta x}$.

例 2-21 求函数 $f(x) = x^2$ 的导数.

解 $f'(x) = \lim\limits_{\Delta x \to 0} \dfrac{f(x+\Delta x) - f(x)}{\Delta x} = \lim\limits_{\Delta x \to 0} \dfrac{(x+\Delta x)^2 - x^2}{\Delta x} = \lim\limits_{\Delta x \to 0} \dfrac{x^2 + 2x \cdot \Delta x + (\Delta x)^2 - x^2}{\Delta x}$
$= \lim\limits_{\Delta x \to 0} \dfrac{2x \cdot \Delta x + (\Delta x)^2}{\Delta x} = \lim\limits_{\Delta x \to 0} \dfrac{2x \cdot \Delta x}{\Delta x} + \lim\limits_{\Delta x \to 0} \dfrac{(\Delta x)^2}{\Delta x} = 2x + 0 = 2x.$

例 2-22 求函数 $f(x) = a^x (a > 0,$ 且 $a \neq 1)$ 的导数.

解 $f'(x) = \lim\limits_{\Delta x \to 0} \dfrac{f(x+\Delta x) - f(x)}{\Delta x} = \lim\limits_{\Delta x \to 0} \dfrac{a^{x+\Delta x} - a^x}{\Delta x} = \lim\limits_{\Delta x \to 0} \dfrac{a^x(a^{\Delta x} - 1)}{\Delta x}$
$= \lim\limits_{\Delta x \to 0} \dfrac{a^x \cdot \Delta x \cdot \ln a}{\Delta x} = a^x \ln a.$

在求函数的导数时,如果每一次都用导数的定义式去求一遍,实在过于烦琐,于是将导数进行汇总,便有了求导公式.

2.4 求导公式

$(C)' = 0$	$(x^a)' = a \cdot x^{a-1}$
$(a^x)' = a^x \cdot \ln a (a > 0$ 且 $a \neq 1)$	$(e^x)' = e^x$
$(\log_a x)' = \dfrac{1}{x \cdot \ln a}(a > 0$ 且 $a \neq 1)$	$(\ln x)' = \dfrac{1}{x}$
$(\sin x)' = \cos x$	$(\cos x)' = -\sin x$
$(\tan x)' = \sec^2 x$	$(\cot x)' = -\csc^2 x$
$(\sec x)' = \sec x \cdot \tan x$	$(\csc x)' = -\csc x \cdot \cot x$
$(\arcsin x)' = \dfrac{1}{\sqrt{1-x^2}}$	$(\arccos x)' = -\dfrac{1}{\sqrt{1-x^2}}$
$(\arctan x)' = \dfrac{1}{1+x^2}$	$(\text{arccot } x)' = -\dfrac{1}{1+x^2}$

2.5 导数的四则运算法则

若函数 $u=u(x)$ 与 $v=v(x)$ 都在点 x 具有导数，即可导，则：

① $[u(x) \pm v(x)]' = u'(x) \pm v'(x)$；先加减再求导等于分别求导再加减；

② $[u(x) \cdot v(x)]' = u'(x)v(x) + u(x)v'(x)$；前导后不导加上前不导后导；

③ $[Cu(x)]' = Cu'(x)$；

④ $\left[\dfrac{u(x)}{v(x)}\right]' = \dfrac{u'(x)v(x) - u(x)v'(x)}{v^2(x)} [v(x) \neq 0]$.

例 2-23 求下列函数的导数.

① $y = 2\sin x + x$；② $y = \sin x \cdot e^x$；③ $y = \dfrac{\sin x}{x}$；④ $y = \dfrac{x + \ln x}{e^x}$.

解 ① $y' = 2\cos x + 1$；② $y' = \cos x \cdot e^x + \sin x \cdot e^x$；③ $y' = \dfrac{x\cos x - \sin x}{x^2}$；

④ $y' = \dfrac{\left(1 + \dfrac{1}{x}\right)e^x - (x + \ln x)e^x}{e^{2x}} = \dfrac{\left(1 + \dfrac{1}{x}\right) - (x + \ln x)}{e^x}$.

例 2-24 求曲线 $y = \sqrt{x}$ 在点 $(1,1)$ 处的切线方程与法线方程.

解 $y' = \dfrac{1}{2\sqrt{x}} \Rightarrow y'|_{x=1} = \dfrac{1}{2} = k_{切}$，得 $k_{法} = -2$，切线方程为 $y - 1 = \dfrac{1}{2}(x - 1)$；法线方程为 $y - 1 = -2(x - 1)$.

注：切线与法线相互垂直，即 $k_{切} \cdot k_{法} = -1$.

导数的四则运算属于最基本的求导法则，接下来介绍各种函数的求导.

2.6 复合函数求导

例如：$y = \sin x, \dfrac{dy}{dx} = \cos x$；$y = \sin a, \dfrac{dy}{dx} = 0$；$y = \sin a, \dfrac{dy}{da} = \cos a$.

复合函数的求导法则：如果 $u = g(x)$ 在点 x 处可导，而 $y = f(u)$ 在点 $u = g(x)$ 可导，那么复合函数 $y = f[g(x)]$ 在点 x 处可导，且其导数为

$$\dfrac{dy}{dx} = f'(u) \cdot g'(x) \text{ 或 } \dfrac{dy}{dx} = \dfrac{dy}{du} \cdot \dfrac{du}{dx}.$$

其中，$\dfrac{dy}{du}$ 为 y 对 u 求导，$\dfrac{du}{dx}$ 为 u 对 x 求导，u 为中间变量.

例 2-25 已知 $y = e^{x^3}$,求 $\dfrac{dy}{dx}$.

解 令 $y = e^u, u = x^3, \dfrac{dy}{dx} = \dfrac{dy}{du} \cdot \dfrac{du}{dx}$.

$\dfrac{dy}{du} = (e^u)' = e^u, \dfrac{du}{dx} = (x^3)' = 3x^2$,故 $\dfrac{dy}{dx} = \dfrac{dy}{du} \cdot \dfrac{du}{dx} = e^u \cdot 3x^2 = e^{x^3} \cdot 3x^2$.

例 2-26 已知 $y = \sin x^2$,求 $\dfrac{dy}{dx}$.

解 $\dfrac{dy}{dx} = (\sin x^2)' = \cos x^2 \cdot (x^2)' = \cos x^2 \cdot 2x$.

例 2-27 已知 $y = \ln(\sin x)$,求 $\dfrac{dy}{dx}$.

解 $\dfrac{dy}{dx} = [\ln(\sin x)]' = \dfrac{1}{\sin x} \cdot (\sin x)' = \dfrac{1}{\sin x} \cdot \cos x$.

> **注:** ①复合函数求导是按照基本初等函数从外到里,从左到右,逐层求导再相乘;
> ②对复合函数的分解较为熟练后,不必再写出中间变量.

例 2-28 已知 $y = e^{\sin \frac{1}{x}}$,求 $\dfrac{dy}{dx}$.

解 $\dfrac{dy}{dx} = (e^{\sin \frac{1}{x}})' = e^{\sin \frac{1}{x}} \cdot \left(\sin \dfrac{1}{x}\right)' = e^{\sin \frac{1}{x}} \cdot \cos \dfrac{1}{x} \cdot \left(\dfrac{1}{x}\right)' = e^{\sin \frac{1}{x}} \cdot \cos \dfrac{1}{x} \cdot \left(-\dfrac{1}{x^2}\right)$.

例 2-29 已知 $y = \ln[\arctan(x^2+1)]$,求 $\dfrac{dy}{dx}$.

解 $\dfrac{dy}{dx} = \dfrac{1}{\arctan(x^2+1)} \cdot [\arctan(x^2+1)]' = \dfrac{1}{\arctan(x^2+1)} \cdot \dfrac{1}{1+(x^2+1)^2} \cdot 2x$.

例 2-30 已知 $y = \sin[\ln(x^2+1)]$,求 $\dfrac{dy}{dx}$.

解 $\dfrac{dy}{dx} = \cos[\ln(x^2+1)] \cdot \dfrac{1}{x^2+1} \cdot 2x$.

例 2-31 已知 $y = e^{\arctan(\sin e^{2x})}$,求 $\dfrac{dy}{dx}$.

解 $\dfrac{dy}{dx} = e^{\arctan(\sin e^{2x})} \cdot \dfrac{1}{1+\sin^2 e^{2x}} \cdot \cos e^{2x} \cdot e^{2x} \cdot 2$.

1. 带有 f 的复合函数求导(f 本身也是一层)

例 2-32 已知 $y = f(x^2)$,求 $\dfrac{dy}{dx}$.

解 $\dfrac{dy}{dx} = f'(x^2) \cdot 2x$.

例 2-33 已知 $y = f^2(x)$, 求 $\dfrac{dy}{dx}$.

解 $\dfrac{dy}{dx} = 2f(x) \cdot f'(x)$.

例 2-34 已知 $y = f^2(\sin x)$, 求 $\dfrac{dy}{dx}$.

解 $\dfrac{dy}{dx} = 2f(\sin x) \cdot f'(\sin x) \cdot \cos x$.

2. 奇偶函数、周期函数求导

① 奇函数求导为偶函数, 如 $f(-x) = -f(x)$, 两边对 x 求导后, 得 $-f'(-x) = -f'(x)$ $\Rightarrow f'(-x) = f'(x)$;

② 偶函数求导为奇函数, 如 $f(-x) = f(x)$, 两边对 x 求导后, 得 $-f'(-x) = f'(x)$;

③ 周期函数求导后仍为周期函数, 如 $f(x+T) = f(x)$, 两边对 x 求导后, 得 $f'(x+T) = f'(x)$.

2.7 高阶导数

一般地, 函数 $y = f(x)$ 的导数 $y' = f'(x)$ 仍是 x 的函数. 把 $y' = f'(x)$ 的导数称为 $y = f(x)$ 的二阶导数, 记作 y'' 或 $\dfrac{d^2 y}{dx^2}$. 即 $y'' = (y')'$, $\dfrac{d^2 y}{dx^2} = \dfrac{d\left(\dfrac{dy}{dx}\right)}{dx}$.

类似地, 二阶导数的导数称为三阶导数, 三阶导数的导数称为四阶导数, ……, $(n-1)$ 阶导数的导数称为 n 阶导数. 分别记作 y''', $y^{(4)}$, $\cdots$, $y^{(n)}$. 二阶及二阶以上的导数统称为高阶导数.

根据导数定义式 $f'(x_0) = \lim\limits_{x \to x_0} \dfrac{f(x) - f(x_0)}{x - x_0}$ 可得 $f''(x_0) = \lim\limits_{x \to x_0} \dfrac{f'(x) - f'(x_0)}{x - x_0}$, 依此类推.

(1) 若幂函数 $y = x^n$ (n 为正整数) $\Rightarrow y^{(n)} = n!$, $y^{(n+1)} = 0$, $n+1$ 阶往后的导数都为零.

例 2-35 已知 $y = 3x^4$, 求 $y^{(4)}$.

解 $y^{(4)} = 3 \times 4!$.

例 2-36 已知 $y = x(x^3 + 5)(3x + 2)^2$, 求 $y^{(6)}$.

解 $y^{(6)} = 3^2 \times 6! = 9 \times 6!$.

例 2-37 已知 $y = (x+1)(x+2)\cdots(x+2\,024)$, 求 $y^{(2\,024)}$.

解 $y^{(2\,024)} = 2\,024!$.

(2) 常见的 n 阶导数.

① $\left(\dfrac{1}{ax \pm b}\right)^{(n)} = \dfrac{(-1)^n a^n \cdot n!}{(ax \pm b)^{n+1}}$;

② $[\ln(ax \pm b)]^{(n)} = \dfrac{(-1)^{n-1} a^n \cdot (n-1)!}{(ax \pm b)^n}$;

③ $[\sin(ax \pm b)]^{(n)} = a^n \cdot \sin\left(ax \pm b + \dfrac{n\pi}{2}\right)$;

④ $[\cos(ax \pm b)]^{(n)} = a^n \cdot \cos\left(ax \pm b + \dfrac{n\pi}{2}\right)$;

⑤ $(a^x)^n = a^x \cdot (\ln a)^n$. 其中 $a>0$ 且 $a \neq 1$.

例 2-38 已知 $y = \dfrac{1}{1+x}$, 求 $y', y'', y''', y^{(n)}$.

解 $y' = -\dfrac{1}{(1+x)^2}, y'' = \dfrac{(-1)(-2)}{(1+x)^3} = \dfrac{(-1)^2 \cdot 2!}{(1+x)^3}, y''' = \dfrac{(-1)(-2)(-3)}{(1+x)^4} = \dfrac{(-1)^3 \cdot 3!}{(1+x)^4}$,

$y^{(n)} = \dfrac{(-1)^n \cdot n!}{(1+x)^{n+1}}$.

例 2-39 已知 $y = \ln(2x+3)$, 求 $y^{(n)}$.

解 $y' = \dfrac{2}{2x+3}, y^{(n)} = [\ln(2x+3)]^{(n)} = \left(\dfrac{2}{2x+3}\right)^{(n-1)} = \dfrac{(-1)^{n-1} \cdot (n-1)! \cdot 2^n}{(2x+3)^n}$.

例 2-40 已知 $y = \dfrac{1}{x^2-1}$, 求 $y^{(n)}$.

解 $y = \dfrac{1}{x^2-1} = \dfrac{1}{(x-1)(x+1)} = \dfrac{1}{2}\left(\dfrac{1}{x-1} - \dfrac{1}{x+1}\right)$,

$y^{(n)} = \dfrac{1}{2}\left(\dfrac{1}{x-1}\right)^{(n)} - \dfrac{1}{2}\left(\dfrac{1}{x+1}\right)^{(n)} = \dfrac{1}{2} \cdot \left[\dfrac{(-1)^n \cdot n!}{(x-1)^{n+1}} - \dfrac{(-1)^n \cdot n!}{(x+1)^{n+1}}\right]$.

例 2-41 已知 $y = \dfrac{1}{2x^2-5x+3}$, 求 $y^{(n)}$.

解 $y = \dfrac{1}{2x^2-5x+3} = \dfrac{1}{(x-1)(2x-3)} = \dfrac{A}{x-1} + \dfrac{B}{2x-3}$, 待定系数法,

$A(2x-3) + B(x-1) = 1 \Rightarrow \begin{cases} 2A+B = 0 \\ -3A-B = 1 \end{cases} \Rightarrow \begin{cases} A = -1 \\ B = 2 \end{cases}$, 得 $y = \dfrac{-1}{x-1} + \dfrac{2}{2x-3}$,

$y^{(n)} = \left(\dfrac{-1}{x-1}\right)^{(n)} + \left(\dfrac{2}{2x-3}\right)^{(n)} = \dfrac{(-1)^{n+1} \cdot n!}{(x-1)^{n+1}} + \dfrac{(-1)^n \cdot n! \cdot 2^{n+1}}{(2x-3)^{n+1}}$.

例 2-42 已知 $y = \dfrac{x}{2x^2-5x-3}$, 求 $y^{(n)}$.

解 $y = \dfrac{x}{2x^2-5x-3} = \dfrac{1}{(x-3)(2x+1)} = \dfrac{A}{x-3} + \dfrac{B}{2x+1}$, 待定系数法,

$A(2x+1) + B(x-3) = x \Rightarrow \begin{cases} 2A+B = 1 \\ A-3B = 0 \end{cases} \Rightarrow \begin{cases} A = \dfrac{3}{7} \\ B = \dfrac{1}{7} \end{cases}$, 得 $y = \dfrac{\dfrac{3}{7}}{x-3} + \dfrac{\dfrac{1}{7}}{2x+1}$,

$y^{(n)} = \dfrac{3}{7} \cdot \left(\dfrac{1}{x-3}\right)^{(n)} + \dfrac{1}{7} \cdot \left(\dfrac{1}{2x+1}\right)^{(n)} = \dfrac{3}{7} \cdot \dfrac{(-1)^n \cdot n!}{(x-3)^{n+1}} + \dfrac{1}{7} \cdot \dfrac{(-1)^n \cdot n! \cdot 2^n}{(2x+1)^{n+1}}$.

*分离常数:分子把分母抄一遍,加上括号,先凑最高次前面的系数,再凑回原本的分子.

例如:$y = \dfrac{1-x}{1+x} = \dfrac{-(1+x)+2}{1+x} = -1 + \dfrac{2}{1+x}$,

$y = \dfrac{2x-1}{3x+2} = \dfrac{\dfrac{2}{3}(3x+2) - \dfrac{7}{3}}{3x+2} = \dfrac{2}{3} - \dfrac{\dfrac{7}{3}}{3x+2}$.

(3)两个函数相乘的 n 阶导数.

从前面导数的四则运算中可以知道 $(uv)' = u'v + uv'$,那如果求二阶,三阶一直求到 n 阶导,会有什么变化呢?

例如:$(uv)' = u'v + uv'$,

$(uv)'' = u''v + u'v' + u'v' + uv'' = u''v + 2u'v' + uv''$,

$(uv)''' = u'''v + u''v' + 2u''v' + 2u'v'' + u'v'' + uv''' = u'''v + 3u''v' + 3u'v'' + uv'''$,

$\vdots$

通过观察可以发现,u 的阶数在逐项递减,v 的阶数在逐项递增,并且各项系数符合"杨辉三角"的形式,依此类推,可以得到 $(uv)^{(n)}$ 的形式:

莱布尼茨公式:$(uv)^{(n)} = \sum\limits_{i=0}^{n} C_n^i u^{(n-i)} v^{(i)}$,其中 $(n-i)$ 与 (i) 互换位置无影响(或者说 u 与 v 的位置互换无影响),$C_n^i = \dfrac{A_n^i}{A_i^i}$,$C_n^0 = C_n^n = 1$.

例 2-43 已知 $y = e^x \cos x$,求 $y^{(4)}$.

解 $y^{(4)} = (e^x \cos x)^{(4)} = C_4^0 (e^x)^{(4)} \cos x + C_4^1 (e^x)''' (\cos x)' + C_4^2 (e^x)'' (\cos x)'' + C_4^3 (e^x)' (\cos x)''' + C_4^4 e^x (\cos x)^{(4)}$.

例 2-44 已知 $f(x) = x^2 \ln(1+x)$,求 $f^{(8)}(0)$.

解 $f^{(8)}(x) = C_8^0 x^2 [\ln(1+x)]^{(8)} + C_8^1 (x^2)' [\ln(1+x)]^{(7)} + C_8^2 (x^2)'' [\ln(1+x)]^{(6)}$

$= C_8^0 x^2 [\ln(1+x)]^{(8)} + C_8^1 (x^2)' [\ln(1+x)]^{(7)} + \dfrac{8 \times 7}{2} \times 2 \times \dfrac{(-1)^5 \cdot 5!}{(1+x)^5}$,

得 $f^{(8)}(0) = -56 \times 5!$.

*(4)用麦克劳林展开式求 $x = 0$ 处的高阶导数.

例 2-45 已知 $f(x) = x^2 \ln(1+x)$,求 $f^{(8)}(0)$.

解 $\ln(1+x) = \sum\limits_{n=1}^{\infty} (-1)^{n-1} \dfrac{x^n}{n} = x - \dfrac{x^2}{2} + \dfrac{x^3}{3} - \cdots - \dfrac{x^6}{6} + o(x^6)$,

$f(x) = x^2 \ln(1+x) = x^3 - \dfrac{x^4}{2} + \dfrac{x^5}{3} - \cdots - \dfrac{x^8}{6} + o(x^8)$,则 $f^{(8)}(0) = -\dfrac{8!}{6}$.

次数小于 8 次的项求 8 阶导,结果为零;$o(x^8)$ 求 8 阶导后仍有 x,将 $x = 0$ 代入后,结果也为零,所以只需要看 x 的 8 次方那项,对其求 8 阶导即可.

例 2-46 已知 $f(x) = xe^{x^2}$，求 $f^{(9)}(0)$.

解 $e^x = \sum_{n=0}^{\infty} \frac{x^n}{n!} = 1 + x + \frac{x^2}{2} + \frac{x^3}{3!} + \frac{x^4}{4!} + o(x^4)$,

$e^{x^2} = \sum_{n=0}^{\infty} \frac{x^{2n}}{n!} = 1 + x^2 + \frac{x^4}{2} + \frac{x^6}{3!} + \frac{x^8}{4!} + o(x^8)$,

$f(x) = xe^{x^2} = x + x^3 + \frac{x^5}{2} + \frac{x^7}{3!} + \frac{x^9}{4!} + o(x^9)$,

则 $f^{(9)}(0) = \frac{9!}{4!}$.

2.8 隐函数求导

函数 $y = f(x)$ 表示两个变量 x 与 y 之间的对应关系，例如：$y = x^2$，$y = \cos x$ 等. 这种函数表示方式的特点是：等号左边是因变量 y，右边是含有自变量 x 的式子，用这种式子表达的函数称为显函数. 但有些函数的表达方式不是这样，例如：$x + y^3 - 1 = 0$.

一般地，如果变量 x 与 y 满足一个方程 $F(x, y) = 0$，在一定条件下，当 x 取某区间内的任一值时，相应地总有满足该方程唯一的 y 与之对应，那么就说方程 $F(x, y) = 0$ 在该区间内确定了一个隐函数.

把一个隐函数化成显函数，称为隐函数的显化. 例如：方程 $x + y^3 - 1 = 0$ 化成 $y = \sqrt[3]{1-x}$.

隐函数的显化有时较为困难，甚至不可能. 因此希望有一种方法，不管隐函数能否显化，都能直接由方程计算出它所确定的隐函数的导数.

例 2-47 求由方程 $e^y + xy - 1 = 0$ 所确定的隐函数的导数 $\frac{dy}{dx}$.

解 等式两边同时对自变量 x 求导，此时要将 y 当作整体，即 y 对 x 求导为 $y' = \frac{dy}{dx}$，得

$e^y \cdot y' + y + xy' = 0 \Rightarrow y' = \frac{dy}{dx} = \frac{-y}{e^y + x}$.

例 2-48 求由方程 $\sin x^2 + y^2 - 2 = 0 (y > 0)$ 所确定的隐函数的导数 $\frac{dy}{dx}$.

解 两边同时对 x 求导：$2x \cos x^2 + 2yy' = 0 \Rightarrow y' = \frac{-x \cos x^2}{y}$.

例 2-49 求由方程 $x \tan x + y \ln x = e^{xy}$ 所确定的隐函数的导数 $\frac{dy}{dx}$.

解 两边同时对 x 求导：$\tan x + x \sec^2 x + y' \ln x + \frac{y}{x} = e^{xy}(y + xy')$,

$y' = \frac{\tan x + x \sec^2 x + \frac{y}{x} - ye^{xy}}{xe^{xy} - \ln x}$.

例 2-50 求由方程 $y^5 + 2y - x - 3x^7 = 0$ 所确定的隐函数在 $x=0$ 处的导数 $\dfrac{dy}{dx}\bigg|_{x=0}, \dfrac{d^2y}{dx^2}\bigg|_{x=0}$.

解 两边同时对 x 求导得 $5y^4 y' + 2y' - 1 - 21x^6 = 0$，由原式得 $x=0$ 时, $y=0$, 将 $x=0$, $y=0$ 代入一阶导的式子中得 $2y' - 1 = 0$, $\dfrac{dy}{dx}\bigg|_{x=0} = \dfrac{1}{2}$.

在一阶导式子的基础上两边再对 x 求导得 $20y^3 y' y' + 5y^4 y'' + 2y'' - 126x^5 = 0$, 将 $x=0$, $y=0$, $y' = \dfrac{1}{2}$ 代入二阶导的式子中得 $2y'' = 0$, $\dfrac{d^2y}{dx^2}\bigg|_{x=0} = 0$.

例 2-51 求椭圆 $\dfrac{x^2}{16} + \dfrac{y^2}{9} = 1$ 在点 $\left(2, \dfrac{3\sqrt{3}}{2}\right)$ 处的切线方程.

解 两边同时对 x 求导得 $\dfrac{x}{8} + \dfrac{2}{9}yy' = 0$, 将 $\begin{cases} x=2 \\ y=\dfrac{3\sqrt{3}}{2} \end{cases}$ 代入一阶导的式子中得 $\dfrac{2}{8} + \dfrac{2}{9} \cdot \dfrac{3\sqrt{3}}{2} y' = 0$, $y' = -\dfrac{\sqrt{3}}{4}$, 故切线方程为 $y - \dfrac{3\sqrt{3}}{2} = -\dfrac{\sqrt{3}}{4}(x-2) \Rightarrow y = -\dfrac{\sqrt{3}}{4}x + 2\sqrt{3}$.

例 2-52 求由方程 $e^{-y} + x(y-x) = 1 + x$ 所确定的隐函数在 $x=0$ 处的二阶导数 $\dfrac{d^2y}{dx^2}\bigg|_{x=0}$.

解 两边同时对 x 求导得 $e^{-y}(-y') + y - x + x(y'-1) = 1$, 由原式得 $x=0$ 时, $y=0$, 将 $\begin{cases} x=0 \\ y=0 \end{cases}$ 代入一阶导的式子中得 $-y' = 1 \Rightarrow y' = -1$.

在一阶导式子的基础上两边再对 x 求导得 $e^{-y}(-y')(-y') + e^{-y}(-y'') + y' - 1 + y' - 1 + xy'' = 0$, 将 $\begin{cases} x=0 \\ y=0 \\ y'=-1 \end{cases}$ 代入二阶导的式子中得 $1 - y'' - 4 = 0 \Rightarrow \dfrac{d^2y}{dx^2}\bigg|_{x=0} = -3$.

2.9 幂指函数求导与对数求导法

1. 幂指函数[形如 $u(x)^{v(x)}$]求导

取 $e^{\ln}$，即 $u(x)^{v(x)} = e^{v(x)\ln u(x)}$, 再当作复合函数求导计算.

例 2-53 已知 $y = x^x$, 求 $\dfrac{dy}{dx}$.

解 $y = e^{x\ln x}$, $\dfrac{dy}{dx} = x^x(\ln x + 1)$.

例 2-54 已知 $y = x^{\sin x}$,求 $\dfrac{dy}{dx}$.

解 $y = e^{\sin x \cdot \ln x}$, $\dfrac{dy}{dx} = x^{\sin x}\left(\cos x \cdot \ln x + \dfrac{\sin x}{x}\right)$.

例 2-55 已知 $y = a^{a^x} + a^{x^a} + x^{x^a}$,求 $\dfrac{dy}{dx}$.

解 $y = a^{a^x} + a^{x^a} + e^{x^a \cdot \ln x}$, $\dfrac{dy}{dx} = a^{a^x} \ln a \cdot a^x \ln a + a^{x^a} \ln a \cdot a x^{a-1} + x^{x^a}(a x^{a-1} \ln x + x^{a-1})$.

例 2-56 已知 $x^y = y^2$,求 $\dfrac{dy}{dx}$.

解 $e^{y \ln x} = y^2$,两边同时对 x 求导得 $x^y\left(y'\ln x + \dfrac{y}{x}\right) = 2yy'$, $\dfrac{dy}{dx} = \dfrac{x^y \cdot \dfrac{y}{x}}{2y - x^y \cdot \ln x}$.

2. 对数求导法

两边同时取 ln,利用对数函数的性质,将复杂的多项式乘除、次方的形式转化为加减的形式,再对 x 求导计算.

例 2-57 已知 ① $y = \dfrac{(x-1)(x-2)}{(x-3)(x-4)}$;② $y = \sqrt{\dfrac{(x-1)(x-2)}{(x-3)(x-4)}}$;③ $y = \dfrac{(x-1) \cdot \sqrt[3]{x-2}}{(x-3)^2 \cdot \sqrt{x-4}}$; 求 $\dfrac{dy}{dx}$.

解 ① $\ln y = \ln(x-1) + \ln(x-2) - \ln(x-3) - \ln(x-4)$,两边同时对 x 求导得

$$\dfrac{1}{y}y' = \dfrac{1}{x-1} + \dfrac{1}{x-2} - \dfrac{1}{x-3} - \dfrac{1}{x-4},$$

$$y' = \left(\dfrac{1}{x-1} + \dfrac{1}{x-2} - \dfrac{1}{x-3} - \dfrac{1}{x-4}\right)\dfrac{(x-1)(x-2)}{(x-3)(x-4)};$$

② $\ln y = \dfrac{1}{2}[\ln(x-1) + \ln(x-2) - \ln(x-3) - \ln(x-4)]$,两边同时对 x 求导得

$$\dfrac{1}{y}y' = \dfrac{1}{2}\left(\dfrac{1}{x-1} + \dfrac{1}{x-2} - \dfrac{1}{x-3} - \dfrac{1}{x-4}\right),$$

$$y' = \dfrac{1}{2}\left(\dfrac{1}{x-1} + \dfrac{1}{x-2} - \dfrac{1}{x-3} - \dfrac{1}{x-4}\right)\sqrt{\dfrac{(x-1)(x-2)}{(x-3)(x-4)}};$$

③ $\ln y = \ln(x-1) + \dfrac{1}{3}\ln(x-2) - 2\ln(x-3) - \dfrac{1}{2}\ln(x-4)$,两边同时对 x 求导得

$$\dfrac{1}{y}y' = \dfrac{1}{x-1} + \dfrac{1}{3} \cdot \dfrac{1}{x-2} - \dfrac{2}{x-3} - \dfrac{1}{2} \cdot \dfrac{1}{x-4},$$

$$y' = \left(\dfrac{1}{x-1} + \dfrac{1}{3} \cdot \dfrac{1}{x-2} - \dfrac{2}{x-3} - \dfrac{1}{2} \cdot \dfrac{1}{x-4}\right)\dfrac{(x-1) \cdot \sqrt[3]{x-2}}{(x-3)^2 \cdot \sqrt{x-4}}.$$

例 2-58 已知 $y = \dfrac{e^{x^2} \cdot (3x-1)^2}{\sin 2x \cdot \arctan(1+x^2)}$，求 $\dfrac{dy}{dx}$.

解 $\ln y = x^2 + 2\ln(3x-1) - \ln \sin 2x - \ln \arctan(1+x^2)$，两边同时对 x 求导得

$$\dfrac{1}{y}y' = 2x + \dfrac{6}{3x-1} - \dfrac{2\cos 2x}{\sin 2x} - \dfrac{1}{\arctan(1+x^2)} \cdot \dfrac{2x}{1+(1+x^2)^2},$$

$$y' = \left[2x + \dfrac{6}{3x-1} - \dfrac{2\cos 2x}{\sin 2x} - \dfrac{1}{\arctan(1+x^2)} \cdot \dfrac{2x}{1+(1+x^2)^2}\right] \dfrac{e^{x^2} \cdot (3x-1)^3}{\sin 2x \cdot \arctan(1+x^2)}.$$

2.10 由参数方程所确定的函数的导数

一般地，若参数方程 $\begin{cases} x = \theta(t) \\ y = \varphi(t) \end{cases}$ 通过中间变量来确定 y 与 x 间的函数关系，则称此函数关系所表达的函数为由参数方程所确定的函数.

若 $x = \theta(t), y = \varphi(t)$ 都可导，且 $\varphi'(t) \neq 0$，则：

① 一阶导：$\dfrac{dy}{dx} = \dfrac{dy/dt}{dx/dt} = \dfrac{y \text{ 对 } t \text{ 求导}}{x \text{ 对 } t \text{ 求导}}$；

② 二阶导：$\dfrac{d^2 y}{dx^2} = \dfrac{d\left(\dfrac{dy}{dx}\right)}{dx} = \dfrac{d\left(\dfrac{dy}{dx}\right)/dt}{dx/dt} = \dfrac{\text{一阶导对 } t \text{ 求导}}{x \text{ 对 } t \text{ 求导}}$.

例 2-59 已知 $\begin{cases} x = \cos t \\ y = 3t^2 \end{cases}$，求 $\dfrac{dy}{dx}$.

解 $\dfrac{dy}{dx} = \dfrac{dy/dt}{dx/dt} = \dfrac{6t}{-\sin t}$.

例 2-60 已知 $\begin{cases} x = \ln(1+t^2) \\ y = t - \arctan t \end{cases}$，求 $\dfrac{dy}{dx}, \dfrac{d^2 y}{dx^2}$.

解 $\dfrac{dy}{dx} = \dfrac{dy/dt}{dx/dt} = \dfrac{1 - \dfrac{1}{1+t^2}}{\dfrac{2t}{1+t^2}} = \dfrac{t}{2}, \dfrac{d^2 y}{dx^2} = \dfrac{d\left(\dfrac{dy}{dx}\right)/dt}{dx/dt} = \dfrac{\dfrac{1}{2}}{\dfrac{2t}{1+t^2}} = \dfrac{1+t^2}{4t}$.

例 2-61 已知 $\begin{cases} x = t - \cos t \\ y = \sin t \end{cases}$，求 $\dfrac{dy}{dx}, \dfrac{d^2 y}{dx^2}$.

解 $\dfrac{dy}{dx} = \dfrac{dy/dt}{dx/dt} = \dfrac{\cos t}{1+\sin t}, \dfrac{d^2 y}{dx^2} = \dfrac{d\left(\dfrac{dy}{dx}\right)/dt}{dx/dt} = \dfrac{\dfrac{-\sin t(1+\sin t) - \cos^2 t}{(1+\sin t)^2}}{1+\sin t} = -\dfrac{1}{(1+\sin t)^2}$.

例 2-62 已知 $\begin{cases} x = \sin t \\ y = t\sin t + \cos t \end{cases}$，求 $\dfrac{d^2 y}{dx^2}\bigg|_{t=\frac{\pi}{4}}$.

解 $\dfrac{dy}{dx} = \dfrac{dy/dt}{dx/dt} = \dfrac{\sin t + t\cos t - \sin t}{\cos t} = t, \dfrac{d^2 y}{dx^2} = \dfrac{d\left(\dfrac{dy}{dx}\right)/dt}{dx/dt} = \dfrac{1}{\cos t}, \dfrac{d^2 y}{dx^2}\bigg|_{t=\frac{\pi}{4}} = \sqrt{2}$.

例 2-63 已知 $\begin{cases} x = 2t + t^2 \\ ty = e^y + t \end{cases}$,求 $\dfrac{dy}{dx}$.

解 t 与 y 构成隐函数的形式,两边同时对 t 求导得 $y + ty' = e^y y' + 1$,

解得 $y' = \dfrac{dy}{dt} = \dfrac{1-y}{t - e^y}$, $\dfrac{dx}{dt} = 2 + 2t$,所以 $\dfrac{dy}{dx} = \dfrac{dy/dt}{dx/dt} = \dfrac{\dfrac{1-y}{t-e^y}}{2+2t} = \dfrac{1-y}{(t-e^y)(2+2t)}$.

例 2-64 已知 $\begin{cases} x = \cos^3 t \\ 2t^2 y - ty^2 + t^3 = 0 \end{cases}$,求 $\dfrac{dy}{dx}$.

解 t 与 y 构成隐函数的形式,两边同时对 t 求导得 $4ty + 2t^2 y' - y^2 - t \cdot 2yy' + 3t^2 = 0$,

$y' = \dfrac{dy}{dt} = \dfrac{-3t^2 + y^2 - 4ty}{2t^2 - 2ty}$, $\dfrac{dx}{dt} = -3\cos^2 t \cdot \sin t$,所以 $\dfrac{dy}{dx} = \dfrac{dy/dt}{dx/dt} = \dfrac{-3t^2 + y^2 - 4ty}{-3\cos^2 t \cdot \sin t (2t^2 - 2ty)}$.

2.11 分段函数求导

通过前面单侧导数的学习,可以知道分段函数分界点处的导数用导数的定义式,那么分界点以外的部分求导又该如何处理呢?

① 分段函数分界点处的导数用导数的定义式;
② 分段函数分界点以外的部分可直接用导数的求导公式.

例 2-65 已知函数 $f(x) = \begin{cases} x^2, & x \leqslant 0 \\ \ln(1+x), & x > 0 \end{cases}$,求 $f'(x)$.

解 当 $x < 0$ 时,$f'(x) = 2x$;当 $x > 0$ 时,$f'(x) = \dfrac{1}{1+x}$;

$f'_-(0) = \lim\limits_{x \to 0^-} \dfrac{f(x) - f(0)}{x - 0} = \lim\limits_{x \to 0^-} \dfrac{x^2 - 0}{x - 0} = 0$,

$f'_+(0) = \lim\limits_{x \to 0^+} \dfrac{f(x) - f(0)}{x - 0} = \lim\limits_{x \to 0^+} \dfrac{\ln(1+x) - 0}{x - 0} = 1$,故 $f'(0)$ 不存在,

综上可得 $f'(x) = \begin{cases} 2x, & x < 0 \\ \text{不存在}, & x = 0 \\ \dfrac{1}{1+x}, & x > 0 \end{cases}$.

例 2-66 已知函数 $f(x) = \begin{cases} x + 2, & x \geqslant 0 \\ 2\cos x, & x < 0 \end{cases}$,求 $f'(x)$.

解 当 $x > 0$ 时,$f'(x) = 1$;当 $x < 0$ 时,$f'(x) = -2\sin x$;

$f'_-(0) = \lim\limits_{x \to 0^-} \dfrac{f(x) - f(0)}{x - 0} = \lim\limits_{x \to 0^-} \dfrac{2\cos x - 2}{x - 0} = 0$,

$f'_+(0) = \lim\limits_{x \to 0^+} \dfrac{f(x) - f(0)}{x - 0} = \lim\limits_{x \to 0^+} \dfrac{x + 2 - 2}{x - 0} = 1$,故 $f'(0)$ 不存在,

综上可得 $f'(x) = \begin{cases} -2\sin x, & x < 0 \\ \text{不存在}, & x = 0 \\ 1, & x > 0 \end{cases}$.

例 2-67 已知函数 $f(x) = \begin{cases} e^x - 1, & x \geq 0 \\ \sin x, & x < 0 \end{cases}$,求 $f'(x)$.

解 当 $x > 0$ 时,$f'(x) = e^x$;当 $x < 0$ 时,$f'(x) = \cos x$;

$$f'_-(0) = \lim_{x \to 0^-} \frac{f(x) - f(0)}{x - 0} = \lim_{x \to 0^-} \frac{\sin x - 0}{x - 0} = 1,$$

$$f'_+(0) = \lim_{x \to 0^+} \frac{f(x) - f(0)}{x - 0} = \lim_{x \to 0^+} \frac{e^x - 1 - 0}{x - 0} = 1, \text{故} f'(0) = 1,$$

综上可得 $f'(x) = \begin{cases} \cos x, & x \leq 0 \\ e^x, & x > 0 \end{cases}$.

例 2-68 已知函数 $f(x) = \begin{cases} \ln(1-x), & x < 0 \\ x^2 \sin x, & x \geq 0 \end{cases}$,求 $f'(x)$.

解 当 $x < 0$ 时,$f'(x) = \frac{-1}{1-x}$;当 $x > 0$ 时,$f'(x) = 2x \sin x + x^2 \cos x$;

$$f'_-(0) = \lim_{x \to 0^-} \frac{f(x) - f(0)}{x - 0} = \lim_{x \to 0^-} \frac{\ln(1-x) - 0}{x - 0} = -1,$$

$$f'_+(0) = \lim_{x \to 0^+} \frac{f(x) - f(0)}{x - 0} = \lim_{x \to 0^+} \frac{x^2 \sin x - 0}{x - 0} = 0, \text{故} f'(0) \text{不存在},$$

综上可得 $f'(x) = \begin{cases} \dfrac{-1}{1-x}, & x < 0 \\ \text{不存在}, & x = 0 \\ 2x \sin x + x^2 \cos x, & x > 0 \end{cases}$.

例 2-69 已知函数 $f(x) = \begin{cases} \ln(1-x^2), & -1 < x \leq 0 \\ x^2 \sin \dfrac{1}{x}, & x > 0 \end{cases}$,求 $f'(x)$.

解 当 $-1 < x < 0$ 时,$f'(x) = \dfrac{-2x}{1-x^2}$;当 $x > 0$ 时,$f'(x) = 2x \sin \dfrac{1}{x} - \cos \dfrac{1}{x}$;

$$f'_-(0) = \lim_{x \to 0^-} \frac{f(x) - f(0)}{x - 0} = \lim_{x \to 0^-} \frac{\ln(1-x^2) - 0}{x - 0} = 0,$$

$$f'_+(0) = \lim_{x \to 0^+} \frac{f(x) - f(0)}{x - 0} = \lim_{x \to 0^+} \frac{x^2 \sin \dfrac{1}{x} - 0}{x - 0} = 0, \text{故} f'(0) = 0,$$

综上可得 $f'(x) = \begin{cases} \dfrac{-2x}{1-x^2}, & -1 < x \leq 0 \\ 2x \sin \dfrac{1}{x} - \cos \dfrac{1}{x}, & x > 0 \end{cases}$.

注:某点处的导数用导数的定义式,但是很多同学喜欢去求导函数的极限. 特此说明,导函数本身也是一个函数,某点处的极限值与该点的函数值无关,所以不宜通过导函数的极限来确定某点处的导数.

如例 2-69 中,导函数的极限 $\lim\limits_{x\to 0^+} 2x\sin\dfrac{1}{x} - \cos\dfrac{1}{x}$ 不存在,但是 $f'(0) = 0$.

*导数极限定理:若 $f(x)$ 在 x_0 的邻域内连续,在 x_0 的去心邻域内可导,且导函数在 x_0 处的极限存在[即 $\lim\limits_{x\to x_0} f'(x)$ 存在],则 $f(x)$ 在 x_0 处的导数也存在并且等于导函数的极限[即 $f'(x_0) = \lim\limits_{x\to x_0} f'(x)$].

2.12 反函数求导

如果函数 $y = f(x)$ 在区间 I_x 内单调、可导且 $f'(x) \neq 0$,那么它的反函数 $x = \varphi(y)$ 在区间 $I_y = \{y \mid y = f(x), x \in I_x\}$ 内也可导,并且 $\varphi'(y) = \dfrac{1}{f'(x)}$ 或 $\dfrac{\mathrm{d}x}{\mathrm{d}y} = \dfrac{1}{\dfrac{\mathrm{d}y}{\mathrm{d}x}}$. 即两个函数互为反函数,那么它们的一阶导互为倒数.

> **注:** ①对于 $x = \varphi(y)$,其中 x 为因变量,y 为自变量;
> ②对于 $y = f(x)$,其中 y 为因变量,x 为自变量;
> ③由于区间 $I_y = \{y \mid y = f(x), x \in I_x\}$,$x = \varphi(y)$ 中的 y 与 $y = f(x)$ 中的 y 在数值上相等,因此 $\varphi'(y) = \dfrac{1}{f'(x)}$ 中括号里的 y 与 x 是对应关系.

例 2-70 $x = \varphi(y)$ 是单调可导函数 $y = f(x)$ 的反函数,且 $f(1) = 9, f'(1) = -\sqrt{2}, f'(9) = \sqrt{2}$,求 $\varphi'(9)$.

解 当 $x = 1$ 时,$y = 9$,$\varphi'(y) = \dfrac{1}{f'(x)}$,故 $\varphi'(9) = \dfrac{1}{f'(1)} = -\dfrac{\sqrt{2}}{2}$.

例 2-71 已知 $f(x)$ 为单调可导函数,$g(x)$ 与 $f(x)$ 互为反函数,且 $f(2) = 4, f'(2) = \sqrt{5}$,$f'(4) = 6$,求 $g'(4)$.

解 $g'(4) = \dfrac{1}{f'(2)} = \dfrac{\sqrt{5}}{5}$.

例 2-72 已知函数 $f(x) = 2x^3 + 1$,其反函数为 $x = \varphi(y)$,求 $\varphi'(3)$.

解 ① $y = 2x^3 + 1 \Rightarrow x = \left(\dfrac{y-1}{2}\right)^{\frac{1}{3}}$,故 $\varphi'(y) = \left[\left(\dfrac{y-1}{2}\right)^{\frac{1}{3}}\right]' = \dfrac{1}{6}\left(\dfrac{y-1}{2}\right)^{-\frac{2}{3}}$,$\varphi'(3) = \dfrac{1}{6}$;

② 当 $y = 3$ 时,解得 $x = 1$,故 $\varphi'(3) = \dfrac{1}{f'(1)}$,$f'(x) = 6x^2$,即 $f'(1) = 6$,$\varphi'(3) = \dfrac{1}{6}$.

例 2-73 已知函数 $f(x) = 2x^3 + x$,其反函数为 $x = \varphi(y)$,求 $\varphi'(0)$.

解 当 $y = 0$ 时,$x = 0$,故 $\varphi'(0) = \dfrac{1}{f'(0)} = 1$.

*反函数的二阶导:

由反函数的一阶导可知 $\varphi'(y) = \dfrac{1}{f'(x)}$,故两边对 y 求导得

$$\varphi''(y) = \frac{\mathrm{d}[\varphi'(y)]}{\mathrm{d}y} = \frac{\mathrm{d}[\varphi'(y)]}{\mathrm{d}x} \cdot \frac{\mathrm{d}x}{\mathrm{d}y} = \left[\frac{1}{f'(x)}\right]' \cdot \frac{1}{f'(x)}$$

$$= -\frac{f''(x)}{[f'(x)]^2} \cdot \frac{1}{f'(x)} = -\frac{f''(x)}{[f'(x)]^3},$$

即 $\varphi''(y) = -\dfrac{f''(x)}{[f'(x)]^3}.$

例 2-74 已知 $x = \varphi(y)$ 与 $y = f(x)$ 互为反函数,且 $f'(x) = \mathrm{e}^{x^2+x+1}$,$f(0) = 3$,求 $\varphi''(3)$.

解 $f''(x) = \mathrm{e}^{x^2+x+1} \cdot (2x+1)$,$f''(0) = \mathrm{e}$,$f'(0) = \mathrm{e}$,$\varphi''(3) = \dfrac{f''(0)}{[f'(0)]^3} = -\dfrac{1}{\mathrm{e}^2}.$

2.13 微　　分

1. 微分的定义

设函数 $y = f(x)$ 在某区间内有定义,x_0 及 $x_0 + \Delta x$ 在这区间内,若函数的增量 $\Delta y = f(x_0 + \Delta x) - f(x_0)$ 可表示为 $\Delta y = A\Delta x + o(\Delta x)$,则称函数 $y = f(x)$ 在点 x_0 是可微的,$A\Delta x$ 称为函数 $y = f(x)$ 在点 x_0 相应于自变量增量 Δx 的微分,记作 $\mathrm{d}y|_{x=x_0} = A\Delta x$.

其中 A 是不随 Δx 改变的常数,但 A 可以随 x_0 的变化而变化. 在 $\Delta x \to 0$ 时,$o(\Delta x)$ 是比 Δx 高阶的无穷小.

问题①:如何将 $\Delta y = f(x_0 + \Delta x) - f(x_0)$ 表示为 $\Delta y = A\Delta x + o(\Delta x)$?

例如:$y = x^2$,$\Delta y = f(x_0 + \Delta x) - f(x_0) = (x_0 + \Delta x)^2 - x_0^2 = 2x_0\Delta x + (\Delta x)^2$,故 $A = 2x_0$,$\mathrm{d}y|_{x=x_0} = A\Delta x = 2x_0\Delta x.$

问题②:这个 A 又是多少? 总不能每一次都用 $f(x_0 + \Delta x) - f(x_0)$ 来计算吧.

解 $f(x_0 + \Delta x) - f(x_0) = A\Delta x + o(\Delta x)$,两边同时除以 Δx 得

$$\frac{f(x_0 + \Delta x) - f(x_0)}{\Delta x} = A + \frac{o(\Delta x)}{\Delta x} (这个等式应满足 \Delta x 趋于任意值均成立).$$

于是,当 $\Delta x \to 0$ 时,$\lim\limits_{\Delta x \to 0}\dfrac{f(x_0 + \Delta x) - f(x_0)}{\Delta x} = \lim\limits_{\Delta x \to 0} A + \dfrac{o(\Delta x)}{\Delta x} = A$,即 $f'(x_0) = A$,$\mathrm{d}y|_{x=x_0} = f'(x_0)\Delta x.$

因此,如果函数 $f(x)$ 在点 x_0 可微,那么 $f(x)$ 在点 x_0 也一定可导,反之亦然.

当 $\Delta x \to 0$ 时,因为 $\mathrm{d}y$ 是 Δx 的线性函数,所以在 $A \neq 0$ 的条件下,我们把微分 $\mathrm{d}y$ 称为 Δy 的线性主部.

以上是函数 $f(x)$ 在点 x_0 处的微分 $\mathrm{d}y|_{x=x_0} = f'(x_0)\Delta x$,那么函数 $f(x)$ 在任意点 x 处的微分,称为函数的微分,记作 $\mathrm{d}y = f'(x)\Delta x.$

通常把自变量 x 的增量 Δx 称为自变量的微分,记作 $\mathrm{d}x$,即 $\mathrm{d}x = \Delta x$,于是函数 $f(x)$ 的微分又可记作 $\mathrm{d}y = f'(x)\mathrm{d}x$,从而有 $\dfrac{\mathrm{d}y}{\mathrm{d}x} = f'(x)$,这就是说,函数的微分 $\mathrm{d}y$ 与自变量的微分 $\mathrm{d}x$ 之商等于该函数的导数,因此,导数也称微商.

2. 基本初等函数的微分公式

导数公式	微分公式
$(x^a)' = a \cdot x^{a-1}$	$d(x^a) = a \cdot x^{a-1} dx$
$(a^x)' = a^x \cdot \ln a \ (a > 0 \text{ 且 } a \neq 1)$	$d(a^x) = a^x \cdot \ln a dx \ (a > 0 \text{ 且 } a \neq 1)$
$(e^x)' = e^x$	$d(e^x) = e^x dx$
$(\log_a x)' = \dfrac{1}{x \cdot \ln a} \ (a > 0 \text{ 且 } a \neq 1)$	$d(\log_a x) = \dfrac{1}{x \cdot \ln a} dx \ (a > 0 \text{ 且 } a \neq 1)$
$(\ln x)' = \dfrac{1}{x}$	$d(\ln x) = \dfrac{1}{x} dx$
$(\sin x)' = \cos x$	$d(\sin x) = \cos x dx$
$(\cos x)' = -\sin x$	$d(\cos x) = -\sin x dx$
$(\tan x)' = \sec^2 x$	$d(\tan x) = \sec^2 x dx$
$(\cot x)' = -\csc^2 x$	$d(\cot x) = -\csc^2 x dx$
$(\sec x)' = \sec x \cdot \tan x$	$d(\sec x) = \sec x \cdot \tan x dx$
$(\csc x)' = -\csc x \cdot \cot x$	$d(\csc x) = -\csc x \cdot \cot x dx$
$(\arcsin x)' = \dfrac{1}{\sqrt{1-x^2}}$	$d(\arcsin x) = \dfrac{1}{\sqrt{1-x^2}} dx$
$(\arccos x)' = -\dfrac{1}{\sqrt{1-x^2}}$	$d(\arccos x) = -\dfrac{1}{\sqrt{1-x^2}} dx$
$(\arctan x)' = \dfrac{1}{1+x^2}$	$d(\arctan x) = \dfrac{1}{1+x^2} dx$
$(\operatorname{arccot} x)' = -\dfrac{1}{1+x^2}$	$d(\operatorname{arccot} x) = -\dfrac{1}{1+x^2} dx$

3. 微分的运算法则

由函数的导数与微分的关系，可推出相应的微分法则，下列函数 $u = u(x)$ 与 $v = v(x)$ 都可导：

①$d(u \pm v) = du \pm dv$；

②$d(uv) = vdu + udv$；

③$d(Cu) = Cdu$；

④$d\left(\dfrac{u}{v}\right) = \dfrac{vdu - udv}{v^2} \ (v \neq 0)$.

4. 复合函数的微分法则

与复合函数的求导法则相应的复合函数的微分法则如下：

设 $y = f(u)$ 与 $u = g(x)$ 都可导，则复合函数 $y = f[g(x)]$ 的微分为
$$dy = f'[g(x)]g'(x)dx.$$
因为 $u = g(x)$，$g'(x)dx = du$，所以复合函数 $y = f[g(x)]$ 的微分也可以写成
$$dy = f'(u)du.$$
由此可见，不管是 u 为中间变量的复合函数 $y = f[g(x)]$，还是 u 为自变量的函数 $y = f(u)$，微分形式 $dy = f'(u)du$ 均保持不变，这一性质称为微分形式不变性. 该性质表示，当变

换自变量时，微分形式 $dy = f'(u)du$ 并不改变.

根据以上微分的概念，在考试当中需要注意以下几点：

① 函数的微分 $dy = f'(x)dx$，简单理解就是 d 后面的对象求导再乘 dx；

② 在 $\Delta x \to 0$ 时，Δy 比 dy 多一个 Δx 的高阶无穷小；

③ 在一元函数中，可微与可导是等价的；

④ 当 $A \neq 0$ 时，微分 dy 称为 Δy 的线性主部；

*⑤ 微分的几何意义.

例如：函数 $f(x)$ 满足 $f'(x) > 0, f''(x) > 0$ 时，如图 2-2 所示，在 $\Delta x > 0$ 时，$\Delta y > dy$.

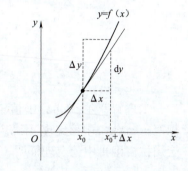

图 2-2

例 2-75 求函数 $y = \sin(3x - 1)$ 的微分.

解 $dy = y'dx = 3\cos(3x-1)dx$.

例 2-76 求函数 $y = \ln(1 + x^2)$ 的微分.

解 $dy = y'dx = \dfrac{x^2}{1+x^2}dx$.

例 2-77 设 $y = f(\sin x^2)$，f 为可微函数，求 dy.

解 $dy = y'dx = f'(\sin x^2) \cdot \cos x^2 \cdot 2x dx$.

例 2-78 求函数 $y = x^3$ 在 $x = 2, \Delta x = 0.02$ 处的微分.

解 $dy = (x^3)'dx = 3x^2 dx$，故 $dy|_{x=2, \Delta x = 0.02} = 3 \times 2^2 \times 0.02 = 0.24$.

例 2-79 求函数 $y = x^2$ 在 $x = 1$ 处的微分和 $x = 3, \Delta x = 0.01$ 的微分.

解 $dy = y'dx = 2xdx, dy|_{x=1} = y'|_{x=1}dx = 2dx, dy|_{x=2, \Delta x=0.02} = 2 \times 3 \times 0.01 = 0.06$.

根据 Δy 与 dy 的关系，可以进行一些近似计算：

$\Delta y \approx dy \Rightarrow f(x_0 + \Delta x) - f(x_0) \approx f'(x_0)\Delta x$，即 $f(x_0 + \Delta x) \approx f'(x_0)\Delta x + f(x_0)$.

例 2-80 求 $\sqrt[3]{1.02}$ 的近似值.

解 $f(x) = \sqrt[3]{x}, x_0 = 1, \Delta x = 0.02, f'(x) = \dfrac{1}{3} \cdot \dfrac{1}{\sqrt[3]{x^2}}$，故

$f(1 + 0.02) = \sqrt[3]{1.02} \approx \sqrt[3]{1} + \dfrac{1}{3} \times \dfrac{1}{\sqrt[3]{1^2}} \times 0.02 \approx 1.0067$.

例 2-81 求 $\cos 29°$ 的近似值.

解 $f(x) = \cos x, x_0 = 30°, \Delta x = -1°, f'(x) = -\sin x$，故

$\cos x(30° - 1°) \approx \cos 30° + (-\sin 30°) \times \dfrac{-\pi}{180} \approx 0.875$.

第 3 章
微分学及其应用

①理解罗尔(Rolle)中值定理、拉格朗日(Lagrange)中值定理及它们的几何意义,理解柯西(Cauchy)中值定理、泰勒(Taylor)中值定理. 会用罗尔中值定理证明方程根的存在性. 会用拉格朗日中值定理证明一些简单的不等式.

②掌握洛必达(L'Hospital)法则,会用洛必达法则求"$\frac{0}{0}$","$\frac{\infty}{\infty}$","$0 \cdot \infty$","$\infty - \infty$","1^∞","0^0"和"∞^0"型未定式的极限.

③会利用导数判定函数的单调性,会求函数的单调区间,会利用函数的单调性证明一些简单的不等式.

④理解函数极值的概念,会求函数的极值和最值,会解决一些简单的应用问题.

⑤会判定曲线的凹凸性,会求曲线的拐点.

⑥会求曲线的渐近线(水平渐近线、垂直渐近线和斜渐近线).

⑦会描绘一些简单的函数的图形.

3.1 洛必达法则

若 $f(x)$ 与 $g(x)$ 满足下列条件:

① $\lim\limits_{x \to \square} f(x) = 0$(或 ∞),$\lim\limits_{x \to \square} g(x) = 0$(或 ∞). 结果都为 0 或都为 ∞,□内可为任意点;

② 在 □ 的去心邻域内可导,且 $g'(x) \neq 0$;

③ $\lim\limits_{x \to \square} \frac{f'(x)}{g'(x)} = A$($A$ 为常数或 ∞),

则 $\lim\limits_{x \to \square} \frac{f(x)}{g(x)} = \lim\limits_{x \to \square} \frac{f'(x)}{g'(x)} = A$.

注:①只有 $\frac{0}{0}$ 型与 $\frac{\infty}{\infty}$ 型才用洛必达;

②每用一次洛必达需重新判断一次极限类型;

③不要一味求导,与重要极限、等价无穷小替换结合;

④应用洛必达法则后,若 $\lim\limits_{x \to \square} \frac{f'(x)}{g'(x)}$ 结果不存在也不是 ∞ 时,不能说明 $\lim\limits_{x \to \square} \frac{f(x)}{g(x)}$ 结果不

存在,需改用其他方法(例如:$\lim\limits_{x\to\infty}\dfrac{x+\sin x}{x-\cos x}=\lim\limits_{x\to\infty}\dfrac{1+\cos x}{1+\sin x}$洛必达后极限1结果不存在,但是由抓大头可知,$\lim\limits_{x\to\infty}\dfrac{x+\sin x}{x-\cos x}=1$);

⑤某点处导数存在不能说明其在去心邻域内可导,改用导数定义式.

例 3-1 求极限 $\lim\limits_{x\to 0}\left(\dfrac{1}{x}-\dfrac{1}{e^x-1}\right)$.

解 $\lim\limits_{x\to 0}\left(\dfrac{1}{x}-\dfrac{1}{e^x-1}\right)=\lim\limits_{x\to 0}\dfrac{e^x-1-x}{x(e^x-1)}=\lim\limits_{x\to 0}\dfrac{e^x-1-x}{x^2}\overset{洛}{=}\lim\limits_{x\to 0}\dfrac{e^x-1}{2x}=\dfrac{1}{2}.$

例 3-2 求极限 $\lim\limits_{x\to +\infty}\dfrac{\ln x}{x^n}(n>0)$.

解 $\lim\limits_{x\to +\infty}\dfrac{\ln x}{x^n}\overset{洛}{=}\lim\limits_{x\to +\infty}\dfrac{\dfrac{1}{x}}{nx^{n-1}}=\lim\limits_{x\to +\infty}\dfrac{1}{nx^n}=0.$

例 3-3 求极限 $\lim\limits_{x\to +\infty}\dfrac{x^n}{e^x}(n>0)$.

解 $\lim\limits_{x\to +\infty}\dfrac{x^n}{e^x}\overset{洛 n 次}{=}\lim\limits_{x\to +\infty}\dfrac{n!}{e^x}=0.$

注:再次强调,在 $x\to +\infty$ 时,指数 $\geq$ 幂 $\geq$ 对数.

例 3-4 求极限 $\lim\limits_{x\to 0}\dfrac{e^x-\sin x-1}{(\arcsin x)^2}$.

解 $\lim\limits_{x\to 0}\dfrac{e^x-\sin x-1}{(\arcsin x)^2}=\lim\limits_{x\to 0}\dfrac{e^x-\sin x-1}{x^2}\overset{洛}{=}\lim\limits_{x\to 0}\dfrac{e^x-\cos x}{2x}\overset{洛}{=}\lim\limits_{x\to 0}\dfrac{e^x+\sin x}{2}=\dfrac{1}{2}.$

例 3-5 求极限 $\lim\limits_{x\to +\infty}(x+\sqrt{1+x^2})^{\frac{1}{x}}$.

解 $\lim\limits_{x\to +\infty}(x+\sqrt{1+x^2})^{\frac{1}{x}}=\lim\limits_{x\to +\infty}e^{\frac{\ln(x+\sqrt{1+x^2})}{x}}\overset{洛}{=}\lim\limits_{x\to +\infty}e^{\frac{\frac{1}{x+\sqrt{1+x^2}}\left(1+\frac{2x}{2\sqrt{1+x^2}}\right)}{1}}=\lim\limits_{x\to +\infty}e^{\frac{1}{\sqrt{1+x^2}}}=e^0=1.$

例 3-6 求极限 $\lim\limits_{x\to 0}\dfrac{e^x-e^{-x}}{\sin x}$.

解 $\lim\limits_{x\to 0}\dfrac{e^x-e^{-x}}{\sin x}=\lim\limits_{x\to 0}\dfrac{e^x-e^{-x}}{x}\overset{洛}{=}\lim\limits_{x\to 0}\dfrac{e^x+e^{-x}}{1}=2.$

例 3-7 求极限 $\lim\limits_{x\to 0}\left(\dfrac{1}{\sin^2 x}-\dfrac{\cos^2 x}{x^2}\right)$.

解 $\lim\limits_{x\to 0}\left(\dfrac{1}{\sin^2 x}-\dfrac{\cos^2 x}{x^2}\right)=\lim\limits_{x\to 0}\dfrac{x^2-\sin^2 x\cdot\cos^2 x}{x^2\cdot\sin^2 x}=\lim\limits_{x\to 0}\dfrac{x^2-\dfrac{1}{4}\sin^2 2x}{x^4}\overset{洛}{=}\lim\limits_{x\to 0}\dfrac{2x-\sin 2x\cdot\cos 2x}{4x^3}$

$=\lim\limits_{x\to 0}\dfrac{2x-\dfrac{1}{2}\sin 4x}{4x^3}\overset{洛}{=}\lim\limits_{x\to 0}\dfrac{2-2\cos 4x}{12x^2}=\lim\limits_{x\to 0}\dfrac{2\cdot\dfrac{1}{2}(4x)^2}{12x^2}=\dfrac{16}{12}=\dfrac{4}{3}.$

例 3-8 求极限 $\lim\limits_{x\to 0}\dfrac{\sqrt{1+x}+\sqrt{1-x}-2}{x^2}$.

解 $\lim\limits_{x\to 0}\dfrac{\sqrt{1+x}+\sqrt{1-x}-2}{x^2}\xlongequal{洛}\lim\limits_{x\to 0}\dfrac{\dfrac{1}{2}(1+x)^{-\frac{1}{2}}-\dfrac{1}{2}(1-x)^{-\frac{1}{2}}}{2x}$

$\xlongequal{洛}\lim\limits_{x\to 0}\dfrac{-\dfrac{1}{4}(1+x)^{-\frac{3}{2}}-\dfrac{1}{4}(1-x)^{-\frac{3}{2}}}{2}=\dfrac{-\dfrac{1}{4}-\dfrac{1}{4}}{2}=-\dfrac{1}{4}.$

例 3-9 求极限 $\lim\limits_{x\to\infty}x\left(\dfrac{\pi}{2}-\arctan x\right)$.

解 $\infty\cdot 0$ 型,哪个项比较简单就往分母上放,此题把 x 放到分母变为 $\dfrac{1}{x}$,为 $\dfrac{0}{0}$ 型,

$$\lim\limits_{x\to+\infty}\dfrac{\dfrac{\pi}{2}-\arctan x}{\dfrac{1}{x}}\xlongequal{洛}\lim\limits_{x\to+\infty}\dfrac{-\dfrac{1}{1+x^2}}{-\dfrac{1}{x^2}}=\lim\limits_{x\to+\infty}\dfrac{x^2}{1+x^2}=1.$$

例 3-10 求极限 $\lim\limits_{x\to+\infty}\left(\dfrac{\pi}{2}-\arctan x\right)^{\frac{1}{\ln x^2}}$.

解 ① 0^0 型,取 $e^{\ln}$,$\lim\limits_{x\to+\infty}\left(\dfrac{\pi}{2}-\arctan x\right)^{\frac{1}{\ln x^2}}=\lim\limits_{x\to+\infty}e^{\frac{\ln\left(\frac{\pi}{2}-\arctan x\right)}{\ln x^2}}$,次数变为 $\dfrac{\infty}{\infty}$ 型,

由例 3-9 可知,在 $x\to+\infty$ 时,$\dfrac{\dfrac{\pi}{2}-\arctan x}{\dfrac{1}{x}}$ 为 $\dfrac{0}{0}$ 型并且极限结果为 1,说明 $\dfrac{\pi}{2}-\arctan x\sim\dfrac{1}{x}$,

故 $\lim\limits_{x\to+\infty}e^{\frac{\ln\left(\frac{\pi}{2}-\arctan x\right)}{\ln x^2}}=\lim\limits_{x\to+\infty}e^{\frac{\ln\frac{1}{x}}{\ln x^2}}=\lim\limits_{x\to+\infty}e^{\frac{-\ln x}{2\ln x}}=e^{-\frac{1}{2}}.$

② 0^0 型,取 $e^{\ln}$,$\lim\limits_{x\to+\infty}\left(\dfrac{\pi}{2}-\arctan x\right)^{\frac{1}{\ln x^2}}=\lim\limits_{x\to+\infty}e^{\frac{\ln\left(\frac{\pi}{2}-\arctan x\right)}{\ln x^2}}\xlongequal{洛}\lim\limits_{x\to+\infty}e^{\frac{\frac{1}{\frac{\pi}{2}-\arctan x}\left(-\frac{1}{1+x^2}\right)}{\frac{2}{x}}}$

$=\lim\limits_{x\to+\infty}e^{-\frac{1}{2}\cdot\frac{\frac{x}{1+x^2}}{\frac{\pi}{2}-\arctan x}}\xlongequal{洛}\lim\limits_{x\to+\infty}e^{-\frac{1}{2}\cdot\frac{\frac{1+x^2-2x^2}{(1+x^2)^2}}{-\frac{1}{1+x^2}}}=\lim\limits_{x\to+\infty}e^{\frac{1}{2}\cdot\frac{1-x^2}{1+x^2}}=e^{-\frac{1}{2}}.$

3.2 单调区间、极值与驻点

1. 单调区间

设函数 $y=f(x)$ 在 $[a,b]$ 上连续,在 (a,b) 内可导,则:

①若在 (a,b) 内 $f'(x)>0$,则 $f(x)$ 在 (a,b) 上单调增加,因为连续,所以在 $[a,b]$ 上也单调增加,反之不一定成立;

②若在 (a,b) 内 $f'(x)<0$,则 $f(x)$ 在 (a,b) 上单调减少,因为连续,所以在 $[a,b]$ 上也单调减少,反之不一定成立.

注:①单调区间之间建议用逗号,**不用并集**,且为开区间,后面凹凸区间同理;
②若在(a,b)内$f'(x)\geq 0$(或$f'(x)\leq 0$)且"$=0$"为有限个,则$f(x)$在(a,b)上单调递增(或单调递减).

2. 极值(极大值与极小值)

设函数$f(x)$在点x_0的某邻域内有定义,若对于去心邻域内的任一x有
$$f(x)<f(x_0)(或f(x)>f(x_0)),$$
那么就称$f(x_0)$是函数$f(x)$的一个**极大值(或极小值)**.

函数的极大值与极小值统称为函数的极值,使函数取得极值的点称为极值点,记作$x=x_0$. 函数的极值是一个局部性的概念,局部范围内的最大值为极大值,局部范围内的最小值为极小值. 那么极值点往往会出现在哪些地方呢?

例如: $y=x^2$,在$x=0$处取得极小值,是一阶导为零的点;$y=|x|$,在$x=0$处取得极小值,是一阶导不存在的点. 因此极值点往往出现在**一阶导为零和一阶导不存在的点上**.

(1)**第一充分条件**:设函数$f(x)$在x_0处连续,且在x_0的某去心邻域内可导.

①若$x\in(x_0-\delta,x_0)$时,$f'(x)>0$,而$x\in(x_0,x_0+\delta)$时,$f'(x)<0$,则$f(x)$在x_0处取得极大值;(左增右减)

②若$x\in(x_0-\delta,x_0)$时,$f'(x)<0$,而$x\in(x_0,x_0+\delta)$时,$f'(x)>0$,则$f(x)$在x_0处取得极小值;(左减右增)

③若$x\in \overset{\circ}{U}(x_0,\delta)$时,$f'(x)$的符号保持不变,则$f(x)$在$x_0$处没有极值.

*注:若$f(x)$在x_0处取得极大值,则$\exists\delta>0$,使得$x\in(x_0-\delta,x_0)$时,$f'(x)>0$,$x\in(x_0,x_0+\delta)$时,$f'(x)<0$. 这句话是错误的,如图3-1所示,在x_0处取得极大值,但左右两边的一阶导都大于零.

(2)**第二充分条件**:设函数$f(x)$在x_0处具有二阶导数且$f'(x_0)=0$,$f''(x_0)\neq 0$,则:

①当$f''(x_0)<0$时,函数$f(x)$在x_0处取得极大值;
②当$f''(x_0)>0$时,函数$f(x)$在x_0处取得极小值.

注:$f''(x_0)=\lim\limits_{x\to x_0}\dfrac{f'(x)-f'(x_0)}{x-x_0}<0$.

当$x\to x_0^-<x_0$时,$x-x_0\to 0^-$,则$f'(x)-f'(x_0)\to 0^+>0$,即$f'(x)>f'(x_0)\Rightarrow f'(x)>0$;
当$x\to x_0^+>x_0$时,$x-x_0\to 0^+$,则$f'(x)-f'(x_0)\to 0^-<0$,即$f'(x)<f'(x_0)\Rightarrow f'(x)<0$,

左增右减为极大值,当$f''(x_0)>0$时同理可得为极小值.

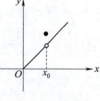

图 3-1

求极值的一般步骤:

①求出函数$f(x)$的定义域;
②求$f'(x)$;
③找出一阶导为零和一阶导不存在的点(一阶导的无定义点,也即不可导点);
④判断这些点左右两边一阶导$f'(x)$的正负号.

$$\begin{cases}左f'(x)>0,右f'(x)<0\Rightarrow 极大值(左增右减)\\右f'(x)<0,左f'(x)>0\Rightarrow 极小值(左减右增)\end{cases}$$

(3) **驻点**：一阶导为零的点 $f'(x_0)=0$，记作 $x=x_0$.

注：①驻点不一定是极值点(如：$y=x^3,x=0$)；
②极值点不一定是驻点(如：$y=|x|,x=0$).

例 3-11 求函数 $f(x)=2x^3-9x^2+12x-3$ 的单调区间与极值.

解 定义域 $x\in(-\infty,+\infty)$，$f'(x)=6x^2-18x+12=6(x^2-3x+2)=6(x-1)(x-2)$.

当 $x<1$ 时，$f'(x)>0$，当 $1<x<2$ 时，$f'(x_0)<0$，当 $x>2$ 时，$f'(x)>0$，故单调递增区间为 $(-\infty,1),(2,+\infty)$，单调递减区间为 $(1,2)$，极大值 $f(1)=2$，极小值 $f(2)=1$.

例 3-12 求函数 $f(x)=e^x-x-1$ 的单调区间与极值.

解 定义域 $x\in(-\infty,+\infty)$，$f'(x)=e^x-1$.

当 $x<0$ 时，$f'(x_0)<0$，当 $x>0$ 时，$f'(x)>0$，故单调递增区间为 $(0,+\infty)$，单调递减区间为 $(-\infty,0)$，极小值 $f(0)=0$，无极大值.

例 3-13 求函数 $f(x)=x^3-3x$ 的单调区间与极值.

解 定义域 $x\in(-\infty,+\infty)$，$f'(x)=3x^3-3=3(x-1)(x+1)$.

当 $x<-1$ 时，$f'(x)>0$，当 $-1<x<1$ 时，$f'(x)<0$，当 $x>1$ 时，$f'(x)>0$，故单调递增区间为 $(-\infty,1),(1,+\infty)$，单调递减区间为 $(-1,1)$，极大值 $f(-1)=2$，极小值 $f(1)=-2$.

例 3-14 已知函数 $f(x)=ax^2-bx+3$ 在 $x=1$ 处取得极值 2，求 a,b 的值.

解 由题意可知，$f'(x)=2ax-b$，$f(x)$ 在 $x=1$ 处可导，故 $\begin{cases}f(1)=2\\f'(1)=0\end{cases}$，代入方程得

$$\begin{cases}a-b+3=2\\2a-b=0\end{cases}\Rightarrow\begin{cases}a=1\\b=2\end{cases}.$$

3. 极值与函数极限的局部保号性结合

函数极限局部保号性：若 $\lim\limits_{x\to x_0}f(x)=A>0$(或 <0)，则 $\exists\delta>0$，使得当 $0<|x-x_0|<\delta$ 时，总有 $f(x)>0$(或 $f(x)<0$).

例 3-15 已知 $f(x)$ 连续，且 $\lim\limits_{x\to a}\dfrac{f(x)-f(a)}{(x-a)^2}=-1$，则在 $x=a$ 处(C).

A. $f(x)$ 在 $x=a$ 处可导且 $f'(a)\neq 0$　　　　B. $f(x)$ 在 $x=a$ 处不可导

C. $f(a)$ 为 $f(x)$ 的极大值　　　　　　　　D. $f(a)$ 为 $f(x)$ 的极小值

解 $\lim\limits_{x\to a}\dfrac{f(x)-f(a)}{(x-a)^2}=\lim\limits_{x\to a}\dfrac{\frac{f(x)-f(a)}{x-a}}{x-a}=-1$，$\dfrac{0}{0}$ 的结果才会是一个常数，因此

$\lim\limits_{x\to a}\dfrac{f(x)-f(a)}{x-a}=0$，排除 A，B；

当 $x\to a^-$ 时，$(x-a)^2\to 0^+$，得 $f(x)-f(a)\to 0^-<0$，$f(x)<f(a)$，

当 $x\to a^+$ 时，$(x-a)^2\to 0^+$，得 $f(x)-f(a)\to 0^-<0$，$f(x)<f(a)$，局部最大，$f(a)$ 为极大值，选 C.

例 3-16 已知 $f(x)$ 连续,且 $\lim\limits_{x\to 0}\dfrac{f(x)-1}{x^2}=-3$,则(C).

A. $f(x)$ 在 $x=0$ 处可导且 $f'(0)\neq 0$ B. $f(x)$ 在 $x=0$ 处不可导
C. $f(0)$ 为 $f(x)$ 的极大值 D. $f(0)$ 为 $f(x)$ 的极小值

解 与例 3-15 同理,$a=0$ 即可.

3.3 最 值

由闭区间上连续函数的性质可知,$f(x)$ 在 $[a,b]$ 上的最大值和最小值一定存在.
求 $f(x)$ 在 $[a,b]$ 上的最大值和最小值步骤:
① 求 $f'(x)$;
② 求出一阶导为零和一阶导不存在的点(不可导点)的函数值与端点处的函数值;
③ 比较②中的函数值大小,最大的为最大值,最小的为最小值.

例 3-17 求函数 $f(x)=2x^3-3x^2$ 在闭区间 $[-1,4]$ 上的最大、最小值.

解 $f'(x)=6x^2-6x=6x(x-1)$,一阶导为零的点为 $x=0,x=1$,那么 $f(0)=0,f(1)=-1$,端点处的函数值 $f(-1)=-5,f(4)=80$,故最大值为 $f(4)=80$,最小值为 $f(-1)=-5$.

例 3-18 求函数 $f(x)=x-\cos x$ 在闭区间 $[0,\pi]$ 上的最大、最小值.

解 $f'(x)=1+\sin x$,在 $[0,\pi]$ 上 $f'(x)>0$ 恒成立,故最小值为 $f(0)=-1$,最大值为 $f(\pi)=\pi+1$.

例 3-19 求函数 $f(x)=x+2\cos x$ 在闭区间 $\left[0,\dfrac{\pi}{2}\right]$ 上的最大、最小值.

解 $f'(x)=1-2\sin x$,一阶导为零的点为 $x=\dfrac{\pi}{6}$,那么 $f\left(\dfrac{\pi}{6}\right)=\dfrac{\pi}{6}+\sqrt{3}$,端点处的函数值 $f(0)=2,f\left(\dfrac{\pi}{2}\right)=\dfrac{\pi}{2}$,故最大值为 $f\left(\dfrac{\pi}{6}\right)=\dfrac{\pi}{6}+\sqrt{3}$,最小值为 $f\left(\dfrac{\pi}{2}\right)=\dfrac{\pi}{2}$.

3.4 凹凸性与拐点

设 $f(x)$ 在区间 I 上连续,若对 I 上任意两点 x_1,x_2 恒有 $\dfrac{f(x_1)+f(x_2)}{2}>f\left(\dfrac{x_1+x_2}{2}\right)$,则称 $f(x)$ 在 I 上的图形是凹的(见图 3-2);若恒有 $\dfrac{f(x_1)+f(x_2)}{2}<f\left(\dfrac{x_1+x_2}{2}\right)$,则称 $f(x)$ 在 I 上的图形是凸的(见图 3-3).

判别定理:设 $f(x)$ 在 $[a,b]$ 上连续,在 (a,b) 内具有一阶和二阶导数,那么:
① 若在 (a,b) 内 $f''(x)>0$,则 $f(x)$ 在 (a,b) 上的图形是凹的,因为连续,所以在 $[a,b]$ 上的图形也是凹的;

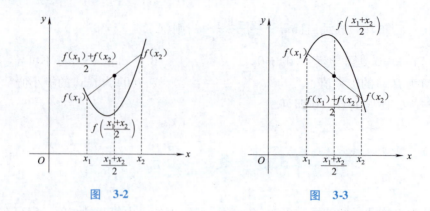

图 3-2　　　　　　　　　　　图 3-3

②若在(a,b)内$f''(x)<0$,则$f(x)$在(a,b)上的图形是凸的,因为连续,所以在$[a,b]$上的图形也是凸的.

一般地,设$y=f(x)$在区间I上连续,x_0是I内的点,如果曲线$y=f(x)$在经过点$(x_0,f(x_0))$时,曲线的凹凸性改变了,那么就称点$(x_0,f(x_0))$为该曲线的拐点.

拐点:凹凸性发生改变的点,记作$(x_0,f(x_0))$.(目前只有拐点是坐标的形式,其他的如零点、极值点都是$x=x_0$)

思考:由前面的极值点可以得知:

$f(x)$的极值点处,点x_0的左右两边$f'(x)$的符号发生改变,那么同理可得,$f'(x)$的极值点处,点x_0的左右两边$f''(x)$的符号发生改变,即凹凸性发生改变,故拐点往往出现在二阶导为零和二阶导不存在的点.

由此,可以得出求凹凸性与拐点的一般步骤:

①求$f(x)$的定义域;

②求$f''(x)$;

③找出二阶导为零和二阶导不存在的点;

④判断这些点左右两边二阶导$f''(x)$的正负号.

例 3-20　求函数$f(x)=x^3+3x^2$的凹凸区间与拐点.

解　定义域$x\in(-\infty,+\infty)$,$f'(x)=3x^2+6x$,$f''(x)=6x+6=6(x+1)$,

当$x<-1$时,$f''(x)<0$,当$x>-1$时,$f''(x)>0$,故凹区间为$(-1,+\infty)$,凸区间为$(-\infty,-1)$,拐点为$(-1,2)$.

例 3-21　求函数$f(x)=xe^{-x}$的凹凸区间与拐点.

解　定义域$x\in(-\infty,+\infty)$,$f'(x)=e^{-x}-xe^{-x}$,$f''(x)=-e^{-x}-e^{-x}+xe^{-x}=e^{-x}(x-2)$,

当$x<2$时,$f''(x)<0$,当$x>2$时,$f''(x)>0$,故凹区间为$(2,+\infty)$,凸区间为$(-\infty,2)$,拐点为$(2,2e^{-2})$.

例 3-22　求函数$f(x)=\ln(1+x^2)$的凹凸区间与拐点.

解　定义域$x\in(-\infty,+\infty)$,$f'(x)=\dfrac{2x}{1+x^2}$,$f''(x)=\dfrac{2(1+x^2)-4x^2}{(1+x^2)^2}=\dfrac{2(1-x^2)}{(1+x^2)^2}$,

当$x<-1$时,$f''(x)<0$,当$-1<x<1$时,$f''(x)>0$,当$x>1$时,$f''(x)<0$,故凹区间为$(-1,1)$,凸区间为$(-\infty,-1)$,$(1,+\infty)$,拐点为$(\pm1,\ln 2)$.

3.5 讨论方程根的个数

等号两边的式子移至一边,将方程根的个数问题转化为零点问题,即与 x 轴的交点. 所以需要画出所设 $f(x)$ 的大致图像,再用零点定理求出零点个数.
① 求 $f(x)$ 的定义域;
② 求 $f'(x)$,得 $f(x)$ 的单调性并判断极值点与边界处的正负;
③ 画出 $f(x)$ 的大致图像;
④ 用零点定理判断零点个数.

例 3-23 讨论方程 $x^3 - 3x = -1$ 的实根个数.

解 令 $f(x) = x^3 - 3x + 1, x \in (-\infty, +\infty), f'(x) = 3x^2 - 3 = 3(x-1)(x+1)$,
当 $x < -1$ 时,$f'(x) > 0$,当 $-1 < x < 1$ 时,$f'(x) < 0$,当 $x > 1$ 时,$f'(x) > 0$,
$f(-1) = 3 > 0, f(1) = -1 < 0, \lim\limits_{x \to -\infty} f(x) = -\infty < 0, \lim\limits_{x \to +\infty} f(x) = +\infty > 0$,
因为 $f(x)$ 在 $(-\infty, -1]$ 上连续单调递增,且 $f(-1) \cdot \lim\limits_{x \to -\infty} f(x) < 0$,所以由零点定理可知,有且仅有一点 $\xi_1 \in (-\infty, -1)$,使得 $f(\xi_1) = 0$,同理可得,$\xi_2 \in (-1, 1), \xi_3 \in (1, +\infty)$,
综上,$f(x)$ 有三个零点,即方程 $x^3 - 3x = -1$ 有三个实根.

例 3-24 讨论方程 $\ln x - \dfrac{x}{e} + 1 = 0$ 的实根个数.

解 令 $f(x) = \ln x - \dfrac{x}{e} + 1, x \in (0, +\infty), f'(x) = \dfrac{1}{x} - \dfrac{1}{e} = \dfrac{e-x}{ex}$,
当 $0 < x < e$ 时,$f'(x) > 0$,当 $x > e$ 时,$f'(x) < 0$,$f(e) = 1 > 0, \lim\limits_{x \to 0^+} f(x) = -\infty < 0$,
$\lim\limits_{x \to +\infty} f(x) = -\infty < 0$(对数增长没有幂函数快).
因为 $f(x)$ 在 $(0, e]$ 上连续单调递增,且 $f(e) \cdot \lim\limits_{x \to 0^+} f(x) < 0$,所以由零点定理可知,有且仅有一点 $\xi_1 \in (0, e)$,使得 $f(\xi_1) = 0$,同理可得,$\xi_2 \in (e, +\infty)$,使得 $f(\xi_2) = 0$,
综上,$f(x)$ 有 2 个零点,即方程 $\ln x - \dfrac{x}{e} + 1 = 0$ 有两个实根.

例 3-25 讨论方程 $x^3 - 9x - 1 = 0$ 的实根个数.

解 令 $f(x) = x^3 - 9x - 1, x \in (-\infty, +\infty), f'(x) = 3x^2 - 9 = 3(x + \sqrt{3})(x - \sqrt{3})$,
当 $x < -\sqrt{3}$ 时,$f'(x) > 0$,当 $-\sqrt{3} < x < \sqrt{3}$ 时,$f'(x) < 0$,当 $x > \sqrt{3}$ 时,$f'(x) > 0$,$f(-\sqrt{3}) = -3\sqrt{3} + 9\sqrt{3} - 1 > 0, f(\sqrt{3}) = 3\sqrt{3} - 9\sqrt{3} - 1 < 0, \lim\limits_{x \to -\infty} f(x) = -\infty < 0, \lim\limits_{x \to +\infty} f(x) = +\infty > 0$,因为 $f(x)$ 在 $(-\infty, -1]$ 上连续单调递增,且 $f(-1) \cdot \lim\limits_{x \to -\infty} f(x) < 0$,所以由零点定理可知,有且仅有一点 $\xi_1 \in (-\infty, -\sqrt{3})$,使得 $f(\xi_1) = 0$,同理可得,$\xi_2 \in (-\sqrt{3}, \sqrt{3}), \xi_3 \in (\sqrt{3}, +\infty)$,综上,$f(x)$ 有三个零点,即方程 $x^3 - 9x - 1 = 0$ 有三个实根.

例 3-26 讨论方程 $x\sin x + \cos x = x^2$ 的实根个数.

解 令 $f(x) = x\sin x + \cos x - x^2, x \in (-\infty, +\infty), f'(x) = x(\cos x - 2)$,
当 $x < 0$ 时,$f'(x) > 0$,当 $x > 0$ 时,$f'(x) < 0, f(0) = 1 > 0, \lim\limits_{x \to -\infty} f(x) = -\infty < 0, \lim\limits_{x \to +\infty} f(x) = -\infty < 0$,因为 $f(x)$ 在 $(-\infty, 0]$ 上连续单调递增,且 $f(0) \cdot \lim\limits_{x \to -\infty} f(x) < 0$,所以由零点定理可知,有且仅有一点 $\xi_1 \in (-\infty, 0)$,使得 $f(\xi_1) = 0$,同理可得,$\xi_2 \in (0, +\infty)$,

综上,$f(x)$ 有两个零点,即方程 $x\sin x + \cos x = x^2$ 有两个实根.

例 3-27 讨论方程 $x^3 - x^2 - x + k = 0, k > 0$ 的实根个数.

解 $x^3 - x^2 - x = -k$,令 $f(x) = x^3 - x^2 - x, x \in (-\infty, +\infty)$,
$f'(x) = 3x^2 - 2x - 1 = (3x+1)(x-1)$,当 $x < -\dfrac{1}{3}$ 时,$f'(x) > 0$,当 $-\dfrac{1}{3} < x < 1$ 时,$f'(x) < 0$,
当 $x > 1$ 时,$f'(x) > 0, f\left(-\dfrac{1}{3}\right) = \dfrac{5}{27} > 0, f(1) = -1 < 0, \lim\limits_{x \to -\infty} f(x) = -\infty < 0, \lim\limits_{x \to +\infty} f(x) = +\infty > 0$,
故当 $-1 < -k < 0 \Rightarrow 0 < k < 1$ 时,有三个实根,当 $-k = -1 \Rightarrow k = 1$ 时,有两个实根,当 $-k < -1 \Rightarrow k > 1$ 时,有一个实根.

3.6 不等式的证明

1. 最值法

若要证明 $f(x) > g(x)$.

① 令 $F(x) = f(x) - g(x)$,即证 $F(x) > 0$,若 $F(x)$ 的最小值都大于零,则不等式得证.
② 令 $F(x) = g(x) - f(x)$,即证 $F(x) < 0$,若 $F(x)$ 的最大值都小于零,则不等式得证.
故将不等式的证明问题转化为最值问题.

例 3-28 证明:当 $x > 0$ 时,$x > \ln(1+x)$.

证明 令 $f(x) = x - \ln(1+x), f'(x) = 1 - \dfrac{1}{1+x} = \dfrac{x}{1+x}$,当 $x > 0$ 时,$f'(x) > 0$ 恒成立,
故 $f(x) > f(0) = 0$,即 $x > \ln(1+x)$ 得证.

例 3-29 证明:$e^x \geq 1 + x$.

证明 令 $f(x) = e^x - 1 - x, x \in (-\infty, +\infty), f'(x) = e^x - 1$,当 $x < 0$ 时,$f'(x) < 0$,当 $x > 0$ 时,$f'(x) > 0$,故 $f(x) \geq f(0) = 0$,即 $e^x \geq 1 + x$ 得证.

例 3-30 证明:当 $0 < x < \dfrac{\pi}{2}$ 时,$x > \sin x$.

证明 令 $f(x) = x - \sin x, f'(x) = 1 - \cos x > 0$ 恒成立,故 $f(x) > f(0) = 0$,即 $x > \sin x$ 得证.

例 3-31 证明:当 $0 < x < \dfrac{\pi}{2}$ 时,$\tan x > x$.

证明 令 $f(x) = \tan x - x$,$f'(x) = \sec^2 x - 1 = \tan^2 x > 0$ 恒成立,故 $f(x) > f(0)$,即 $\tan x > x$ 得证.

由此,当 $0 < x < \dfrac{\pi}{2}$ 时,$\tan x > x > \sin x$;当 $x > 0$ 时,$e^x - 1 > x > \ln(1+x)$;

当 $x > 0$ 时,$\dfrac{1}{1+x} < \dfrac{\ln(1+x)}{x} < 1$.

(由于 $\ln(1+x)$ 的定义域是 $x > -1$,所以一般情况下,讨论 $x > 0$ 的情况较多.)

例 3-32 证明:当 $x > 0$ 时,$\arctan x + \dfrac{1}{x} > \dfrac{\pi}{2}$.

证明 令 $f(x) = \arctan x + \dfrac{1}{x} - \dfrac{\pi}{2}$,$f'(x) = \dfrac{1}{1+x^2} - \dfrac{1}{x^2} = \dfrac{-1}{x^2(1+x^2)} < 0$ 恒成立,

故 $f(x) > \lim\limits_{x \to +\infty} f(x) = \dfrac{\pi}{2} + 0 - \dfrac{\pi}{2} = 0$,即 $\arctan x + \dfrac{1}{x} > \dfrac{\pi}{2}$ 得证.

> **注**:在变形的过程中,除了直接把不等号两边移到一边,也可以有其他形式,怎么计算方便怎么变.

例 3-33 证明:当 $x > 0$ 时,$\dfrac{\arctan x}{1+x} < \ln(1+x)$.

证明 令 $f(x) = (1+x)\ln(1+x) - \arctan x$,$f'(x) = \ln(1+x) + 1 - \dfrac{1}{1+x^2}$,$f''(x) = \dfrac{1}{1+x} + \dfrac{2x}{(1+x^2)^2}$,因为 $x > 0$,所以 $f''(x) > 0$ 恒成立,即 $f'(x)$ 单调递增,得 $f'(x) > f'(0) = 0$,$f(x)$ 单调递增,$f(x) > f(0) = 0$,当 $x > 0$ 时,$\dfrac{\arctan x}{1+x} < \ln(1+x)$ 得证.

例 3-34 证明:当 $0 < x < 1$ 时,$\dfrac{\ln(1+x)}{\arcsin x} > \sqrt{\dfrac{1-x}{1+x}}$.

证明 $\dfrac{\ln(1+x)}{\arcsin x} > \sqrt{\dfrac{1-x}{1+x}} \Rightarrow \dfrac{\ln(1+x)}{\arcsin x} > \sqrt{\dfrac{1-x^2}{(1+x)^2}} \Rightarrow \dfrac{\ln(1+x)}{\arcsin x} > \dfrac{\sqrt{1-x^2}}{1+x}$

$\Rightarrow (1+x)\ln(1+x) > \sqrt{1-x^2}\arcsin x$,令 $f(x) = (1+x)\ln(1+x) - \sqrt{1-x^2}\arcsin x$,

$f'(x) = \ln(1+x) + 1 - \dfrac{-2x}{2\sqrt{1-x^2}}\arcsin x - 1 = \ln(1+x) + \dfrac{x}{\sqrt{1-x^2}}\arcsin x > 0$ 恒成立,

所以 $f(x) > f(0) = 0$,当 $0 < x < 1$ 时,$\dfrac{\ln(1+x)}{\arcsin x} > \sqrt{\dfrac{1-x}{1+x}}$ 得证.

2. 常数变函数(不等式中含有 a,b)

① 将 a 与 b 分离,设辅助函数.

② 若 a 与 b 无法分离,考虑将 b 换成 x.

例 3-35 已知 $0<a<b$，证明：$\arctan b - \arctan a < b - a$.

证明 将 a 与 b 分离，$\arctan b - b < \arctan a - a$，令 $f(x) = \arctan x - x, x > 0$，即证 $f(b) < f(a)$，因为 $0 < a < b$，所以证明 $f(x)$ 单调递减，$f'(x) = \dfrac{1}{1+x^2} - 1 = \dfrac{-x^2}{1+x^2} < 0$ 恒成立，故 $\arctan b - \arctan a < b - a$ 得证.

例 3-36 已知 $e < b < a$，证明：$a^b < b^a$.

证明 此时 a, b 出现在底数与次数上，要将其分离需两边取对数 $\ln, b\ln a < a\ln b \Rightarrow \dfrac{\ln a}{a} < \dfrac{\ln b}{b}$，令 $f(x) = \dfrac{\ln x}{x}, x > e$，即证 $f(a) < f(b)$.

因为 $e < b < a$，所以证明 $f(x)$ 单调递减，$f'(x) = \dfrac{1-\ln x}{x^2}$，在 $x > e$ 时，$f'(x) < 0$ 恒成立，故 $a^b < b^a$ 得证.

例 3-37 已知 $0<a<b$，证明：$\ln\dfrac{b}{a} > \dfrac{2(b-a)}{a+b}$.

证明 a 与 b 无法分离，考虑将 b 换成 x，令 $f(x) = \ln\dfrac{x}{a} - \dfrac{2(x-a)}{a+x}, x > 0$，即证 $f(b) > 0$，$f(a) = \ln\dfrac{a}{a} - \dfrac{2(a-a)}{a+a} = 0$，也即证 $f(b) > f(a)$，因为 $0 < a < b$，所以证明 $f(x)$ 单调递增，$f'(x) = \dfrac{1}{x} - \dfrac{2(a+x) - 2(x-a)}{(a+x)^2} = \dfrac{1}{x} - \dfrac{4a}{(a+x)^2} = \dfrac{(a+x)^2 - 4ax}{x(a+x)^2} = \dfrac{a^2 - 2ax + x^2}{x(a+x)^2} = \dfrac{(a-x)^2}{x(a+x)^2} > 0$ 恒成立，故 $\ln\dfrac{b}{a} > \dfrac{2(b-a)}{a+b}$ 得证.

3.7 微分中值定理

费马引理：若函数 $f(x)$ 在闭区间 $[a,b]$ 上连续，在开区间 (a,b) 内可导，且在 (a,b) 内取得极值 $f(x_0)$，则必有 $f'(x_0) = 0$.

1. 罗尔中值定理

如果函数 $f(x)$ 满足：
① 在闭区间 $[a,b]$ 上连续；
② 在开区间 (a,b) 内可导；
③ 在区间端点处的函数值相等，即 $f(a) = f(b)$，

那么在 (a,b) 内至少有一点 ξ，使得 $f'(\xi) = 0$. 如图 3-4 和图 3-5 所示.

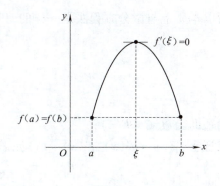
图 3-4

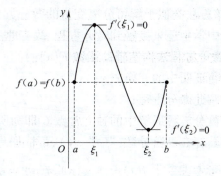
图 3-5

例 3-38 验证 $f(x) = \sin x$ 在 $\left[\dfrac{\pi}{6}, \dfrac{5\pi}{6}\right]$ 上满足罗尔中值定理的条件,并求中值 ξ.

解 $f(x) = \sin x$ 在 $\left[\dfrac{\pi}{6}, \dfrac{5\pi}{6}\right]$ 上连续,在 $\left(\dfrac{\pi}{6}, \dfrac{5\pi}{6}\right)$ 内可导,且 $f\left(\dfrac{\pi}{6}\right) = f\left(\dfrac{5\pi}{6}\right) = \dfrac{1}{2}$,

则 $f(x) = \sin x$ 在 $\left[\dfrac{\pi}{6}, \dfrac{5\pi}{6}\right]$ 上满足罗尔中值定理的条件,得 $f'(\xi) = \cos \xi = 0, \xi = \dfrac{\pi}{2}$.

例 3-39 若 $f(x) = 4ax^3 + 3bx^2 + 2cx + d$,且 $a + b + c + d = 0$,证明:在 $(0,1)$ 内 $f(x)$ 至少有一个根.

证明 $F(x) = ax^4 + bx^3 + cx^2 + dx$ 在 $[0,1]$ 上连续,在 $(0,1)$ 内可导,且 $F(0) = F(1) = 0$,所以由罗尔中值定理可知,$\exists \xi \in (0,1)$,使得 $F'(\xi) = 0$,即 $f(\xi) = 0$.

例 3-40 设 $f(x)$ 在 $[0,2]$ 上连续,在 $(0,2)$ 内可导,且 $3f(0) = f(1) + 2f(2)$,证明:$\exists \xi \in (0,2)$,使得 $f'(\xi) = 0$.

证明 (题目中出现多个函数值相加,考虑用介值定理)

因为 $f(x)$ 在 $[0,2]$ 上连续,所以存在最大最小值,$m \leqslant f(x) \leqslant M$,

$3m \leqslant f(1) + 2f(2) \leqslant 3M \Rightarrow m \leqslant \dfrac{f(1) + 2f(2)}{3} \leqslant M$.

由介值定理可知,$\exists c \in [1,2]$,使得 $f(c) = \dfrac{f(1) + 2f(2)}{3} = f(0)$.

因为 $f(x)$ 在 $[0,2]$ 上连续,在 $(0,2)$ 内可导,且 $f(0) = f(c)$,所以由罗尔中值定理可知,$\exists \xi \in (0,c) \subset (0,2)$,使得 $f'(\xi) = 0$.

例 3-41 设 $f(x)$ 在 $[0,1]$ 上连续,在 $(0,1)$ 内可导,且 $f(0) = 0, f(1) = 1$,证明:$\exists \xi \in (0,1)$,使得 $f'(\xi) = 2\xi$.

证明 $f'(\xi) = 2\xi \Rightarrow F'(\xi) = f'(\xi) - 2\xi = 0$,令 $F(x) = f(x) - x^2, F(0) = 0, F(1) = 0$,

因为 $F(x)$ 在 $[0,1]$ 上连续,在 $(0,1)$ 内可导,且 $F(0) = F(1)$,所以由罗尔中值定理可知,$\exists \xi \in (0,1)$,使得 $F'(\xi) = 0$,即 $f'(\xi) = 2\xi$.

除了这类可直接用罗尔中值定理的题目外,如果证明的结论中出现 $f(\xi)$ 和 $f'(\xi)$,其往往是相乘求导后的结果,那么辅助函数 $F(x)$ 该如何构造?

还原法构造辅助函数 $F(x)$:

① 将证明中的 ξ 换成 x;

② 若等式可表示为 $[\ln f(x)]' + [\ln g(x)]' = 0$,则辅助函数 $F(x) = f(x) \cdot g(x)$.

(该方法类似于解可分离变量的微分方程,所以本质上与微分方程法是一样的,只是一轮学习中学生还未接触到微分方程,故有此法.)

*微分方程法构造辅助函数 $F(x)$:
① 将证明中的 ξ 换成 x;
② 解此微分方程;
③ 微分方程通解中的独立常数 C 即为所找的辅助函数, $C = F(x)$;
④ 若存在高阶导数(如 $f''(x)$),可根据具体情况令 $f''(x) = g'(x), f'(x) = g(x)$;若有变限积分可考虑令 $\int_0^x f(t)\mathrm{d}t = g(x), f(x) = g'(x)$.

例 3-42 已知函数 $f(x)$ 在 $[0,1]$ 上连续,$(0,1)$ 内可导,且 $f(0) = f(1) = 0$,证明:$\exists \xi \in (0,1)$,使得 $f(\xi) + \xi f'(\xi) = 0$.

证明 构造辅助函数,$f(x) + xf'(x) = 0 \Rightarrow \dfrac{1}{x} + \dfrac{f'(x)}{f(x)} = 0 \Rightarrow (\ln x)' + [\ln f(x)]' = 0$.

令 $F(x) + xf(x)$,因为 $F(x)$ 在 $[0,1]$ 上连续,$(0,1)$ 内可导,且 $F(0) = F(1)$,所以由罗尔中值定理可知,$\exists \xi \in (0,1)$,使得 $F'(\xi) = 0$,即 $f(\xi) + \xi f'(\xi) = 0$ 得证.

例 3-43 已知函数 $f(x)$ 在 $[0,1]$ 上连续,$(0,1)$ 内可导,且 $f(0) = f(1) = 0$,证明:$\exists \xi \in (0,1)$,使得 $2f(\xi) + \xi f'(\xi) = 0$.

证明 构造辅助函数,$2f(x) + xf'(x) = 0 \Rightarrow \dfrac{2}{x} + \dfrac{f'(x)}{f(x)} = 0 \Rightarrow (2\ln x)' + [\ln f(x)]' = 0$
$$\Rightarrow (\ln x^2)' + [\ln f(x)]' = 0.$$

令 $F(x) = x^2 f(x)$,因为 $F(x)$ 在 $[0,1]$ 上连续,$(0,1)$ 内可导,且 $F(0) = F(1)$,所以由罗尔中值定理可知,$\exists \xi \in (0,1)$,使得 $F'(\xi) = 0$.
即 $2\xi f(\xi) + \xi^2 f'(\xi) = 0 \Rightarrow \xi[2f(\xi) + \xi f'(\xi)] = 0$,因为 $\xi \neq 0$,故 $2f(\xi) + \xi f'(\xi) = 0$ 得证.

例 3-44 已知函数 $f(x)$ 在 $[a,b]$ 上连续,(a,b) 内可导,且 $f(a) = f(b) = 0$,证明:$\exists \xi \in (a,b)$,使得 $f'(\xi) + 2f(\xi) = 0$.

证明 构造辅助函数,$f'(x) + 2f(x) = 0 \Rightarrow \dfrac{f'(x)}{f(x)} + 2 = 0 \Rightarrow [\ln f(x)]' + (2x)' = 0$
$$\Rightarrow [\ln f(x)]' + (\ln e^{2x})' = 0.$$

令 $F(x) = f(x)e^{2x}$,因为 $F(x)$ 在 $[a,b]$ 上连续,(a,b) 内可导,且 $F(a) = F(b)$,所以由罗尔中值定理可知,$\exists \xi \in (a,b)$,使得 $F'(\xi) = 0$.
即 $f'(\xi)e^{2\xi} + 2f(\xi)e^{2\xi} = 0 \Rightarrow e^{2\xi}[f'(\xi) + 2f(\xi)] = 0$,因为 $e^{2\xi} \neq 0$,故 $f'(\xi) + 2f(\xi) = 0$ 得证.

例 3-45 已知函数 $f(x)$ 在 $[a,b]$ 上连续,(a,b) 内可导,且 $f(a) = f(b) = 0$,证明:$\exists \xi \in (a,b)$,使得 $f'(\xi) + 2\xi f(\xi) = 0$.

证明 构造辅助函数,$f'(x) + 2xf(x) = 0 \Rightarrow \dfrac{f'(x)}{f(x)} + 2x = 0 \Rightarrow [\ln f(x)]' + (x^2)' = 0$
$$\Rightarrow [\ln f(x)]' + (\ln e^{x^2})' = 0.$$

令 $F(x) = f(x)e^{x^2}$,因为 $F(x)$ 在 $[a,b]$ 上连续,(a,b) 内可导,且 $F(a) = F(b)$,所以由罗尔中值定理可知,$\exists \xi \in (a,b)$,使得 $F'(\xi) = 0$.

即 $f'(\xi)e^{\xi^2} + 2\xi f(\xi)e^{\xi^2} = 0 \Rightarrow e^{\xi^2}[f'(\xi) + 2\xi f(\xi)] = 0$，因为 $e^{\xi^2} \neq 0$，故 $f'(\xi) + 2\xi f(\xi) = 0$ 得证.

例 3-46 已知函数 $f(x)$ 在 $[0,1]$ 上连续，$(0,1)$ 内可导，且 $f(0) = 0$，$f\left(\dfrac{1}{2}\right) = 1$，$f(1) = \dfrac{1}{2}$，证明：① $\exists c \in (0,1)$，使得 $f(c) = c$；

② $\exists \xi \in (0,1)$，使得 $f'(\xi) - 2f(\xi) + 2\xi = 1$.

证明 ① 令 $g(x) = f(x) - x$，$g\left(\dfrac{1}{2}\right) = 1 - \dfrac{1}{2} > 0$，$g(1) = \dfrac{1}{2} - 1 < 0$.

因为 $g(x)$ 在 $\left[\dfrac{1}{2}, 1\right]$ 上连续，且 $g\left(\dfrac{1}{2}\right) \cdot g(1) < 0$.

所以由零点定理可知，$\exists c \in \left(\dfrac{1}{2}, 1\right) \subset (0,1)$，使得 $g(c) = 0$，即 $f(c) = c$.

② 构造辅助函数，$f'(x) - 2f(x) + 2x = 1 \Rightarrow [f'(x) - 1] - 2[f(x) - x] = 0$

$\Rightarrow \dfrac{f'(x) - 1}{f(x) - x} + (-2) = 0 \Rightarrow \{\ln[f(x) - x]\}' + (-2x)' = 0 \Rightarrow \{\ln[f(x) - x]\}' + (\ln e^{-2x})' = 0$.

令 $F(x) = [f(x) - x]e^{-2x}$，$F(0) = 0$，$F(c) = 0$.

因为 $F(x)$ 在 $[0, c]$ 上连续，$(0, c)$ 内可导，且 $F(0) = F(c)$，

所以由罗尔中值定理可知，$\exists \xi \in (0, c) \subset (0,1)$，使得 $F'(\xi) = 0$，

即 $[f'(\xi) - 1]e^{-2\xi} - 2[f(\xi) - \xi]e^{-2\xi} = 0 \Rightarrow [f'(\xi) - 1 - 2f(\xi) + 2\xi]e^{-2\xi} = 0$.

因为 $e^{-2\xi} \neq 0$，所以 $f'(\xi) - 1 - 2f(\xi) + 2\xi = 0$，即 $f'(\xi) - 2f(\xi) + 2\xi = 1$ 得证.

例 3-47 已知函数 $f(x)$ 在 $[0,1]$ 上二阶可导，且 $f(0) = f(1)$，证明：$\exists \xi \in (0,1)$，使得 $2f'(\xi) + (\xi - 1)f''(\xi) = 0$.

证明 构造辅助函数，$2f'(x) + (x-1)f''(x) = 0$

$\Rightarrow \dfrac{2}{x-1} + \dfrac{f''(x)}{f'(x)} = 0 \Rightarrow [2\ln(x-1)]' + [\ln f'(x)]' = 0 \Rightarrow [\ln(x-1)^2]' + [\ln f'(x)]' = 0$.

因为 $f(x)$ 在 $[0,1]$ 上连续，$(0,1)$ 内可导，且 $f(0) = f(1)$，所以由罗尔中值定理可知，$\exists c \in (0,1)$，使得 $f'(c) = 0$.

令 $F(x) = (x-1)^2 f'(x)$，因为 $F(x)$ 在 $[c,1]$ 上连续，$(c,1)$ 内可导，且 $F(c) = F(1) = 0$，所以由罗尔中值定理可知，$\exists \xi \in (c,1) \subset (0,1)$，使得 $F'(\xi) = 0$，即

$2(\xi - 1)f'(\xi) + (\xi - 1)^2 f''(\xi) = 0 \Rightarrow (\xi - 1)[2f'(\xi) + (\xi - 1)f''(\xi)] = 0$.

因为 $\xi - 1 \neq 0$，所以 $2f'(\xi) + (\xi - 1)f''(\xi) = 0$ 得证.

*例 3-48 已知函数 $f(x), g(x)$ 在 $[a,b]$ 上二阶可导，且 $f(a) = f(b) = g(a) = g(b) = 0$.

证明 $\exists \xi \in (a,b)$，使得 $\dfrac{f(\xi)}{g(\xi)} = \dfrac{f''(\xi)}{g''(\xi)}$.

证明 构造辅助函数，$f(x)g''(x) - f''(x)g(x) = 0$

$\Rightarrow f(x)g''(x) + f'(x)g'(x) - [f'(x)g'(x) + f''(x)g(x)] = 0$

$\Rightarrow [f(x)g'(x)]' - [f'(x)g(x)]' = 0$.

令 $F(x) = f(x)g'(x) - f'(x)g(x)$，$F(a) = F(b) = 0$，可用罗尔中值证明.

例3-49 已知函数 $f(x)$ 在 $[0,1]$ 上二阶可导,且 $f(0) = f'(0) = f(1) = 0$,证明:$\exists \xi \in (a,b)$,使得 $f(\xi) = f''(\xi)$.

证明 构造辅助函数,$f(x) - f''(x) = 0 \Rightarrow f(x) + f'(x) - [f'(x) + f''(x)] = 0$

$\Rightarrow \dfrac{f'(x) + f''(x)}{f(x) + f'(x)} - 1 = 0 \Rightarrow \{\ln[f(x) + f'(x)]\}' + (-x)' = 0$

$\Rightarrow \{\ln[f(x) + f'(x)]\}' + (\ln e^{-x})' = 0$,令 $F(x) = [f(x) + f'(x)]e^{-x}$.

令 $g(x) = f(x)e^x$,因为 $g(x)$ 在 $[0,1]$ 上连续,$(0,1)$ 内可导,且 $g(0) = g(1) = 0$,所以由罗尔中值定理可知,$\exists c \in (0,1)$,使得 $g'(c) = 0$,即 $f(c) + f'(c) = 0$.

因为 $F(x)$ 在 $[0,c]$ 上连续,$(0,c)$ 内可导,且 $F(0) = F(c) = 0$,可用罗尔中值证明.

罗尔中值题型总结:

①因为微分中值定理的题目中都有函数在闭区间上连续的条件,所以要与前面第1章中闭区间上连续函数的性质(有界性与最大最小值定理、零点定理、介值定理)相结合.

②若出现正常的定积分,可优先考虑对其使用积分中值定理.

③证明的结论中只出现 f',可将等号两边的式子移至一边,直接积分构造辅助函数. 如:例3-41.

④证明的结论中出现 f 和 f'(或 f' 和 f'')这类相差一阶导的等式,可用还原法或微分方程法构造辅助函数.

*⑤证明的结论中出现 f 和 f'' 这类相差二阶导的等式,需要中间加上或减去某个式子,使得两个整体相差一阶导.

大家学习完微分方程后,可用微分方程法将上述例题再做一遍.

2. 拉格朗日中值

如果函数 $f(x)$ 满足:①在闭区间 $[a,b]$ 上连续;②在开区间 (a,b) 内可导,

那么在 (a,b) 内至少有一点 ξ,使得 $f'(\xi) = \dfrac{f(b) - f(a)}{b - a}$,如图3-6所示.

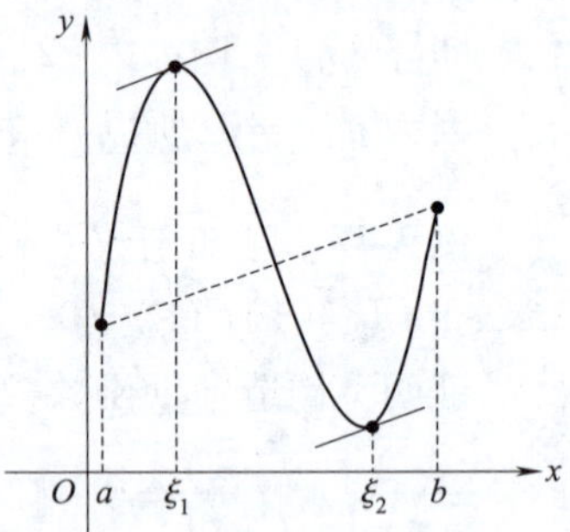

图 3-6

证明 令辅助函数 $F(x) = f(x) - f(a) - \dfrac{f(b) - f(a)}{b - a}(x - a)$.

因为 $F(x)$ 在 $[a,b]$ 上连续,(a,b) 内可导,且 $F(a) = F(b) = 0$,所以由罗尔中值定理可知,$\exists \xi \in (a,b)$,使得 $F'(\xi) = 0$.

即 $f'(\xi) - \dfrac{f(b) - f(a)}{b - a} = 0 \Rightarrow f'(\xi) = \dfrac{f(b) - f(a)}{b - a}$.

例3-50 已知函数 $f(x)$ 在 $[0,1]$ 上连续,$(0,1)$ 内可导,且 $f(0) = 0, f(1) = 1$,证明:$\exists \xi \in (0,1)$,使得 $f'(\xi) = 1$.

①**证明** 因为 $f(x)$ 在 $[0,1]$ 上连续,$(0,1)$ 内可导,所以由拉格朗日中值定理可知,$\exists \xi \in (0,1)$,使得 $f'(\xi) = \dfrac{f(1) - f(0)}{1 - 0} = \dfrac{1 - 0}{1 - 0} = 1$.

②**证明** 构造辅助函数,$f'(x) = 1 \Rightarrow f'(x) - 1 = 0$,

令 $F(x) = f(x) - x$，因为 $F(x)$ 在 $[0,1]$ 上连续，$(0,1)$ 内可导，且 $F(0) = F(1) = 0$，所以由罗尔中值定理可知，$\exists \xi \in (0,1)$，使得 $F'(\xi) = 0$，即 $f'(\xi) = 1$ 得证.

例 3-51 已知函数 $f(x)$ 在 $[a,b]$ 上连续，(a,b) 内可导，证明：$\exists \xi \in (a,b)$，使得 $\dfrac{bf(b) - af(a)}{b-a} = \xi f'(\xi) + f(\xi)$.

①**证明** 令 $F(x) = xf(x)$，因为 $F(x)$ 在 $[a,b]$ 上连续，(a,b) 内可导，

所以由拉格朗日中值定理可知，$\exists \xi \in (a,b)$，使得 $F'(\xi) = \dfrac{F(b) - F(a)}{b-a} = \dfrac{bf(b) - af(a)}{b-a}$.

即 $\xi f'(\xi) + f(\xi) = \dfrac{bf(b) - af(a)}{b-a}$ 得证.

②**证明** 构造辅助函数，$\dfrac{bf(b) - af(a)}{b-a} = xf'(x) + f(x) \Rightarrow xf'(x) + f(x) - \dfrac{bf(b) - af(a)}{b-a} = 0$,

$\Rightarrow \dfrac{f'(x)}{f(x) - \dfrac{bf(b) - af(a)}{b-a}} + \dfrac{1}{x} = 0 \Rightarrow \left[\ln\left(f(x) - \dfrac{bf(b) - af(a)}{b-a}\right)\right]' + (\ln x)' = 0$.

令 $F(x) = \left[f(x) - \dfrac{bf(b) - af(a)}{b-a}\right] \cdot x$，因为 $F(x)$ 在 $[a,b]$ 上连续，(a,b) 内可导，

且 $F(a) = \left[f(a) - \dfrac{bf(b) - af(a)}{b-a}\right] \cdot a = \dfrac{bf(b) - af(a) - bf(b) + af(a)}{b-a} \cdot a = \dfrac{ab[f(a) - f(b)]}{b-a}$

$F(b) = \left[f(b) - \dfrac{bf(b) - af(a)}{b-a}\right] \cdot b = \dfrac{bf(b) - af(b) - bf(b) + af(a)}{b-a} \cdot b = \dfrac{ab[f(a) - f(b)]}{b-a}$

$\Rightarrow F(a) = F(b)$，所以由罗尔中值定理可知，$\exists \xi \in (a,b)$，使得 $F'(\xi) = 0$.

即 $\xi f'(\xi) + f(\xi) - \dfrac{bf(b) - af(a)}{b-a} = 0 \Rightarrow \xi f'(\xi) + f(\xi) = \dfrac{bf(b) - af(a)}{b-a}$ 得证.

注：什么时候用拉格朗日中值定理？
①题中出现类似 $f(b) - f(a)$ 的形式；
②出现 $f(a), f(c), f(b)$ 或 $f'(\xi), f'(\eta)$ 同时出现，一般可以考虑用两次拉格朗日中值定理.

(1) 用拉格朗日中值定理证明不等式.

例 3-52 已知 $0 < a < b$，证明：$\arctan b - \arctan a < b - a$.

证明 $\arctan b - \arctan a < b - a \Rightarrow \dfrac{\arctan b - \arctan a}{b-a} < 1$，通过观察可以发现，$\dfrac{\arctan b - \arctan a}{b-a}$ 类似于拉格朗日中值定理中的 $\dfrac{f(b) - f(a)}{b-a}$.

令 $f(x) = \arctan x$，因为在 $f(x)$ 在 $[a,b]$ 上连续，(a,b) 内可导，所以由拉格朗日中值定理可知，$\exists \xi \in (a,b)$，使得 $f'(\xi) = \dfrac{f(b) - f(a)}{b-a} = \dfrac{\arctan b - \arctan a}{b-a}$.

即 $\dfrac{1}{1+\xi^2} = \dfrac{\arctan b - \arctan a}{b-a}$，因为 $0 < a < \xi < b, \xi^2 > 0$，所以 $\dfrac{1}{1+\xi^2} < \dfrac{1}{1+0} = 1$.

故 $\dfrac{\arctan b - \arctan a}{b-a} < 1 \Rightarrow \arctan b - \arctan a < b - a$ 得证.

例 3-53 证明:当 $x>0$ 时,$\dfrac{1}{1+x}<\ln\dfrac{1+x}{x}<\dfrac{1}{x}$.

证明 $\ln\dfrac{1+x}{x}=\ln(1+x)-\ln x=\dfrac{\ln(1+x)-\ln x}{(1+x)-x}$ 类似于拉格朗日中值的 $\dfrac{f(b)-f(a)}{b-a}$.

令 $f(t)=\ln t, t\in[x,1+x]$,因为 $f(t)$ 在 $[x,1+x]$ 上连续,$(x,1+x)$ 内可导,所以由拉格朗日中值定理可知,$\exists\xi\in(x,1+x)$,使 $f'(\xi)=\dfrac{f(1+x)-f(x)}{1+x-x}=\ln(1+x)-\ln x$,

即 $\dfrac{1}{\xi}=\ln(1+x)-\ln x$,因为 $x<\xi<1+x$,所以 $\dfrac{1}{1+x}<\dfrac{1}{\xi}<\dfrac{1}{x}$,

故 $\dfrac{1}{1+x}<\ln(1+x)-\ln x<\dfrac{1}{x}\Rightarrow\dfrac{1}{1+x}<\ln\dfrac{1+x}{x}<\dfrac{1}{x}$ 得证.

*(2)拉格朗日中值定理求极限.

例 3-54 设 $a>0$,求极限 $\lim\limits_{n\to\infty}n^2(\sqrt[n]{a}-\sqrt[n+1]{a})$.

解 对函数 $y=a^x$ 在 $\left[\dfrac{1}{n+1},\dfrac{1}{n}\right]$ 上使用拉格朗日中值定理可知 $a^\xi\ln a=\dfrac{a^{\frac{1}{n}}-a^{\frac{1}{n+1}}}{\dfrac{1}{n}-\dfrac{1}{n+1}}$,得

$\sqrt[n]{a}-\sqrt[n+1]{a}=a^\xi\ln a\left(\dfrac{1}{n}-\dfrac{1}{n+1}\right)$,其中 $\dfrac{1}{n+1}<\xi<\dfrac{1}{n}$,在 $n\to\infty$ 时,$\xi\to 0$. 故

$\lim\limits_{n\to\infty}n^2(\sqrt[n]{a}-\sqrt[n+1]{a})=\lim\limits_{n\to\infty}n^2\cdot a^\xi\ln a\left(\dfrac{1}{n}-\dfrac{1}{n+1}\right)=\lim\limits_{n\to\infty}\dfrac{\ln a\cdot n^2}{n(n+1)}=\ln a$.

例 3-55 求极限 $\lim\limits_{x\to\infty}x^2\left(\arctan\dfrac{a}{x}-\arctan\dfrac{a}{x+1}\right)$.

解 对函数 $y=\arctan t$ 在 $\left[\dfrac{a}{x+1},\dfrac{a}{x}\right]$ 上使用拉格朗日中值定理可知

$\dfrac{1}{1+\xi^2}=\dfrac{\arctan\dfrac{a}{x}-\arctan\dfrac{a}{x+1}}{\dfrac{a}{x}-\dfrac{a}{x+1}}$,得 $\arctan\dfrac{a}{x}-\arctan\dfrac{a}{x+1}=\dfrac{1}{1+\xi^2}\left(\dfrac{a}{x}-\dfrac{a}{x+1}\right)$,

其中 $\dfrac{a}{x+1}<\xi<\dfrac{a}{x}$,在 $x\to\infty$ 时,$\xi\to 0$,

故 $\lim\limits_{x\to\infty}x^2\left(\arctan\dfrac{a}{x}-\arctan\dfrac{a}{x+1}\right)=\lim\limits_{x\to\infty}\dfrac{x^2}{1+\xi^2}\left(\dfrac{a}{x}-\dfrac{a}{x+1}\right)=a$.

3. 柯西中值

如果函数 $f(x)$ 与 $g(x)$ 满足:①在闭区间 $[a,b]$ 上连续;②在开区间 (a,b) 内可导;③对任一 $x\in(a,b)$,$g'(x)\neq 0$,那么在 (a,b) 内至少有一点 ξ,使得 $\dfrac{f'(\xi)}{g'(\xi)}=\dfrac{f(b)-f(a)}{g(b)-g(a)}$.

证明 ①设曲线由参数方程 $\begin{cases}x=g(t)\\y=f(t)\end{cases}$ 表示,其中 t 为参数 $(a\leq t\leq b)$,则曲线上任一点 (x,y) 处的切线斜率为 $\dfrac{dy}{dx}=\dfrac{dy/dt}{dx/dt}=\dfrac{f'(t)}{g'(t)}$,两点连接形成的直线斜率为 $\dfrac{f(b)-f(a)}{g(b)-g(a)}$. 类似于

拉格朗日中值定理,得 $\dfrac{f'(\xi)}{g'(\xi)} = \dfrac{f(b)-f(a)}{g(b)-g(a)}$.

②令辅助函数 $F(x) = f(x) - f(a) - \dfrac{f(b)-f(a)}{g(b)-g(a)}[g(x)-g(a)]$.

因为 $F(x)$ 在 $[a,b]$ 上连续,(a,b) 内可导,且 $F(a)=F(b)=0$,所以由罗尔中值定理可知,$\exists \xi \in (a,b)$,使得 $F'(\xi)=0$,即 $f'(\xi) - \dfrac{f(b)-f(a)}{g(b)-g(a)} \cdot g'(\xi) = 0 \Rightarrow \dfrac{f'(\xi)}{g'(\xi)} = \dfrac{f(b)-f(a)}{g(b)-g(a)}$.

例 3-56 已知函数 $f(x)$ 在 $[a,b]$ 上连续,(a,b) 内可导,且 $0<a<b$,证明:$\exists \xi \in (a,b)$,使得 $f(b)-f(a) = \xi f'(\xi) \ln \dfrac{b}{a}$.

①**证明** $f(b)-f(a) = \xi f'(\xi) \ln \dfrac{b}{a} \Rightarrow \dfrac{f(b)-f(a)}{\ln b - \ln a} = \dfrac{f'(\xi)}{\dfrac{1}{\xi}}$,令 $g(x) = \ln x$.

因为 $f(x)$ 和 $g(x)$ 在 $[a,b]$ 上连续,(a,b) 内可导,且 $\forall x \in (a,b)$,$g'(x) \neq 0$,所以由柯西中值定理可知,$\exists \xi \in (a,b)$,使得 $\dfrac{f'(\xi)}{g'(\xi)} = \dfrac{f(b)-f(a)}{g(b)-g(a)}$.

即 $\dfrac{f'(\xi)}{\dfrac{1}{\xi}} = \dfrac{f(b)-f(a)}{\ln b - \ln a} \Rightarrow f(b)-f(a) = \xi f'(\xi) \ln \dfrac{b}{a}$ 得证.

②**证明** 构造辅助函数,$f(b)-f(a) = xf'(x) \ln \dfrac{b}{a} \Rightarrow f'(x) - \dfrac{f(b)-f(a)}{\ln b - \ln a} \cdot \dfrac{1}{x} = 0$.

令 $F(x) = f(x) - \dfrac{f(b)-f(a)}{\ln b - \ln a} \cdot \ln x$,因为 $F(x)$ 在 $[a,b]$ 上连续,(a,b) 内可导,

且 $F(a) = f(a) - \dfrac{f(b)-f(a)}{\ln b - \ln a} \cdot \ln a = \dfrac{f(a)\ln b - f(a)\ln a - f(b)\ln a + f(a)\ln a}{\ln b - \ln a}$
$= \dfrac{f(a)\ln b - f(b)\ln a}{\ln b - \ln a}$,

$F(b) = f(b) - \dfrac{f(b)-f(a)}{\ln b - \ln a} \cdot \ln b = \dfrac{f(b)\ln b - f(b)\ln a - f(b)\ln b + f(a)\ln b}{\ln b - \ln a}$
$= \dfrac{f(a)\ln b - f(b)\ln a}{\ln b - \ln a}$,

得 $F(a) = F(b)$,所以由罗尔中值定理可知,$\exists \xi \in (a,b)$,使得 $F'(\xi) = 0$.

即 $f'(\xi) - \dfrac{f(b)-f(a)}{\ln b - \ln a} \cdot \dfrac{1}{\xi} = 0 \Rightarrow f(b)-f(a) = \xi f'(\xi) \ln \dfrac{b}{a}$ 得证.

③**证明** 通过②可以进一步完善辅助函数.

令 $F(x) = f(x) - f(a) - \dfrac{f(b)-f(a)}{\ln b - \ln a} \cdot (\ln x - \ln a)$,那么 $F(a) = F(b) = 0$,相较②而言会简便一点.

例 3-57 已知函数 $f(x)$ 在 $[a,b]$ 上连续,(a,b) 内可导,且 $0<a<b$,证明:$\exists \xi \in (a,b)$,使得 $2\xi[f(b)-f(a)] = (b^2-a^2)f'(\xi)$.

①**证明** $2\xi[f(b)-f(a)] = (b^2-a^2)f'(\xi) \Rightarrow \dfrac{f(b)-f(a)}{b^2-a^2} = \dfrac{f'(\xi)}{2\xi}$,令 $g(x) = x^2$.

因为 $f(x)$ 和 $g(x)$ 在 $[a,b]$ 上连续,(a,b) 内可导,且 $\forall x \in (a,b)$,$g'(x) \neq 0$,所以由柯

西中值定理可知,$\exists \xi \in (a,b)$,使得$\dfrac{f'(\xi)}{g'(\xi)} = \dfrac{f(b)-f(a)}{g(b)-g(a)}$.

即$\dfrac{f'(\xi)}{2\xi} = \dfrac{f(b)-f(a)}{b^2-a^2} \Rightarrow 2\xi[f(b)-f(a)] = (b^2-a^2)f'(\xi)$得证.

②证明 构造辅助函数,$2x[f(b)-f(a)] = (b^2-a^2)f'(x)$

$\Rightarrow (b^2-a^2)f'(x) - 2x[f(b)-f(a)] = 0$,

令$F(x) = (b^2-a^2)f(x) - x^2 \cdot [f(b)-f(a)]$,因为$F(x)$在$[a,b]$上连续,$(a,b)$内可导,且$F(a) = b^2 f(a) - a^2 f(a) - a^2 f(b) + a^2 f(a) = b^2 f(a) - a^2 f(b)$,

$F(b) = b^2 f(b) - a^2 f(b) - b^2 f(b) + b^2 f(a) = b^2 f(a) - a^2 f(b)$,$F(a) = F(b)$,

所以由罗尔中值定理可知,$\exists \xi \in (a,b)$,使得$F'(\xi) = 0$,即$(b^2-a^2)f'(\xi) - 2\xi \cdot [f(b) - f(a)] = 0 \Rightarrow 2\xi[f(b) - f(a)] = (b^2-a^2)f'(\xi)$得证.

③证明 同样可以完善辅助函数. 令

$F(x) = (b^2-a^2)[f(x)-f(a)] - (x^2-a^2) \cdot [f(b)-f(a)]$,得$F(a) = F(b) = 0$.

例3-58 设函数$f(x)$在$[a,b]$上连续,在(a,b)内可导,其中$a > 0$,证明:$\exists \xi \in (a,b)$,使得$f(b) - f(a) = (1+\xi)f'(\xi)\ln\dfrac{1+b}{1+a}$.

证明 $f(b) - f(a) = (1+\xi)f'(\xi)\ln\dfrac{1+b}{1+a} \Rightarrow \dfrac{f(b)-f(a)}{\ln(1+b)-\ln(1+a)} = \dfrac{f'(\xi)}{\dfrac{1}{1+\xi}}$,

令$g(x) = \ln(1+x)$,因为$f(x),g(x)$在$[a,b]$上连续,在(a,b)内可导,且$\forall x \in (a,b)$,$g'(x) \neq 0$,所以由柯西中值定理可知,$\exists \xi \in (a,b)$,使得$\dfrac{f'(\xi)}{g'(\xi)} = \dfrac{f(b)-f(a)}{g(b)-g(a)}$,

即$\dfrac{f'(\xi)}{\dfrac{1}{1+\xi}} = \dfrac{f(b)-f(a)}{\ln(1+b)-\ln(1+a)}$.

***例3-59** 设函数$f(x)$在$[1,2]$上连续,在$(1,2)$内可导,证明:$\exists \xi \in (1,2)$,使得$f(2) - 2f(1) = \xi f'(\xi) - f(\xi)$.

证明 令$\xi f'(\xi) - f(\xi) = 0$,还原法构造辅助函数得$F(x) = \dfrac{f(x)}{x}$,$F'(x) = \dfrac{xf'(x)-f(x)}{x^2}$,

发现$xf'(x) - f(x) = x^2 F'(x) = \dfrac{F'(x)}{\left(-\dfrac{1}{x}\right)'}$,令$g(x) = -\dfrac{1}{x}$,对$F(x)$和$g(x)$用柯西中值定理即可.

***例3-60** 设函数$f(x)$在$[1,2]$上连续,在$(1,2)$内可导,且$f(1) = 0$,证明:$\exists \xi \in (1,2)$,使得$4f(2) = \xi^2 f(\xi) + \xi^3 f'(\xi)$.

证明 令$\xi^2 f(\xi) + \xi^3 f'(\xi) = 0$,用还原法构造辅助函数得$F(x) = xf(x)$,

$F'(x) = f(x) + xf'(x)$,发现$x^2 f(x) + x^3 f'(x) = x^2 F'(x) = \dfrac{F'(x)}{\dfrac{1}{x^2}} = \dfrac{F'(x)}{\left(-\dfrac{1}{x}\right)'}$.

令$g(x) = -\dfrac{1}{x}$,对$F(x)$和$g(x)$使用柯西中值定理即可.

> 注:对于柯西中值定理的题目而言,f 与 f' 同时出现,不妨把关于 ξ 的部分当作罗尔中值定理的结论来构造辅助函数,对构造出的 $F(x)$ 求导来找出 $g'(x)$ 的部分;若是只出现 $f'(\xi)$,那就从其他的 ξ 部分构造 $g'(x)$.
>
> 若证明的结论中出现多个中值的符号,往往是多次拉格朗日中值定理或拉格朗日中值定理与柯西中值定理结合,请根据具体的题目具体分析.

4. 泰勒展开式

泰勒中值定理 1:如果函数 $f(x)$ 在 x_0 处具有 n 阶导数,那么存在 x_0 的一个邻域,对于该邻域内的任一 x,有

$$f(x) = f(x_0) + f'(x_0)(x-x_0) + \frac{f''(x_0)}{2!}(x-x_0)^2 + \cdots + \frac{f^{(n)}(x_0)}{n!}(x-x_0)^n + R_n(x)$$

其中余项 $R_n(x) = o((x-x_0)^n)$. 上式称为 $f(x)$ 在 x_0 处(或按 $(x-x_0)$ 的幂展开)的带有佩亚诺余项的 n 阶泰勒公式.

泰勒中值定理 2:如果函数 $f(x)$ 在 x_0 的某个邻域 $U(x_0)$ 内具有 $(n+1)$ 阶导数,那么对于任一 $x \in U(x_0)$,有

$$f(x) = f(x_0) + f'(x_0)(x-x_0) + \frac{f''(x_0)}{2!}(x-x_0)^2 + \cdots + \frac{f^{(n)}(x_0)}{n!}(x-x_0)^n + R_n(x)$$

其中余项 $R_n(x) = \frac{f^{(n+1)}(\xi)}{(n+1)!}(x-x_0)^{n+1}$,$\xi$ 介于 x_0 与 x 之间. 上式称为 $f(x)$ 在 x_0 处(或按 $(x-x_0)$ 的幂展开)的带有拉格朗日余项的 n 阶泰勒公式.

在泰勒中值定理 1 中,如果取 $x_0 = 0$,则带有佩亚诺余项的 n **阶麦克劳林公式**为

$$f(x) = f(0) + f'(0)x + \frac{f''(0)}{2!}x^2 + \cdots + \frac{f^{(n)}(0)}{n!}x^n + o(x^n)$$

在泰勒中值定理 2 中,如果取 $x_0 = 0$,那么 ξ 介于 0 与 x 之间,则带有拉格朗日余项的 n 阶麦克劳林公式为

$$f(x) = f(0) + f'(0)x + \frac{f''(0)}{2!}x^2 + \cdots + \frac{f^{(n)}(0)}{n!}x^n + \frac{f^{(n+1)}(\xi)}{(n+1)!}x^{n+1}$$

例 3-61 写出函数 $f(x) = e^x$ 的带有拉格朗日余项的 n 阶麦克劳林公式.

解 $f(x) = e^x = 1 + x + \frac{x^2}{2!} + \cdots + \frac{x^n}{n!} + \frac{e^\xi \cdot x^{n+1}}{(n+1)!}$,$\xi$ 介于 0 与 x 之间.

例 3-62 设函数 $f(x)$ 在 $[-1,1]$ 上具有二阶连续导数,且 $f(0) = 0$,请写出 $f(x)$ 的带拉格朗日余项的一阶麦克劳林公式,并证明:$\exists \eta \in [-1,1]$,使得 $f''(\eta) = 3\int_{-1}^{1} f(x)dx$.

证明 $f(x) = f(0) + f'(0)x + \frac{f''(\xi)}{2!}x^2$,$\xi$ 介于 0 与 x 之间.

$$\int_{-1}^{1} f(x)dx = \int_{-1}^{1} f(0) + f'(0)x + \frac{f''(\xi)}{2!}x^2 dx = 2\int_{0}^{1} \frac{f''(\xi)}{2!}x^2 dx = f''(\xi)\frac{x^3}{3}\bigg|_0^1 = \frac{f''(\xi)}{3},$$

得 $f''(\xi) = 3\int_{-1}^{1} f(x)dx$,$\xi$ 即为所求的 η.

例 3-63 写出函数 $f(x)$ 的带拉格朗日余项的一阶泰勒公式.

解 $f(x) = f(x_0) + f'(x_0)(x-x_0) + \dfrac{f''(\xi)}{2!}(x-x_0)^2$，$\xi$ 介于 x_0 与 x 之间.

***例 3-64** 设函数 $f(x)$ 在 $[0,1]$ 上具有二阶连续导数，$f(0)=f(1)$，且 $|f''(x)| \leq 1$，求证：$|f'(x)| \leq \dfrac{1}{2}$.

证明 $f(x) = f(x_0) + f'(x_0)(x-x_0) + \dfrac{f''(\xi)}{2!}(x-x_0)^2$，$\xi$ 介于 x_0 与 x 之间.

得 $f(1) = f(x_0) + f'(x_0)(1-x_0) + \dfrac{f''(\xi_1)}{2!}(1-x_0)^2$，

$f(0) = f(x_0) + f'(x_0)(-x_0) + \dfrac{f''(\xi_2)}{2!}(-x_0)^2$.

因为 $f(0) = f(1)$，所以

$$f'(x_0)(1-x_0) + \dfrac{f''(\xi_1)}{2!}(1-x_0)^2 = f'(x_0)(-x_0) + \dfrac{f''(\xi_2)}{2!}(-x_0)^2$$

$\Rightarrow f'(x_0) = \dfrac{1}{2}[f''(\xi_2)x_0^2 - f''(\xi_1)(1-x_0)^2]$

$\Rightarrow |f'(x_0)| = \left|\dfrac{1}{2}[f''(\xi_2)x_0^2 - f''(\xi_1)(1-x_0)^2]\right| \leq \dfrac{1}{2}[|f''(\xi_2)x_0^2| + |f''(\xi_1)(1-x_0)^2|]$.

因为 $|f''(x)| \leq 1$，所以 $\dfrac{1}{2}[|f''(\xi_2)x_0^2| + |f''(\xi_1)(1-x_0)^2|] \leq \dfrac{1}{2}[x_0^2 + (1-x_0)^2]$.

因为 $0 \leq x_0 \leq 1$，所以 $x_0^2 \leq x_0$，$(1-x_0)^2 \leq 1-x_0$.

综上，$|f'(x_0)| \leq \dfrac{1}{2}[x_0 + (1-x_0)] = \dfrac{1}{2}$，即 $|f'(x)| \leq \dfrac{1}{2}$.

***泰勒展开式求极限：**

$e^x = \sum\limits_{n=0}^{\infty} \dfrac{x^n}{n!} = 1 + x + \dfrac{1}{2}x^2 + \cdots, x \in (-\infty, +\infty)$；

$\sin x = \sum\limits_{n=0}^{\infty} \dfrac{(-1)^n x^{2n+1}}{(2n+1)!} = x - \dfrac{1}{3!}x^3 + \dfrac{1}{5!}x^5 + \cdots, x \in (-\infty, +\infty)$；

$\cos x = \sum\limits_{n=0}^{\infty} \dfrac{(-1)^n x^{2n}}{(2n)!} = 1 - \dfrac{1}{2!}x^2 + \dfrac{1}{4!}x^4 + \cdots, x \in (-\infty, +\infty)$；

$\dfrac{1}{1-x} = \sum\limits_{n=0}^{\infty} x^n = 1 + x + x^2 + \cdots, x \in (-1, 1)$；

$\dfrac{1}{1+x} = \sum\limits_{n=0}^{\infty} (-1)^n x^n = 1 - x + x^2 - x^3 + \cdots, x \in (-1, 1)$；

$\ln(1+x) = \sum\limits_{n=1}^{\infty} \dfrac{(-1)^{n-1} x^n}{n} = x - \dfrac{1}{2}x^2 + \dfrac{1}{3}x^3 + \cdots, x \in (-1, 1]$；

$(1+x)^a = 1 + \sum\limits_{n=1}^{\infty} \dfrac{a(a-1)\cdots(a-n+1)}{n!} x^n = 1 + ax + \dfrac{a(a-1)}{2!}x^2 + \cdots, x \in (-1, 1)$；

$$\arctan x = \sum_{n=0}^{\infty} \frac{(-1)^n x^{2n+1}}{2n+1} = x - \frac{1}{3}x^3 + \frac{1}{5}x^5 + \cdots, x \in [-1,1];$$

$$\arcsin x = \sum_{n=0}^{\infty} \frac{(2n)!}{4^n (n!)^2 (2n+1)} x^{2n+1} = x + \frac{1}{6}x^3 + \frac{3}{40}x^5 + \frac{5}{112}x^7 + \frac{35}{1\,152}x^9 + \cdots, x \in (-1,1);$$

$$\tan x = x + \frac{1}{3}x^3 + \frac{2}{15}x^5 + \frac{17}{315}x^7 + \frac{62}{2\,835}x^9 + \frac{1\,382}{155\,925}x^{11} + \frac{21\,844}{6\,081\,075}x^{13} + \frac{929\,569}{638\,512\,875}x^{15} + \cdots,$$
$$x \in \left(-\frac{\pi}{2}, \frac{\pi}{2}\right).$$

例 3-65 求极限 $\lim\limits_{x \to 0} \dfrac{x^2 + 2\cos x - 2}{x^3 \ln(1+x)}$.

解 $\lim\limits_{x \to 0} \dfrac{x^2 + 2\cos x - 2}{x^4} = \lim\limits_{x \to 0} \dfrac{x^2 + 2\left[1 - \dfrac{1}{2}x^2 + \dfrac{1}{24}x^4 + o(x^4)\right] - 2}{x^4} = \dfrac{1}{12}.$

例 3-66 求极限 $\lim\limits_{x \to 0} \dfrac{\mathrm{e}^x - x - 1}{x^2}$.

解 $\lim\limits_{x \to 0} \dfrac{\mathrm{e}^x - x - 1}{x^2} = \lim\limits_{x \to 0} \dfrac{\left[1 + x + \dfrac{1}{2}x^2 + o(x^2)\right] - x - 1}{x^2} = \dfrac{1}{2}.$

例 3-67 求极限 $\lim\limits_{x \to 0} \left[\dfrac{\mathrm{e}^x}{\ln(1+x)} - \dfrac{1}{x}\right]$.

解 $\lim\limits_{x \to 0} \dfrac{x \mathrm{e}^x - \ln(1+x)}{x \ln(1+x)} = \lim\limits_{x \to 0} \dfrac{x[1 + x + o(x)] - \left[x - \dfrac{1}{2}x^2 + o(x^2)\right]}{x^2}$

$= \lim\limits_{x \to 0} \dfrac{x + x^2 + o(x^2) - x + \dfrac{1}{2}x^2 - o(x^2)}{x^2} = \dfrac{3}{2}.$

第4章 不定积分

①理解原函数与不定积分的概念及其关系,理解原函数存在定理,掌握不定积分的性质.
②熟记基本不定积分公式.
③掌握不定积分的第一类换元法("凑"微分法)、第二类换元法(限于三角换元与一些简单的根式换元).
④掌握不定积分的分部积分法.
⑤会求一些简单的有理函数的不定积分.

4.1 不定积分的概念

不定积分简单来说就是求导的逆运算,例如:已知 $y=\sin x$,对 x 求导为 $\cos x$,把 $\cos x$ 称为 $\sin x$ 的导函数。现在反过来问什么求导为 $\cos x$,显然为 $\sin x$,这就是求不定积分的过程.

原函数定义:如果在区间 I 上,存在可导函数 $F(x)$,对任一 $x \in I$ 都有 $F'(x) = f(x)$ 或 $dF(x) = f(x)dx$,那么函数 $F(x)$ 就称为 $f(x)$ 在区间 I 上的一个原函数.

例如:$(\sin x)' = \cos x$,故 $\sin x$ 是 $\cos x$ 的一个原函数;$(x^2)' = 2x$,故 x^2 是 $2x$ 的一个原函数;$(x^2+1)' = 2x$,故 x^2+1 是 $2x$ 的一个原函数.

若在区间 I 上函数 $F(x)$ 是 $f(x)$ 的一个原函数,那么 $F(x)+C$ 是 $f(x)$ 的全体原函数.

原函数存在定理:如果函数 $f(x)$ 在区间 I 上连续,那么在区间 I 上存在可导函数 $F(x)$,使对任一 $x \in I$ 都有 $F'(x) = f(x)$,即连续函数一定有原函数.

不定积分定义:在区间 I 上,函数 $f(x)$ 的带有任意常数项的原函数称为 $f(x)$ 的不定积分,记作 $\int f(x)dx$. 其中记号 $\int$ 称为积分号,$f(x)$ 称为被积函数,$f(x)dx$ 称为被积表达式,x 称为积分变量.

由此定义可知,如果 $F(x)$ 是 $f(x)$ 在区间 I 上的一个原函数,那么 $f(x)$ 的全体原函数 $F(x)+C$ 就是 $f(x)$ 的不定积分,即 $\int f(x)dx = F(x) + C$.

例 4-1 求不定积分 $\int x^2 \mathrm{d}x$.

解 因为 $(x^3)' = 3x^2 \Rightarrow \left(\dfrac{x^3}{3}\right)' = x^2$，所以 $\int x^2 \mathrm{d}x = \dfrac{x^3}{3} + C$.

例 4-2 求不定积分 $\int \dfrac{1}{x} \mathrm{d}x$.

解 当 $x > 0$ 时，$(\ln x)' = \dfrac{1}{x}$；当 $x < 0$ 时，$[\ln(-x)]' = \dfrac{-1}{-x} = \dfrac{1}{x}$，得 $(\ln|x|)' = \dfrac{1}{x}$，故 $\int \dfrac{1}{x} \mathrm{d}x = \ln|x| + C$.

例 4-3 已知不定积分 $\int f(x) \mathrm{d}x = x \ln x + C$，求 $f(x)$.

解 $x \ln x$ 是 $f(x)$ 的一个原函数，那么 $f(x) = (x \ln x)' = \ln x + 1$.

例 4-4 已知不定积分 $\int x f(x) \mathrm{d}x = \arcsin x + C$，求 $f(x)$.

解 $\arcsin x$ 是 $xf(x)$ 的一个原函数，那么 $xf(x) = (\arcsin x)' = \dfrac{1}{\sqrt{1-x^2}}$，得 $f(x) = \dfrac{1}{x\sqrt{1-x^2}}$.

1. 基本积分表

$\int k \mathrm{d}x = kx + C$（$k$ 为常数）	$\int x^a \mathrm{d}x = \dfrac{x^{a+1}}{a+1} + C\ (a \neq -1)$
$\int \dfrac{1}{x} \mathrm{d}x = \ln\|x\| + C$	$\int \mathrm{e}^x \mathrm{d}x = \mathrm{e}^x + C$
$\int a^x \mathrm{d}x = \dfrac{a^x}{\ln a} + C\ (a > 0$ 且 $a \neq -1)$	$\int \cos x \mathrm{d}x = \sin x + C$
$\int \sin x \mathrm{d}x = -\cos x + C$	$\int \dfrac{1}{\cos^2 x} \mathrm{d}x = \int \sec^2 x \mathrm{d}x = \tan x + C$
$\int \dfrac{1}{\sin^2 x} \mathrm{d}x = \int \csc^2 x \mathrm{d}x = -\cot x + C$	$\int \sec x \tan x \mathrm{d}x = \sec x + C$
$\int \csc x \cot x \mathrm{d}x = -\csc x + C$	$\int \dfrac{1}{1+x^2} \mathrm{d}x = \arctan x + C$
$\int \dfrac{1}{\sqrt{1+x^2}} \mathrm{d}x = \arcsin x + C$	

以上 13 个基础积分公式是求不定积分的基础，最后结果一定要记得加上常数 C.

例 4-5 求不定积分 $\int \dfrac{1}{x^3} \mathrm{d}x$.

解 $\int \dfrac{1}{x^3} \mathrm{d}x = \int x^{-3} \mathrm{d}x = \dfrac{x^{-2}}{-2} + C$.

例 4-6 求不定积分 $\int x^2 \cdot \sqrt{x}\,\mathrm{d}x$.

解 $\int x^2 \cdot \sqrt{x}\,\mathrm{d}x = \int x^{\frac{5}{2}}\,\mathrm{d}x = \dfrac{2}{7}x^{\frac{7}{2}} + C$.

例 4-7 求不定积分 $\int \dfrac{1}{x \cdot \sqrt[3]{x}}\,\mathrm{d}x$.

解 $\int \dfrac{1}{x \cdot \sqrt[3]{x}}\,\mathrm{d}x = \int x^{-\frac{4}{3}}\,\mathrm{d}x = -3x^{-\frac{1}{3}} + C$.

2. 不定积分的性质

设函数 $f(x)$ 及 $g(x)$ 的原函数存在，则：

① $\int [f(x) \pm g(x)]\,\mathrm{d}x = \int f(x)\,\mathrm{d}x \pm \int g(x)\,\mathrm{d}x$；

② $\int kf(x)\,\mathrm{d}x = k\int f(x)\,\mathrm{d}x$（$k$ 是非零常数或是与 x 无关的其他变量）；

③ $\dfrac{\mathrm{d}\left[\int f(x)\,\mathrm{d}x\right]}{\mathrm{d}x} = \left[\int f(x)\,\mathrm{d}x\right]' = f(x)$，先积分再求导等于其本身；

④ $\int f'(x)\,\mathrm{d}x = f(x) + C$，先求导再积分等于其本身再加 C.

例 4-8 求不定积分 $\int \sqrt{x}(x^2 - 3)\,\mathrm{d}x$.

解 $\int \sqrt{x}(x^2 - 3)\,\mathrm{d}x = \int x^{\frac{5}{2}}\,\mathrm{d}x - 3\int \sqrt{x}\,\mathrm{d}x = \dfrac{2}{7}x^{\frac{7}{2}} - 2x^{\frac{3}{2}} + C$.

例 4-9 求不定积分 $\int \dfrac{(1-x)^2}{\sqrt{x}}\,\mathrm{d}x$.

解 $\int \dfrac{(1-x)^2}{\sqrt{x}}\,\mathrm{d}x = \int \dfrac{1 - 2x + x^2}{\sqrt{x}}\,\mathrm{d}x = \int \dfrac{1}{\sqrt{x}}\,\mathrm{d}x - 2\int \sqrt{x}\,\mathrm{d}x + \int x^{\frac{3}{2}}\,\mathrm{d}x$

$= 2\sqrt{x} - \dfrac{4}{3}x^{\frac{3}{2}} + \dfrac{2}{5}x^{\frac{5}{2}} + C$.

例 4-10 求不定积分 $\int (\mathrm{e}^x - 3\cos x)\,\mathrm{d}x$.

解 $\int (\mathrm{e}^x - 3\cos x)\,\mathrm{d}x = \int \mathrm{e}^x\,\mathrm{d}x - \int 3\cos x\,\mathrm{d}x = \mathrm{e}^x - 3\sin x + C$.

例 4-11 求不定积分 $\int \sec x(\sec x - \tan x)\,\mathrm{d}x$.

解 $\int \sec x(\sec x - \tan x)\,\mathrm{d}x = \int \sec^2 x\,\mathrm{d}x - \int \sec x \tan x\,\mathrm{d}x = \tan x - \sec x + C$.

例 4-12 求不定积分 $\int \tan^2 x\,\mathrm{d}x$.

解 $\int \tan^2 x\,\mathrm{d}x = \int (\sec^2 x - 1)\,\mathrm{d}x = \tan x - x + C$.

4.2 第一类换元法

设 $f(u)$ 具有原函数 $F(u)$,即 $F'(u)=f(u)$,$\int f(u)\mathrm{d}u=F(u)+C$. 如果 u 是中间变量 $u=\varphi(x)$,且设 $\varphi(x)$ 可微,那么根据复合函数微分法,有
$$\mathrm{d}F[\varphi(x)]=f[\varphi(x)]\varphi'(x)\mathrm{d}x$$
由不定积分的定义可得:$\int f[\varphi(x)]\varphi'(x)\mathrm{d}x=\int f[\varphi(x)]\mathrm{d}\varphi(x)=F[\varphi(x)]+C.$

例如:$\int \cos x\mathrm{d}x=\sin x+C$,$\int \cos u\mathrm{d}u=\sin u+C$,若 $u=x^2$,那么 $\int \cos x^2 \mathrm{d}x^2=\sin x^2+C$.

一般步骤:
① 把 d 前面的某项拿到 d 后面(这是变成原函数的过程);
② 凑基本积分公式(d 后面可加减任意常数项).

例 4-13 求不定积分 $\int 2\cos 2x\mathrm{d}x$.

解 $\int 2\cos 2x\mathrm{d}x = \int \cos 2x\mathrm{d}2x = \sin 2x+C.$

例 4-14 求不定积分 $\int \dfrac{1}{3+2x}\mathrm{d}x$.

解 $\int \dfrac{1}{3+2x}\mathrm{d}x = \dfrac{1}{2}\int \dfrac{1}{3+2x}\mathrm{d}(2x+3) = \dfrac{1}{2}\ln|2x+3|+C.$

例 4-15 求不定积分 $\int 2x\mathrm{e}^{x^2}\mathrm{d}x$.

解 $\int 2x\mathrm{e}^{x^2}\mathrm{d}x = \int \mathrm{e}^{x^2}\mathrm{d}x^2 = \mathrm{e}^{x^2}+C.$

例 4-16 求不定积分 $\int \tan x\mathrm{d}x$.

解 $\int \tan x\mathrm{d}x = \int \dfrac{\sin x}{\cos x}\mathrm{d}x = -\int \dfrac{1}{\cos x}\mathrm{d}\cos x = -\ln|\cos x|+C.$

例 4-17 求不定积分 $\int \cot x\mathrm{d}x$.

解 $\int \cot x\mathrm{d}x = \int \dfrac{\cos x}{\sin x}\mathrm{d}x = \int \dfrac{1}{\sin x}\mathrm{d}\sin x = \ln|\sin x|+C.$

例 4-18 求不定积分 $\int \dfrac{1}{a^2+x^2}\mathrm{d}x$,其中 $a>0$.

解 $\int \dfrac{1}{a^2+x^2}\mathrm{d}x = \dfrac{1}{a^2}\int \dfrac{1}{1+\left(\dfrac{x}{a}\right)^2}\mathrm{d}x = \dfrac{1}{a^2}\cdot a\int \dfrac{1}{1+\left(\dfrac{x}{a}\right)^2}\mathrm{d}\left(\dfrac{x}{a}\right) = \dfrac{1}{a}\arctan\dfrac{x}{a}+C.$

例 4-19 求不定积分 $\int \frac{1}{\sqrt{a^2-x^2}}dx$,其中 $a>0$.

解 $\int \frac{1}{\sqrt{a^2-x^2}}dx = \frac{1}{a}\int \frac{1}{\sqrt{1-\left(\frac{x}{a}\right)^2}}dx = \int \frac{1}{\sqrt{1-\left(\frac{x}{a}\right)^2}}d\left(\frac{x}{a}\right) = \arcsin\frac{x}{a}+C.$

例 4-20 求不定积分 $\int \frac{1}{x^2-a^2}dx.$

解 $\int \frac{1}{x^2-a^2}dx = \frac{1}{2a}\int\left(\frac{1}{x-a}-\frac{1}{x+a}\right)dx = \frac{1}{2a}\ln\left|\frac{x-a}{x+a}\right|+C.$

例 4-21 求不定积分 $\int x\sqrt{1-x^2}\,dx.$

解 $\int x\sqrt{1-x^2}\,dx = -\frac{1}{2}\int \sqrt{1-x^2}\,d(1-x^2) = -\frac{1}{3}(1-x^2)^{\frac{3}{2}}+C.$

注:被积函数为 $\sin x, \cos x$ 相乘时,出现 $\sin x, \cos x$ 的奇数次,可将一次放入 d 后面;都为偶数次,可通过二倍角公式降次.

例 4-22 求不定积分 $\int \sin^3 x\,dx.$

解 $\int \sin^3 x\,dx = -\int \sin^2 x\,d\cos x = -\int (1-\cos^2 x)\,d\cos x = -\cos x + \frac{1}{3}\cos^3 x + C.$

例 4-23 求不定积分 $\int \cos^2 x\,dx.$

解 $\int \cos^2 x\,dx = \int \frac{1+\cos 2x}{2}dx = \int\left(\frac{1}{2}+\frac{\cos 2x}{2}\right)dx = \frac{1}{2}x + \frac{1}{4}\sin 2x + C.$

例 4-24 求不定积分 $\int \cos^3 x \sin^2 x\,dx.$

解 $\int \cos^3 x \sin^2 x\,dx = \int \cos^2 x \sin^2 x\,d\sin x = \int (1-\sin^2 x)\sin^2 x\,d\sin x$

$= \int \sin^2 x - \sin^4 x\,d\sin x = \frac{\sin^3 x}{3} - \frac{\sin^5 x}{5} + C.$

注:被积函数为 $\tan x, \sec x$ 相乘时,出现 $\sec x$ 的偶数次,可将两次放入 d 后面;出现 $\tan x$ 的奇数次,可将 $\tan x, \sec x$ 各一次放入 d 后面.

例 4-25 求不定积分 $\int \tan^2 x \sec^4 x\,dx.$

解 $\int \tan^2 x \sec^4 x\,dx = \int \tan^2 x \sec^2 x\,d\tan x = \int \tan^2 x(1+\tan^2 x)\,d\tan x$

$= \int \tan^2 x + \tan^4 x\,d\tan x = \frac{\tan^3 x}{3} + \frac{\tan^5 x}{5} + C.$

例 4-26 求不定积分 $\int \tan^3 x \sec^3 x \, dx$.

解 $\int \tan^3 x \sec^3 x \, dx = \int \tan^2 x \sec^2 x \, d\sec x = \int (\sec^2 x - 1)\sec^2 x \, d\sec x = \int \sec^4 x - \sec^2 x \, d\sec x$

$= \dfrac{\sec^5 x}{5} - \dfrac{\sec^3 x}{3} + C.$

例 4-27 求不定积分 $\int \dfrac{1}{1+\sin x} dx$.

解 $\int \dfrac{1}{1+\sin x} dx = \int \dfrac{1-\sin x}{\cos^2 x} dx = \int \sec^2 x \, dx - \int \dfrac{\sin x}{\cos^2 x} dx = \tan x + \int \dfrac{1}{\cos^2 x} d\cos x$

$= \tan x - \dfrac{1}{\cos x} + C.$

例 4-28 求不定积分 $\int \csc x \, dx$.

解 方法 1：$\int \csc x \, dx = \int \dfrac{1}{\sin x} dx = \int \dfrac{1}{2\sin\frac{x}{2}\cos\frac{x}{2}} dx = \int \dfrac{\cos\frac{x}{2}}{\sin\frac{x}{2}\cos^2\frac{x}{2}} d\left(\dfrac{x}{2}\right)$

$= \int \dfrac{1}{\tan\frac{x}{2}\cos^2\frac{x}{2}} d\left(\dfrac{x}{2}\right) = \int \dfrac{1}{\tan\frac{x}{2}} d\tan\frac{x}{2} = \ln\left|\tan\frac{x}{2}\right| + C = \ln|\csc x - \cot x| + C$

$\left(\tan\dfrac{x}{2} = \dfrac{\sin\frac{x}{2}}{\cos\frac{x}{2}} = \dfrac{2\sin^2\frac{x}{2}}{2\sin\frac{x}{2}\cos\frac{x}{2}} = \dfrac{1-\cos x}{\sin x} = \csc x - \cot x. \right)$

方法 2：$\int \csc x \, dx = \int \dfrac{\csc x(\csc x - \cot x)}{\csc x - \cot x} dx = \int \dfrac{\csc^2 x - \csc x \cot x}{\csc x - \cot x} dx$

$= \int \dfrac{1}{\csc x - \cot x} d(-\cot x + \csc x) = \ln|\csc x - \cot x| + C.$

例 4-29 求不定积分 $\int \sec x \, dx$.

解 $\int \sec x \, dx = \int \dfrac{\sec x(\sec x + \tan x)}{\sec x + \tan x} dx = \int \dfrac{\sec^2 x - \sec x \tan x}{\sec x + \tan x} dx$

$= \int \dfrac{1}{\sec x + \tan x} d(\tan x + \sec x) = \ln|\sec x + \tan x| + C.$

*2. 分段函数的不定积分

由于连续函数一定有原函数，且原函数是可导的，所以分段函数的不定积分唯一需要注意的是**积分后的分界点处要考虑连续**.

例 4-30 已知函数 $f(x) = \begin{cases} x-1, & x \geq 1 \\ 1-x, & x < 1 \end{cases}$，求不定积分 $\int f(x)dx$.

解 因为 $f(x)$ 连续，所以有原函数 $F(x) = \int f(x)dx = \begin{cases} \dfrac{x^2}{2} - x + C_1, & x \geq 1 \\ x - \dfrac{x^2}{2} + C_2, & x < 1 \end{cases}$，$F(x)$ 连续，

$\lim\limits_{x \to 1^-} F(x) = \lim\limits_{x \to 1^-} x - \dfrac{x^2}{2} + C_2 = \dfrac{1}{2} + C_2$，$\lim\limits_{x \to 1^+} F(x) = \lim\limits_{x \to 1^+} \dfrac{x^2}{2} - x + C_1 = -\dfrac{1}{2} + C_1 = F(1)$

$\Rightarrow \dfrac{1}{2} + C_2 = -\dfrac{1}{2} + C_1 \Rightarrow C_1 = 1 + C_2$，

故 $\int f(x)dx = \begin{cases} \dfrac{x^2}{2} - x + 1 + C_2, & x \geq 1 \\ x - \dfrac{x^2}{2} + C_2, & x < 1 \end{cases}$. 记 $C_2 = C$，得 $\int f(x)dx = \begin{cases} \dfrac{x^2}{2} - x + 1 + C, & x \geq 1 \\ x - \dfrac{x^2}{2} + C, & x < 1 \end{cases}$.

例 4-31 设 $f(x) = e^{-|x|}$，$F(x)$ 是 $f(x)$ 的原函数，且 $F(0) = 0$，求 $F(x)$.

解 $f(x) = e^{-|x|} = \begin{cases} e^{-x}, & x \geq 0 \\ e^x, & x < 0 \end{cases}$. 因为 $f(x)$ 连续，所以有原函数 $F(x) = \int f(x)dx = \begin{cases} -e^{-x} + C_1, & x \geq 0 \\ e^x + C_2, & x < 0 \end{cases}$，$F(x)$ 连续，得 $\begin{cases} -1 + C_1 = 0 \\ 1 + C_2 = 0 \end{cases} \Rightarrow \begin{cases} C_1 = 1 \\ C_2 = -1 \end{cases}$，故 $F(x) = \begin{cases} -e^{-x} + 1, & x \geq 0 \\ e^x - 1, & x < 0 \end{cases}$.

> **注：** ①分段积分得到各个区间段上的不定积分；
> ②由于原函数连续，确定分界点处的积分常数 C 的关系；
> *③若 $f(x)$ 在区间 I 内有第一类间断点或无穷间断点，则 $f(x)$ 在区间 I 内一定没有原函数（可用拉格朗日中值证明）；
> 若 $f(x)$ 在区间 I 内有振荡间断点，则 $f(x)$ 在区间 I 内可能有原函数.

例如：$F(x) = \begin{cases} x^2 \sin \dfrac{1}{x}, & x \neq 0 \\ 0, & x = 0 \end{cases}$，$f(x) = \begin{cases} 2x \sin \dfrac{1}{x} - \cos \dfrac{1}{x}, & x \neq 0 \\ 0, & x = 0 \end{cases}$.

第一类换元法是求不定积分的重要方法，但是如何把 d 前面的某项往 d 后面放没有一般的规律可循，因此要掌握换元法，除了熟悉一些典型的例子外，还要做较多的练习才行.

上述各例用的都是第一类换元法，即形如 $u = \varphi(x)$ 的变量代换，下面介绍另一种形式的变量代换 $x = \varphi(t)$，即第二类换元法.

4.3 第二类换元法

第一类换元法是通过变量代换 $u = \varphi(x)$，将积分 $\int f[\varphi(x)] \cdot \varphi'(x)dx$ 化为积分 $\int f(u)du$.

第二类换元法是适当地选择变量代换 $x = \varphi(t)$，将积分 $\int f(x) dx$ 化为积分 $\int f[\varphi(t)] \cdot \varphi'(t) dt$，换元公式可表达为

$$\int f(x) dx = \int f[\varphi(t)] \cdot \varphi'(t) dt$$

这个公式的成立需要一定的条件：首先等式右边的不定积分要存在，即 $f[\varphi(t)] \cdot \varphi'(t)$ 有原函数；其次 $\int f[\varphi(t)] \cdot \varphi'(t) dt$ 求出后必须用 $x = \varphi(t)$ 的反函数 $t = \varphi^{-1}(x)$ 代回去.

1. 根式代换

①当被积函数中含有根式 $\sqrt[n]{ax+b}$（根号内为 x 的一次多项式），$\sqrt{ae^{\lambda x}+c}$，$\sqrt{\dfrac{ax+b}{cx+d}}$ 等时，一般考虑令 $t = $ 整个根式；

②若被积函数中既有 $\sqrt[n]{ax+b}$ 又有 $\sqrt[m]{ax+b}$，则取 m 和 n 的最小公倍数 l，令 $t = \sqrt[l]{ax+b}$.

例 4-32 求不定积分 $\int \dfrac{1}{1+\sqrt{x}} dx$.

解 令 $t = \sqrt{x}, x = t^2, dx = 2t dt$，代入原式中得

$$\int \frac{2t}{1+t} dt = 2\int \frac{t+1-1}{1+t} dt = 2\int 1 - \frac{1}{1+t} dt = 2(t - \ln|1+t|) + C = 2(\sqrt{x} - \ln|1+\sqrt{x}|) + C.$$

例 4-33 求不定积分 $\int \dfrac{1}{\sqrt{e^x - 1}} dx$.

解 令 $t = \sqrt{e^x - 1}, x = \ln(1+t^2), dx = \dfrac{2t}{1+t^2} dt$，代入原式中得

$$\int \frac{1}{t} \cdot \frac{2t}{1+t^2} dt = 2\int \frac{1}{1+t^2} dt = 2\arctan t + C = 2\arctan \sqrt{e^x - 1} + C.$$

例 4-34 求不定积分 $\int \dfrac{\sqrt{x-1}}{x} dx$.

解 令 $t = \sqrt{x-1}, x = t^2 + 1, dx = 2t dt$，代入原式中得

$$\int \frac{t}{t^2+1} \cdot 2t dt = 2\int \frac{t^2}{t^2+1} dt = 2\int \frac{t^2+1-1}{t^2+1} dt = 2(t - \arctan t) + C$$

$$= 2(\sqrt{x-1} - \arctan \sqrt{x-1}) + C.$$

例 4-35 求不定积分 $\int \dfrac{1}{x\sqrt{2x+1}} dx$.

解 令 $t = \sqrt{2x+1}, x = \dfrac{t^2-1}{2}, dx = t dt$，代入原式中得

$$\int \frac{1}{(t^2-1)t} \cdot t dt = 2\int \frac{1}{t^2-1} dt = \ln\left|\frac{t-1}{t+1}\right| + C = \ln\left|\frac{\sqrt{2x+1}-1}{\sqrt{2x+1}+1}\right| + C.$$

例 4-36 求不定积分 $\int \dfrac{1}{\sqrt[3]{x}+\sqrt{x}}\mathrm{d}x$.

解 令 $t=\sqrt[6]{x}, x=t^6, \mathrm{d}x=6t^5\mathrm{d}t$,代入原式中得

$$6\int\dfrac{t^5}{t^2+t^3}\mathrm{d}t = 6\int\dfrac{t^3+1-1}{1+t}\mathrm{d}t$$

$$=6\int\dfrac{(t+1)(t^2-t+1)-1}{1+t}\mathrm{d}t = 6\int t^2-t+1-\dfrac{1}{1+t}\mathrm{d}t$$

$$=6\left(\dfrac{t^3}{3}-\dfrac{t^2}{2}+t-\ln|1+t|\right)+C = 6\left(\dfrac{\sqrt{x}}{3}-\dfrac{\sqrt[3]{x}}{2}+\sqrt[6]{x}-\ln|1+\sqrt[6]{x}|\right)+C.$$

*例 4-37** 求不定积分 $\int \dfrac{1}{x}\sqrt{\dfrac{1+x}{1-x}}\mathrm{d}x$.

解 令 $t=\sqrt{\dfrac{1+x}{1-x}}, x=1-\dfrac{2}{t^2+1}=\dfrac{t^2-1}{t^2+1}, \mathrm{d}x=\dfrac{4t}{(t^2+1)^2}\mathrm{d}t$,代入原式中得

$$\int \dfrac{t^2+1}{t^2-1}\cdot t\cdot\dfrac{4t}{(t^2+1)^2}\mathrm{d}t = \int \dfrac{4t^2}{(t^2-1)(t^2+1)}\mathrm{d}t = 2\int\dfrac{1}{t^2-1}+\dfrac{1}{t^2+1}\mathrm{d}t$$

$$=\ln\left|\dfrac{t-1}{t+1}\right|+2\arctan t + C = \ln\left|\dfrac{\sqrt{\dfrac{1+x}{1-x}}-1}{\sqrt{\dfrac{1+x}{1-x}}+1}\right|+2\arctan\sqrt{\dfrac{1+x}{1-x}}+C$$

$$=\ln\left|\dfrac{\sqrt{1+x}-\sqrt{1-x}}{\sqrt{1+x}+\sqrt{1-x}}\right|+2\arctan\sqrt{\dfrac{1+x}{1-x}}+C.$$

2. 三角换元

当被积函数中含有如下根式时,可通过三角函数的关系(如 $\sin^2 x+\cos^2 x=1, 1+\tan^2 x=\sec^2 x$)进行三角换元把根号消掉,其中 $a>0$.

① 若有 $\sqrt{a^2-x^2}$ 时,令 $x=a\sin t, -\dfrac{\pi}{2}<t<\dfrac{\pi}{2}$;

② 若有 $\sqrt{a^2+x^2}$ 时,令 $x=a\tan t, -\dfrac{\pi}{2}<t<\dfrac{\pi}{2}$;

③ 若有 $\sqrt{x^2-a^2}$ 时,令 $x=a\sec t$, $\begin{cases}当 x>a(x>0)时\Rightarrow 0<t<\dfrac{\pi}{2}\\当 x<-a(x<0)时\Rightarrow \dfrac{\pi}{2}<t<\pi\end{cases}$.

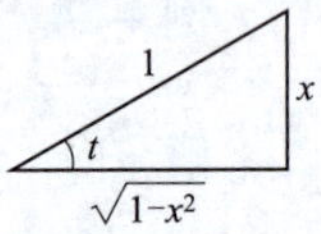

图 4-1

注: ① t 的范围由 x 的范围决定,最后结果需要用 $x=\varphi(t)$ 的反函数 $t=\varphi^{-1}(x)$ 回代(可画辅助三角形,如图 4-1 所示);

② 去绝对值时, $x=a\sin t, x=a\tan t$ 的换元可不用讨论 t 的范围,但是对于 $x=a\sec t$ 的换元需要讨论 $x>0$ 和 $x<0(x<0$ 可以单独重新计算,更建议令 $x=-u$ 换元计算);

③ 当被积函数有根式 $\sqrt{ax^2+bx+c}$,可进行化简,

例如: $\sqrt{x^2-2x+2}\Rightarrow\sqrt{(x-1)^2+1}$,令 $x-1=\tan x$.

例 4-38 求不定积分 $\int \dfrac{1}{x\sqrt{1-x^2}}\mathrm{d}x$.

解 令 $x=\sin t, \mathrm{d}x=\cos t\mathrm{d}t$，代入原式中得

$$\int \dfrac{1}{\sin t \cdot \cos t}\cdot \cos t\mathrm{d}t = \int \csc t\mathrm{d}t = \ln|\csc t - \cot t| + C$$

$$= \ln\left|\dfrac{1}{x} - \dfrac{\sqrt{1-x^2}}{x}\right| + C.$$

例 4-39 求不定积分 $\int \dfrac{1}{\sqrt{x^2+a^2}}\mathrm{d}x\,(a>0)$.

解 令 $x=a\tan t, \mathrm{d}x=a\sec^2 t\mathrm{d}t$，代入原式中得

$$\int \dfrac{1}{a\sec t}\cdot a\sec^2 t\mathrm{d}t = \int \sec t\mathrm{d}t$$

$$=\ln|\sec t + \tan t| + C_1 = \ln\left|\dfrac{\sqrt{x^2+a^2}}{a} + \dfrac{x}{a}\right| + C_1 = \ln\left|\sqrt{x^2+a^2}+x\right| - \ln a + C_1.$$

令 $C = -\ln a + C_1$，得 $\int \dfrac{1}{\sqrt{x^2+a^2}}\mathrm{d}x = \ln\left|\sqrt{x^2+a^2}+x\right| + C.$

例 4-40 求不定积分 $\int \dfrac{1}{\sqrt{(x^2+1)^3}}\mathrm{d}x$.

解 令 $x=\tan t, \mathrm{d}x=\sec^2 t\mathrm{d}t$，代入原式中得

$$\int \dfrac{1}{\sec^3 t}\cdot \sec^2 t\mathrm{d}t = \int \cos t\mathrm{d}t = \sin t + C = \dfrac{x}{\sqrt{x^2+1}} + C.$$

例 4-41 求不定积分 $\int \dfrac{1}{\sqrt{x^2-a^2}}\mathrm{d}x\,(a>0)$.

解 当 $x>0$ 时，令 $x=a\sec t, \mathrm{d}x=a\sec t\tan t\mathrm{d}t$，代入原式中得

$$\int \dfrac{1}{a\tan t}\cdot a\sec t\tan t\mathrm{d}t = \int \sec t\mathrm{d}t = \ln|\sec t + \tan t| + C_1$$

$$=\ln\left|\dfrac{x}{a} + \dfrac{\sqrt{x^2-a^2}}{a}\right| + C_1 = \ln\left|x + \sqrt{x^2-a^2}\right| - \ln a + C_1.$$

令 $-\ln a + C_1 = C$，得 $\int \dfrac{1}{\sqrt{x^2-a^2}}\mathrm{d}x = \ln\left|x+\sqrt{x^2-a^2}\right| + C.$

当 $x<0$ 时，令 $u=-x, x=-u, \mathrm{d}x=-\mathrm{d}u$，代入原式中得

$$-\int \dfrac{1}{\sqrt{u^2-a^2}}\mathrm{d}u = -\ln\left|u+\sqrt{u^2-a^2}\right| + C_2 = -\ln\left|-x+\sqrt{x^2-a^2}\right| + C_2$$

$$= -\ln\left|\dfrac{-a^2}{x+\sqrt{x^2-a^2}}\right| + C_2 = \ln\left|x+\sqrt{x^2-a^2}\right| - \ln|-a^2| + C_2.$$

令 $-\ln|-a^2| + C_2 = C$，得 $\int \dfrac{1}{\sqrt{x^2-a^2}}\mathrm{d}x = \ln\left|x+\sqrt{x^2-a^2}\right| + C.$

综上，$\int \dfrac{1}{\sqrt{x^2-a^2}}\mathrm{d}x = \ln\left|x+\sqrt{x^2-a^2}\right| + C.$

例 4-42 求不定积分 $\int \dfrac{1}{x^2\sqrt{x^2-1}}dx$.

解 当 $x>0$ 时,令 $x=\sec t, dx=\sec t\tan t\,dt$,代入原式中得

$$\int \dfrac{1}{\sec^2 t\cdot\tan t}\cdot\sec t\tan t\,dt=\int\cos t\,dt=\sin t+C=\dfrac{\sqrt{x^2-1}}{x}+C;$$

当 $x<0$ 时,令 $u=-x, x=-u, dx=-du$,代入原式中得

$$-\int\dfrac{1}{u^2\sqrt{u^2-1}}du=-\dfrac{\sqrt{u^2-1}}{u}+C=-\dfrac{\sqrt{x^2-1}}{-x}+C=\dfrac{\sqrt{x^2-1}}{x}+C.$$

综上,$\int\dfrac{1}{x^2\sqrt{x^2-1}}dx=\dfrac{\sqrt{x^2-1}}{x}+C.$

例 4-43 求不定积分 $\int\dfrac{1}{x\sqrt{x^2-1}}dx$.

解 当 $x>0$ 时,令 $x=\sec t, dx=\sec t\tan t\,dt$,代入原式中得

$$\int\dfrac{1}{\sec t\cdot\tan t}\cdot\sec t\tan t\,dt=\int 1\,dt=t+C=\arccos\dfrac{1}{x}+C;$$

当 $x<0$ 时,令 $u=-x, x=-u, dx=-du$,代入原式中得

$$-\int\dfrac{1}{-u\sqrt{u^2-1}}du=\arccos\dfrac{1}{u}+C=\arccos\dfrac{1}{-x}+C.$$

综上,$\int\dfrac{1}{x\sqrt{x^2-1}}dx=\arccos\dfrac{1}{|x|}+C.$

例 4-44 求不定积分 $\int\dfrac{1}{\sqrt{x-x^2}}dx$.

解 方法 1:$\int\dfrac{1}{\sqrt{x-x^2}}dx=\int\dfrac{1}{\sqrt{\dfrac{1}{4}-\left(x-\dfrac{1}{2}\right)^2}}d\left(x-\dfrac{1}{2}\right)=\arcsin(2x-1)+C.$

方法 2:令 $x-\dfrac{1}{2}=\dfrac{1}{2}\sin t, dx=\dfrac{1}{2}\cos t\,dt$,代入原式中得

$$\int\dfrac{1}{\dfrac{1}{2}\cos t}\cdot\dfrac{1}{2}\cos t\,dt=\int 1\,dt=t+C=\arcsin(2x-1)+C.$$

3. 倒代换

当被积函数分母的幂次比分子高两次及两次以上时,作倒代换,即令 $x=\dfrac{1}{t}$. 大部分这种情况可优先考虑有理函数真分式的解法.

例 4-45 求不定积分 $\int \dfrac{1}{x(1+x^2)}dx$.

解 令 $x=\dfrac{1}{t}, dx=-\dfrac{1}{t^2}dt$，代入原式中得

$$-\int \dfrac{1}{\dfrac{1}{t}\cdot\left(1+\dfrac{1}{t^2}\right)}\cdot\dfrac{1}{t^2}dt = -\int \dfrac{t}{t^2+1}dt = -\dfrac{1}{2}\int \dfrac{t}{t^2+1}d(t^2+1) = -\dfrac{1}{2}\ln|t^2+1|+C$$

$$= -\dfrac{1}{2}\ln\left|\dfrac{1}{x^2}+1\right|+C.$$

4. 分母简单化

分母简单化是解不定积分的一种思路，一般更希望于被积函数的分母只有一项，这样通过裂项后，有利于解决不定积分的问题.

例 4-46 求不定积分 $\int \dfrac{x^2}{(x-1)^{100}}dx$.

解 令 $t=x-1, x=t+1, dx=dt$，代入原式中得

$$\int \dfrac{(t+1)^2}{t^{100}}dt = \int \dfrac{t^2+2t+1}{t^{100}}dt = \int t^{-98}+2t^{-99}+t^{-100}dt = \dfrac{t^{-97}}{-97}-\dfrac{2t^{-98}}{98}-\dfrac{2t^{-99}}{99}+C$$

$$=\dfrac{(x-1)^{-97}}{-97}-\dfrac{(x-1)^{-98}}{49}-\dfrac{(x-1)^{-99}}{99}+C.$$

例 4-47 求不定积分 $\int \dfrac{1}{1+\cos x}dx$.

解 $\int \dfrac{1}{1+\cos x}dx = \int \dfrac{1}{2\cos^2\dfrac{x}{2}}dx = \tan\dfrac{x}{2}+C.$

除了 13 个基本积分公式以外，有几个积分是以后经常会遇到的，所以它们通常也被当作公式使用，其中常数 $a>0$.

$\int \tan x dx = -\ln|\cos x|+C$	$\int \cot x dx = \ln|\sin x|+C$
$\int \sec x dx = \ln|\sec x+\tan x|+C$	$\int \csc x dx = \ln|\csc x-\cot x|+C$
$\int \dfrac{1}{a^2+x^2}dx = \dfrac{1}{a}\arctan\dfrac{x}{a}+C$	$\int \dfrac{1}{x^2-a^2}dx = \dfrac{1}{2a}\ln\left|\dfrac{x-a}{x+a}\right|+C$
$\int \dfrac{1}{\sqrt{a^2-x^2}}dx = \arcsin\dfrac{x}{a}+C$	$\int \dfrac{1}{\sqrt{x^2+a^2}}dx = \ln(x+\sqrt{x^2+a^2})+C$
$\int \dfrac{1}{\sqrt{x^2-a^2}}dx = \ln|x+\sqrt{x^2-a^2}|+C$	

4.4 分部积分法

前面在复合函数求导法则的基础上得到了第一、二类换元法. 现在利用求导法则中两个函数的相乘求导,来推出另一求积分的方法——分部积分法.

设函数 $u=u(x)$ 与 $v=v(x)$ 具有连续导数,那么两个函数乘积的导数公式为 $(uv)'=u'v+uv'$,移项可得 $u'v=(uv)'-uv'$,再两边积分得

$$\int u'v\mathrm{d}x = \int (uv)'\mathrm{d}x - \int uv'\mathrm{d}x$$

也可写作

$$\int v\mathrm{d}u = uv - \int u\mathrm{d}v$$

上述公式为分部积分法,它将 $\int u'v\mathrm{d}x$ 的问题转化为 $\int uv'\mathrm{d}x$ 的问题,可能会起到化繁为简的作用,那么运用此法的关键就是谁是 u,谁是 v.

① 被积函数中只有一个函数(往往是反三角函数、对数函数及复合函数,复合函数可先通过换元进行简化)可直接分部积分.

例 4-48 求不定积分 $\int \arctan x\mathrm{d}x$.

解 $\int \arctan x\mathrm{d}x = x\arctan x - \int x\mathrm{d}\arctan x = x\arctan x - \int \dfrac{x}{1+x^2}\mathrm{d}x$

$= x\arctan x - \dfrac{1}{2}\ln|1+x^2| + C.$

例 4-49 求不定积分 $\int \ln x\mathrm{d}x$.

解 $\int \ln x\mathrm{d}x = x\ln x - \int x\mathrm{d}\ln x = x\ln x - \int x\cdot\dfrac{1}{x}\mathrm{d}x = x\ln x - x + C.$

例 4-50 求不定积分 $\int \arcsin x\mathrm{d}x$.

解 $\int \arcsin x\mathrm{d}x = x\arcsin x - \int x\mathrm{d}\arcsin x = x\arcsin x - \int \dfrac{x}{\sqrt{1-x^2}}\mathrm{d}x$

$= x\arcsin x + \dfrac{1}{2}\int \dfrac{1}{\sqrt{1-x^2}}\mathrm{d}(1-x^2) = x\arcsin x + \sqrt{1-x^2} + C.$

② 被积函数为两个函数相乘,遵循"反对幂三指"(或"反对幂指三"),越往后放到 d 后面的优先级越高(指、三优先级相同放在后面进行讨论),若被积函数中有 $f'(x)$,$f''(x)$,一般情况下,其优先级最高,再分部积分.

(*若 $f'(x)$,$f''(x)$ 在定积分的题目中出现,将其放到 d 后面无法解决时,再考虑放相乘的另一个函数,注意导数的阶数变化.)

例 4-51 求不定积分 $\int x\cos x\,dx$.

解 $\int x\cos x\,dx = \int x\,d\sin x = x\sin x - \int \sin x\,dx = x\sin x + \cos x + C.$

例 4-52 求不定积分 $\int x e^x\,dx$.

解 $\int x e^x\,dx = \int x\,de^x = x e^x - \int e^x\,dx = x e^x - e^x + C.$

例 4-53 求不定积分 $\int x\ln x\,dx$.

解 $\int x\ln x\,dx = \frac{1}{2}\int \ln x\,dx^2 = \frac{1}{2}\left(x^2\ln x - \int x^2\,d\ln x\right) = \frac{1}{2}\left(x^2\ln x - \int x^2\cdot\frac{1}{x}\,dx\right)$
$= \frac{1}{2}\left(x^2\ln x - \frac{x^2}{2}\right) + C.$

例 4-54 求不定积分 $\int x\arctan x\,dx$.

解 $\int x\arctan x\,dx = \frac{1}{2}\int \arctan x\,dx^2 = \frac{1}{2}\left(x^2\arctan x - \int x^2\,d\arctan x\right)$
$= \frac{1}{2}\left(x^2\arctan x - \int \frac{x^2}{1+x^2}\,dx\right) = \frac{1}{2}(x^2\arctan x - x + \arctan x) + C.$

例 4-55 求不定积分 $\int \frac{x}{\cos^2 x}\,dx$.

解 $\int \frac{x}{\cos^2 x}\,dx = \int x\,d\tan x = x\tan x - \int \tan x\,dx = x\tan x + \ln|\cos x| + C.$

③被积函数为指数函数 e^x 与三角函数 $\sin x,\cos x$ 相乘,需用两次分部积分(两次分部积分所遵循的优先级相同)并移项.

例 4-56 求不定积分 $\int e^x\cos x\,dx$.

解 $\int e^x\cos x\,dx = \int \cos x\,de^x = e^x\cos x - \int e^x\,d\cos x = e^x\cos x + \int e^x\sin x\,dx$
$= e^x\cos x + \int \sin x\,de^x = e^x\cos x + e^x\sin x - \int e^x\,d\sin x = e^x\cos x + e^x\sin x - \int e^x\cos x\,dx,$
故 $2\int e^x\cos x\,dx = e^x\cos x + e^x\sin x + C \Rightarrow \int e^x\cos x\,dx = \frac{e^x\cos x + e^x\sin x}{2} + C.$

例 4-57 求不定积分 $\int e^x\sin x\,dx$.

解 $\int e^x\sin x\,dx = \int \sin x\,de^x = e^x\sin x - \int e^x\,d\sin x = e^x\sin x - \int e^x\cos x\,dx$
$= e^x\sin x - \int \cos x\,de^x = e^x\sin x - e^x\cos x + \int e^x\,d\cos x = e^x\sin x - e^x\cos x - \int e^x\sin x\,dx,$
故 $2\int e^x\sin x\,dx = e^x\sin x - e^x\cos x + C \Rightarrow \int e^x\sin x\,dx = \frac{e^x\sin x - e^x\cos x}{2} + C.$

4.5 有理函数的积分

两个多项式的商 $\dfrac{P(x)}{Q(x)}$ 称为有理函数,当分子多项式 $P(x)$ 的最高次小于分母多项式 $Q(x)$ 的最高次时,称 $\dfrac{P(x)}{Q(x)}$ 为真分式,否则为假分式.

(1)假分式:分子最高次 > 分母最高次 $\Rightarrow$ 用**多项式除法**将假分式转化为真分式.
(最高次逐次递减,没有的项用零代替)

例 4-58 求不定积分 $\displaystyle\int \dfrac{x^3 - x^2 + x}{x^2 + 1} dx$.

解 $\displaystyle\int \dfrac{x^3 - x^2 + x}{x^2 + 1} dx = \int \dfrac{(x^2 + 1)(x - 1) + 1}{x^2 + 1} dx$

$= \displaystyle\int x - 1 + \dfrac{1}{x^2 + 1} dx.$

$$\begin{array}{r}x-1\\x^2+0+1\overline{)x^3-x^2+x+0}\\\underline{x^3+0+x}\\-x^2+0+0\\\underline{-x^2+0-1}\\1\end{array}$$

例 4-59 求不定积分 $\displaystyle\int \dfrac{x^3}{x + 3} dx$.

解 $\displaystyle\int \dfrac{x^3}{x + 3} dx = \int \dfrac{(x + 3)(x^2 - 3x + 9) - 27}{x + 3} dx = \int x^2 - 3x + 9 - \dfrac{27}{x + 3} dx.$

例 4-60 求不定积分 $\displaystyle\int \dfrac{x^3 + 2}{x^2 - x + 1} dx$.

解 $\displaystyle\int \dfrac{x^3 + 2}{x^2 - x + 1} dx = \int \dfrac{(x + 1)(x^2 - x + 1) + 1}{x^2 - x + 1} dx = \int x + 1 + \dfrac{1}{x^2 - x + 1} dx.$

(2)假分式:分子最高次 = 分母最高次 $\Rightarrow$ 用**分离常数**将假分式转化为真分式.
(分子把分母抄一遍,加上括号后凑各项系数.)

例 4-61 求不定积分 $\displaystyle\int \dfrac{x^2}{x^2 + 4} dx$.

解 $\displaystyle\int \dfrac{x^2}{x^2 + 4} dx = \int \dfrac{(x^2 + 4) - 4}{x^2 + 4} dx = \int 1 - \dfrac{4}{x^2 + 4} dx.$

例 4-62 求不定积分 $\displaystyle\int \dfrac{x^2 + 5}{2x^2 - x - 1} dx$.

解 $\displaystyle\int \dfrac{x^2 + 5}{2x^2 - x - 1} dx = \int \dfrac{\frac{1}{2}(2x^2 - x - 1) + \frac{1}{2}x + \frac{11}{2}}{2x^2 - x - 1} dx = \int \dfrac{1}{2} + \dfrac{\frac{1}{2}x + \frac{11}{2}}{2x^2 - x - 1} dx.$

例 4-63 求不定积分 $\displaystyle\int \dfrac{2x^2 + 2x + 3}{x^2 - 5x + 6} dx$.

解 $\displaystyle\int \dfrac{2x^2 + 2x + 3}{x^2 - 5x + 6} dx = \int \dfrac{2(x^2 - 5x + 6) + 12x - 9}{x^2 - 5x + 6} dx = \int 2 + \dfrac{12x - 9}{x^2 - 5x + 6} dx.$

两种假分式都可通过对应的方法转化为真分式,下面列举常见真分式的形式.

(3)真分式.

①类型一:形如 $\int \dfrac{1}{ax^2+bx+c}dx$(其中 a,b,c 为常数).

Ⅰ. $\Delta = b^2 - 4ac = 0 \Rightarrow d$ 后面凑分母括号内.

例 4-64 求不定积分 $\int \dfrac{1}{x^2+2x+1}dx$.

解 $\int \dfrac{1}{x^2+2x+1}dx = \int \dfrac{1}{(x+1)^2}d(x+1) = -\dfrac{1}{x+1} + C$.

例 4-65 求不定积分 $\int \dfrac{2}{4x^2+4x+1}dx$.

解 $\int \dfrac{2}{4x^2+4x+1}dx = \int \dfrac{1}{(2x+1)^2}d(2x+1) = -\dfrac{1}{2x+1} + C$.

例 4-66 求不定积分 $\int \dfrac{1}{4x^2+12x+9}dx$.

解 $\int \dfrac{1}{4x^2+12x+9}dx = \int \dfrac{1}{(2x+3)^2}dx = \dfrac{1}{2}\int \dfrac{1}{(2x+3)^2}d(2x+3) = -\dfrac{1}{2(2x+3)} + C$.

Ⅱ. $\Delta = b^2 - 4ac > 0 \Rightarrow$ 待定系数法.

例 4-67 求不定积分 $\int \dfrac{1}{x^2-5x+6}dx$.

解 $\int \dfrac{1}{x^2-5x+6}dx = \int \dfrac{1}{(x-2)(x-3)}dx$,令 $\dfrac{1}{(x-2)(x-3)} = \dfrac{A}{x-2} + \dfrac{B}{x-3}$

$\Rightarrow A(x-3) + B(x-2) = 1$,各项系数对应相等,可得 $\begin{cases} A+B=0 \\ -3A-2B=1 \end{cases} \Rightarrow \begin{cases} A=-1 \\ B=1 \end{cases}$,

$\int \dfrac{1}{(x-2)(x-3)}dx = -\int \dfrac{1}{x-2}dx + \int \dfrac{1}{x-3}dx = -\ln|x-2| + \ln|x-3| + C$.

例 4-68 求不定积分 $\int \dfrac{1}{2x^2-x-1}dx$.

解 $\int \dfrac{1}{2x^2-x-1}dx = \int \dfrac{1}{(2x+1)(x-1)}dx$,令 $\dfrac{1}{(2x+1)(x-1)} = \dfrac{A}{2x+1} + \dfrac{B}{x-1}$

$\Rightarrow A(x-1) + B(2x+1) = 1$,各项系数对应相等,可得 $\begin{cases} A+2B=0 \\ -A+B=1 \end{cases} \Rightarrow \begin{cases} A=-\dfrac{2}{3} \\ B=\dfrac{1}{3} \end{cases}$,

$\int \dfrac{1}{(2x+1)(x-1)}dx = -\dfrac{2}{3}\int \dfrac{1}{2x+1}dx + \dfrac{1}{3}\int \dfrac{1}{x-1}dx = -\dfrac{1}{3}\ln|2x+1| + \dfrac{1}{3}\ln|x-1| + C$.

例 4-69 求不定积分 $\int \dfrac{1}{2x^2+x-1}dx$.

解 $\int \dfrac{1}{2x^2+x-1}dx = \int \dfrac{1}{(2x-1)(x+1)}dx$，令 $\dfrac{1}{(2x-1)(x+1)} = \dfrac{A}{2x-1} + \dfrac{B}{x+1}$

$\Rightarrow A(x+1) + B(2x-1) = 1$，各项系数对应相等，可得 $\begin{cases} A+2B=0 \\ A-B=1 \end{cases} \Rightarrow \begin{cases} A=\dfrac{2}{3} \\ B=-\dfrac{1}{3} \end{cases}$，

$\int \dfrac{1}{(2x-1)(x+1)}dx = \dfrac{2}{3}\int \dfrac{1}{2x-1}dx - \dfrac{1}{3}\int \dfrac{1}{x+1}dx = \dfrac{1}{3}\ln|2x-1| - \dfrac{1}{3}\ln|x+1| + C$.

Ⅲ. $\Delta = b^2 - 4ac < 0 \Rightarrow$ 凑 arctan 的积分公式 $\left(\int \dfrac{1}{a^2+x^2}dx = \dfrac{1}{a}\arctan \dfrac{x}{a} + C\right)$.

例 4-70 求不定积分 $\int \dfrac{1}{x^2+2x+3}dx$.

解 $\int \dfrac{1}{x^2+2x+3}dx = \int \dfrac{1}{(x+1)^2+2}dx = \dfrac{\sqrt{2}}{2}\arctan \dfrac{\sqrt{2}(x+1)}{2} + C$.

例 4-71 求不定积分 $\int \dfrac{1}{4x^2+4x+2}dx$.

解 $\int \dfrac{1}{4x^2+4x+2}dx = \int \dfrac{1}{(2x+1)^2+1}dx = \dfrac{1}{2}\int \dfrac{1}{(2x+1)^2+1^2}d(2x+1)$

$= \dfrac{1}{2}\arctan(2x+1) + C$.

例 4-72 求不定积分 $\int \dfrac{1}{x^2+x+1}dx$.

解 $\int \dfrac{1}{x^2+x+1}dx = \int \dfrac{1}{\left(x+\dfrac{1}{2}\right)^2 + \dfrac{3}{4}}dx = \int \dfrac{1}{\left(x+\dfrac{1}{2}\right)^2 + \dfrac{3}{4}}d\left(x+\dfrac{1}{2}\right)$

$= \dfrac{2\sqrt{3}}{3}\arctan \dfrac{\sqrt{3}(2x+1)}{3} + C$.

②类型二：形如 $\int \dfrac{gx+f}{ax^2+bx+c}dx$（其中 a,b,c,g,f 为常数）.

Ⅰ. $\Delta = b^2 - 4ac = 0 \Rightarrow$ 分子凑分母括号内.

例 4-73 求不定积分 $\int \dfrac{x+1}{4x^2+4x+1}dx$.

解 $\int \dfrac{x+1}{4x^2+4x+1}dx = \int \dfrac{x+1}{(2x+1)^2}dx = \int \dfrac{\dfrac{1}{2}(2x+1) + \dfrac{1}{2}}{(2x+1)^2}dx$

$= \dfrac{1}{2}\int \dfrac{1}{2x+1}dx + \dfrac{1}{2}\int \dfrac{1}{(2x+1)^2}dx = \dfrac{1}{4}\ln|2x+1| - \dfrac{1}{4(2x+1)} + C$.

例 4-74 求不定积分 $\int \dfrac{3x+1}{x^2+2x+1}dx$.

解 $\int \dfrac{3x+1}{x^2+2x+1}dx = \int \dfrac{3x+1}{(x+1)^2}dx = \int \dfrac{3(x+1)-2}{(x+1)^2}dx = \int \dfrac{3}{x+1} - \dfrac{2}{(x+1)^2}dx$

$= 3\ln|x+1| + \dfrac{2}{x+1} + C.$

例 4-75 求不定积分 $\int \dfrac{3x+7}{x^2+4x+4}dx$.

解 $\int \dfrac{3x+7}{x^2+4x+4}dx = \int \dfrac{3x+7}{(x+2)^2}dx = \int \dfrac{3(x+2)+1}{(x+2)^2}dx = \int \dfrac{3}{x+2} + \dfrac{1}{(x+2)^2}dx$

$= 3\ln|x+2| - \dfrac{1}{x+2} + C.$

Ⅱ. $\Delta = b^2 - 4ac > 0 \Rightarrow$ 待定系数法.

例 4-76 求不定积分 $\int \dfrac{x+1}{x^2-5x+6}dx$.

解 $\int \dfrac{x+1}{x^2-5x+6}dx = \int \dfrac{x+1}{(x-3)(x-2)}dx$, 令 $\dfrac{x+1}{(x-3)(x-2)} = \dfrac{A}{x-3} + \dfrac{B}{x-2}$

$\Rightarrow A(x-2) + B(x-3) = x+1$, 各项系数对应相等, 可得 $\begin{cases} A+B=1 \\ -2A-3B=1 \end{cases} \Rightarrow \begin{cases} A=4 \\ B=-3 \end{cases}$,

$\int \dfrac{x+1}{(x-3)(x-2)}dx = \int \dfrac{4}{x-3} - \dfrac{3}{x-2}dx = 4\ln|x-3| - 3\ln|x-2| + C.$

例 4-77 求不定积分 $\int \dfrac{5x+1}{x^2-x-2}dx$.

解 $\int \dfrac{5x+1}{x^2-x-2}dx = \int \dfrac{5x+1}{(x-2)(x+1)}dx$, 令 $\dfrac{5x+1}{(x-2)(x+1)} = \dfrac{A}{x-2} + \dfrac{B}{x+1}$

$\Rightarrow A(x+1) + B(x-2) = 5x+1$, 各项系数对应相等, 可得 $\begin{cases} A+B=5 \\ A-2B=1 \end{cases} \Rightarrow \begin{cases} A=\dfrac{11}{3} \\ B=\dfrac{4}{3} \end{cases}$,

$\int \dfrac{5x+1}{(x-2)(x+1)}dx = \dfrac{11}{3}\int \dfrac{1}{x-2}dx + \dfrac{4}{3}\int \dfrac{1}{x+1}dx = \dfrac{11}{3}\ln|x-2| + \dfrac{4}{3}\ln|x+1| + C.$

例 4-78 求不定积分 $\int \dfrac{2x+3}{2x^2+3x+1}dx$.

解 $\int \dfrac{2x+3}{2x^2+3x+1}dx = \int \dfrac{2x+3}{(2x+1)(x+1)}dx$, 令 $\dfrac{2x+3}{(2x+1)(x+1)} = \dfrac{A}{2x+1} + \dfrac{B}{x+1}$

$\Rightarrow A(x+1) + B(2x+1) = 2x+3$, 各项系数对应相等, 可得 $\begin{cases} A+2B=2 \\ A+B=3 \end{cases} \Rightarrow \begin{cases} A=4 \\ B=-1 \end{cases}$,

$\int \dfrac{2x+3}{(2x+1)(x+1)}dx = \int \dfrac{4}{2x+1} - \dfrac{1}{x+1}dx = 2\ln|2x+1| - \ln|x+1| + C.$

Ⅲ. $\Delta = b^2 - 4ac < 0 \Rightarrow$ 分子凑分母的导数.

例 4-79 求不定积分 $\int \dfrac{x+1}{x^2 - 2x + 3} dx$.

解 $\int \dfrac{x+1}{x^2 - 2x + 3} dx = \int \dfrac{\frac{1}{2}(2x-2) + 2}{x^2 - 2x + 3} dx = \dfrac{1}{2} \int \dfrac{2x - 2}{x^2 - 2x + 3} dx + 2 \int \dfrac{1}{x^2 - 2x + 3} dx$

$= \dfrac{1}{2} \ln|x^2 - 2x + 3| + 2 \int \dfrac{1}{(x-1)^2 + (\sqrt{2})^2} dx$

$= \dfrac{1}{2} \ln|x^2 - 2x + 3| + \sqrt{2} \arctan \dfrac{\sqrt{2}(x-1)}{2} + C.$

例 4-80 求不定积分 $\int \dfrac{x+1}{x^2 + x + 1} dx$.

解 $\int \dfrac{x+1}{x^2 + x + 1} dx = \int \dfrac{\frac{1}{2}(2x+1) + \frac{1}{2}}{x^2 + x + 1} dx = \dfrac{1}{2} \int \dfrac{2x+1}{x^2 + x + 1} dx + \dfrac{1}{2} \int \dfrac{1}{x^2 + x + 1} dx$

$= \dfrac{1}{2} \ln|x^2 + x + 1| + \dfrac{1}{2} \int \dfrac{1}{\left(x + \frac{1}{2}\right)^2 + \frac{3}{4}} d\left(x + \dfrac{1}{2}\right)$

$= \dfrac{1}{2} \ln|x^2 + x + 1| + \dfrac{\sqrt{3}}{3} \arctan \dfrac{\sqrt{3}(2x+1)}{3} + C.$

例 4-81 求不定积分 $\int \dfrac{x+3}{4x^2 + 4x + 3} dx$.

解 $\int \dfrac{x+3}{4x^2 + 4x + 3} dx = \int \dfrac{\frac{1}{8}(8x+4) + \frac{5}{2}}{4x^2 + 4x + 3} dx = \dfrac{1}{8} \int \dfrac{8x+4}{4x^2 + 4x + 3} dx + \dfrac{5}{2} \int \dfrac{1}{4x^2 + 4x + 3} dx$

$= \dfrac{1}{8} \ln|4x^2 + 4x + 3| + \dfrac{5}{4} \int \dfrac{1}{(2x+1)^2 + (\sqrt{2})^2} d(2x+1)$

$= \dfrac{1}{8} \ln|4x^2 + 4x + 3| + \dfrac{5\sqrt{2}}{8} \arctan \dfrac{\sqrt{2}(2x+1)}{2} + C.$

③ 类型三:形如 $\int \dfrac{P(x)}{b(x-a)^\alpha \cdots (x^2 + px + q)^\beta \cdots (x^n + mx^{n-1} + \cdots + 1)^\gamma} dx$.(分母是三次及以上的真分式)

待定系数法:

a. 分母括号内因式分解展开成最简(例如:$(x^2 - 1)$ 展开成 $(x+1)(x-1)$);

b. 根据分母括号外次数,逐次递减裂项至一次;

c. 分子的待定系数由分母括号内决定,比分母括号内少一次.

例 4-82 求不定积分 $\int \dfrac{x-3}{(x-1)(x^2 - 1)} dx$.

解 $\int \dfrac{x-3}{(x-1)(x^2 - 1)} dx = \int \dfrac{x-3}{(x-1)^2 (x+1)} dx,$

令 $\dfrac{x-3}{(x-1)^2(x+1)} = \dfrac{A}{(x-1)^2} + \dfrac{B}{x-1} + \dfrac{C}{x+1}$

$\Rightarrow A(x+1) + B(x-1)(x+1) + C(x-1)^2 = x-3$

$\Rightarrow Ax + A + Bx^2 - B + Cx^2 - 2Cx + C = x-3$

$\Rightarrow (B+C)x^2 + (A-2C)x + A - B + C = x - 3$,

各项系数对应相等,可得 $\begin{cases} B+C=0 \\ A-2C=1 \\ A-B+C=-3 \end{cases} \Rightarrow \begin{cases} A=-1 \\ B=1 \\ C=-1 \end{cases}$,

$\displaystyle\int \dfrac{x-3}{(x-1)^2(x+1)} dx = \int \dfrac{-1}{(x-1)^2} + \dfrac{1}{x-1} + \dfrac{-1}{x+1} dx = \dfrac{1}{x-1} + \ln|x-1| - \ln|x+1| + C.$

例 4-83 求不定积分 $\displaystyle\int \dfrac{x}{(x-1)(x^2+1)} dx$.

解 令 $\dfrac{x}{(x-1)(x^2+1)} = \dfrac{A}{x-1} + \dfrac{Bx+C}{x^2+1} \Rightarrow A(x^2+1) + (Bx+C)(x-1) = x$

$\Rightarrow (A+B)x^2 + (-B+C)x + A - C = x$,各项系数对应相等,可得 $\begin{cases} A+B=0 \\ -B+C=1 \\ A-C=0 \end{cases} \Rightarrow \begin{cases} A=\dfrac{1}{2} \\ B=-\dfrac{1}{2} \\ C=\dfrac{1}{2} \end{cases}$,

$\displaystyle\int \dfrac{x}{(x-1)(x^2+1)} dx = \int \dfrac{\frac{1}{2}}{x-1} + \dfrac{-\frac{1}{2}x + \frac{1}{2}}{x^2+1} dx = \dfrac{1}{2}\int \dfrac{1}{x-1} - \dfrac{x-1}{x^2+1} dx$

$= \dfrac{1}{2}\ln|x-1| - \dfrac{1}{2}\int \dfrac{\frac{1}{2}(2x)-1}{x^2+1} dx$

$= \dfrac{1}{2}\ln|x-1| - \dfrac{1}{4}\ln(x^2+1) + \dfrac{1}{2}\arctan x + C.$

(4) 三角函数转化为有理函数的积分(万能公式).

$\sin x = \dfrac{\sin x}{1} = \dfrac{2\sin\frac{x}{2}\cos\frac{x}{2}}{\cos^2\frac{x}{2} + \sin^2\frac{x}{2}} \xlongequal{\div \cos^2\frac{x}{2}} \dfrac{2\tan\frac{x}{2}}{1+\tan^2\frac{x}{2}}$,

$\cos x = \dfrac{\cos x}{1} = \dfrac{\cos^2\frac{x}{2} - \sin^2\frac{x}{2}}{\cos^2\frac{x}{2} + \sin^2\frac{x}{2}} \xlongequal{\div \cos^2\frac{x}{2}} \dfrac{1-\tan^2\frac{x}{2}}{1+\tan^2\frac{x}{2}}$.

令 $u = \tan\dfrac{x}{2}$,则 $x = 2\arctan u$, $dx = \dfrac{2}{1+u^2} du$, $\sin x = \dfrac{2u}{1+u^2}$, $\cos x = \dfrac{1-u^2}{1+u^2}$.

例 4-84 求不定积分 $\int \dfrac{1}{3+5\cos x}\mathrm{d}x$.

解 令 $u=\tan\dfrac{x}{2}$，则 $x=2\arctan u, \mathrm{d}x=\dfrac{2}{1+u^2}\mathrm{d}u, \cos x=\dfrac{1-u^2}{1+u^2}$，代入得

$$\int \dfrac{1}{3+5\cdot\dfrac{1-u^2}{1+u^2}}\cdot\dfrac{2}{1+u^2}\mathrm{d}u = \int \dfrac{2}{8-2u^2}\mathrm{d}u = -\int\dfrac{1}{u^2-4}\mathrm{d}u = \dfrac{1}{4}\ln\left|\dfrac{u-2}{u+2}\right|+C$$

$$= -\dfrac{1}{4}\ln\left|\dfrac{\tan\dfrac{x}{2}-2}{\tan\dfrac{x}{2}+2}\right|+C.$$

例 4-85 求不定积分 $\int \dfrac{1+\sin x}{1+\cos x}\mathrm{d}x$.

解 令 $u=\tan\dfrac{x}{2}$，则 $x=2\arctan u, \mathrm{d}x=\dfrac{2}{1+u^2}\mathrm{d}u, \sin x=\dfrac{2u}{1+u^2}, \cos x=\dfrac{1-u^2}{1+u^2}$，代入得

$$\int \dfrac{1+\dfrac{2u}{1+u^2}}{1+\dfrac{1-u^2}{1+u^2}}\cdot\dfrac{2}{1+u^2}\mathrm{d}u = \int\dfrac{1+u^2+2u}{1+u^2}\mathrm{d}u = u+\ln(1+u^2)+C$$

$$= \tan\dfrac{x}{2}+\ln\left(1+\tan^2\dfrac{x}{2}\right)+C.$$

例 4-86 求不定积分 $\int\dfrac{1+\sin x}{\sin x(1+\cos x)}\mathrm{d}x$.

解 令 $u=\tan\dfrac{x}{2}$，则 $x=2\arctan u, \mathrm{d}x=\dfrac{2}{1+u^2}\mathrm{d}u, \sin x=\dfrac{2u}{1+u^2}, \cos x=\dfrac{1-u^2}{1+u^2}$，代入得

$$\int\dfrac{1+\dfrac{2u}{1+u^2}}{\dfrac{2u}{1+u^2}\cdot\left(1+\dfrac{1-u^2}{1+u^2}\right)}\cdot\dfrac{2}{1+u^2}\mathrm{d}u = \int\dfrac{1+u^2+2u}{2u}\mathrm{d}u = \dfrac{1}{2}\ln|u|+\dfrac{u^2}{4}+u+C$$

$$= \dfrac{1}{2}\ln\left|\tan\dfrac{x}{2}\right|+\dfrac{\tan^2\dfrac{x}{2}}{4}+\tan\dfrac{x}{2}+C.$$

(5) 三角函数的待定系数法：形如 $\int\dfrac{a\sin x+b\cos x}{c\sin x+d\cos x}\mathrm{d}x$，其中 a,b,c,d 为常数.

令 $a\sin x+b\cos x=S(c\sin x+d\cos x)+T(c\sin x+d\cos x)'$，其中 S,T 为待定系数.

例 4-87 求不定积分 $\int\dfrac{\sin x}{\sin x-\cos x}\mathrm{d}x$.

解 令 $\sin x=S(\sin x-\cos x)+T(\sin x-\cos x)' \Rightarrow \sin x=S(\sin x-\cos x)+T(\cos x+\sin x)$，

各项系数对应相等，可得 $\begin{cases}1=S+T\\0=-S+T\end{cases} \Rightarrow \begin{cases}S=\dfrac{1}{2}\\T=\dfrac{1}{2}\end{cases}$,

$$\int \frac{\sin x}{\sin x - \cos x} dx = \int \frac{\frac{1}{2}(\sin x - \cos x) + \frac{1}{2}(\sin x - \cos x)'}{\sin x - \cos x} dx$$

$$= \frac{1}{2} x + \frac{1}{2} \ln |\sin x - \cos x| + C.$$

例 4-88 求不定积分 $\int \frac{\sin x - \cos x}{\sin x + 2\cos x} dx$.

解 令 $\sin x - \cos x = S(\sin x + 2\cos x) + T(\sin x + 2\cos x)'$

$\Rightarrow \sin x - \cos x = S(\sin x + 2\cos x) + T(\cos x - 2\sin x)$,

各项系数对应相等,可得 $\begin{cases} 1 = S - 2T \\ -1 = 2S + T \end{cases} \Rightarrow \begin{cases} S = -\frac{1}{5} \\ T = -\frac{3}{5} \end{cases}$,

$$\int \frac{\sin x - \cos x}{\sin x + 2\cos x} dx = \int \frac{-\frac{1}{5}(\sin x + 2\cos x) - \frac{3}{5}(\sin x + 2\cos x)'}{\sin x + 2\cos x} dx$$

$$= -\frac{1}{5} x - \frac{3}{5} \ln |\sin x + 2\cos x| + C.$$

第 5 章 定积分及其应用

① 理解定积分的概念与几何意义,掌握定积分的基本性质.
② 理解变限积分函数的概念,掌握变限积分函数求导的方法.
③ 掌握牛顿-莱布尼茨(Newton-Leibniz)公式.
④ 掌握定积分的换元积分法与分部积分法.
⑤ 理解无穷区间上有界函数的广义积分与有限区间上无界函数的瑕积分的概念,掌握其计算方法.
⑥ 会用定积分计算平面图形的面积以及平面图形绕坐标轴旋转一周所得的旋转体的体积.

5.1 定积分的概念

定义:设函数 $y=f(x)$ 在区间 $[a,b]$ 上有界,在区间 $[a,b]$ 中任取分点 $a=x_0<x_1<x_2<\cdots<x_{n-1}<x_n=b$(见图 5-1),将区间 $[a,b]$ 分成 n 个小区间 $[x_{i-1},x_i]$,$i=1,2,\cdots n$,小区间的长度为 $\Delta x_i = x_i - x_{i-1}$,在每个小区间 $[x_{i-1},x_i]$ 上任取一点 ξ_i,作和 $\sum_{i=1}^{n} f(\xi_i)\Delta x_i$,令 $\lambda = \max\{\Delta x_i\}$,当 $\lambda \to 0$ 时,$\sum_{i=1}^{n} f(\xi_i)\Delta x_i$ 极限存在,称 $f(x)$ 在 $[a,b]$ 上可积,称此极限为 $f(x)$ 在 $[a,b]$ 上的定积分,记作

$$\int_a^b f(x)\,dx = \lim_{\lambda \to 0} \sum_{i=1}^{n} f(\xi_i)\Delta x_i,$$

其中 $f(x)$ 为被积函数;x 为积分变量;a,b 为积分下限和积分上限.

注:此极限不依赖 $[a,b]$ 的分法,也不依赖 ξ_i 的取值.

特别地,把区间 $[a,b]$ 分为 n 等份,则每个小区间的长度为 $\dfrac{b-a}{n}$,ξ_i 取每个小区间的右端点,当 $n \to \infty$ 时,可将上底边的曲线看成直线,即 n 个小矩形的面积之和等于该曲边梯形的面积

$$\lim_{n \to \infty} \frac{b-a}{n} \sum_{i=1}^{n} f\left(a + \frac{b-a}{n}i\right) = \int_a^b f(x)\,dx.$$

当 $a=0, b=1$ 时，即区间 $[a,b]$ 为 $[0,1]$（见图5-2），有
$$\lim_{n\to\infty}\frac{1}{n}\sum_{i=1}^{n}f\left(\frac{i}{n}\right)=\int_{0}^{1}f(x)\,\mathrm{d}x.$$

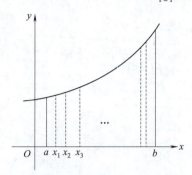
图 5-1

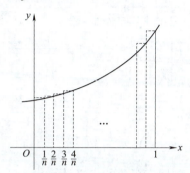
图 5-2

注：通过此极限可以发现，定积分 $\int_{a}^{b}f(x)\,\mathrm{d}x$ 的结果是一个常数，且只与 $f(x)$，$[a,b]$ 有关，与积分变量无关．

* 这类极限转化为定积分的难点在于如何确定积分上下限，可以通过极限确定多个小矩形对应的底与高，再去通过 i 的取值变化确定区间，如：

$$\lim_{n\to\infty}\frac{1}{n}\left(\sqrt{1+\frac{1}{n}}+\sqrt{1+\frac{2}{n}}+\cdots+\sqrt{1+\frac{2n}{n}}\right),\frac{1}{n} 表示 [0,1] 分为 n 等份，\frac{i}{n} 最左端和最右端表示端点 \lim_{n\to\infty}\frac{1}{n}=0,\lim_{n\to\infty}\frac{2n}{n}=2,因此可知 [0,1] 分为 n 等份，[1,2] 也分为 n 等份，即$$

$$\lim_{n\to\infty}\frac{1}{n}\left(\sqrt{1+\frac{1}{n}}+\sqrt{1+\frac{2}{n}}+\cdots+\sqrt{1+\frac{2n}{n}}\right)=\lim_{n\to\infty}\frac{1}{n}\sum_{i=1}^{2n}\sqrt{1+\frac{i}{n}}=\int_{0}^{2}\sqrt{1+x}\,\mathrm{d}x.$$

有时题目中也会缺少个别小矩形的面积，如：

$$\lim_{n\to\infty}\frac{1}{n}\left(\sqrt{1+\frac{1}{n}}+\sqrt{1+\frac{2}{n}}+\cdots+\sqrt{1+\frac{n-1}{n}}\right)=\lim_{n\to\infty}\frac{1}{n}\sum_{i=1}^{n-1}\sqrt{1+\frac{i}{n}}，由无穷级数的性质$$

可知，一个收敛级数增加、改变的有限项为无穷小，收敛的结果不变，所以

$$\lim_{n\to\infty}\frac{1}{n}\sum_{i=1}^{n-1}\sqrt{1+\frac{i}{n}}=\int_{0}^{1}f(x)\,\mathrm{d}x.$$

例 5-1 将极限 $\lim\limits_{n\to\infty}\frac{1}{n}\left(\sqrt{1+\frac{1}{n}}+\sqrt{1+\frac{2}{n}}+\cdots+\sqrt{1+\frac{n}{n}}\right)$ 用定积分表示．

解 $\lim\limits_{n\to\infty}\frac{1}{n}\left(\sqrt{1+\frac{1}{n}}+\sqrt{1+\frac{2}{n}}+\cdots+\sqrt{1+\frac{n}{n}}\right)=\lim\limits_{n\to\infty}\frac{1}{n}\sum\limits_{i=1}^{n}\sqrt{1+\frac{i}{n}}=\int_{0}^{1}\sqrt{1+x}\,\mathrm{d}x.$

例 5-2 将极限 $\lim\limits_{n\to\infty}\left(\frac{1}{n+1}+\frac{1}{n+2}+\cdots+\frac{1}{n+n}\right)$ 用定积分表示．

解 $\lim\limits_{n\to\infty}\left(\frac{1}{n+1}+\frac{1}{n+2}+\cdots+\frac{1}{n+n}\right)=\lim\limits_{n\to\infty}\frac{1}{n}\left(\frac{1}{1+\frac{1}{n}}+\frac{1}{1+\frac{2}{n}}+\cdots+\frac{1}{1+\frac{n}{n}}\right)$

$=\lim\limits_{n\to\infty}\frac{1}{n}\sum\limits_{i=1}^{n}\frac{1}{1+\frac{i}{n}}=\int_{0}^{1}\frac{1}{1+x}\,\mathrm{d}x.$

例 5-3 将极限 $\lim\limits_{n\to\infty}\left(\dfrac{1}{\sqrt{n^2+1}}+\dfrac{1}{\sqrt{n^2+2^2}}+\cdots+\dfrac{1}{\sqrt{n^2+n^2}}\right)$ 用定积分表示.

解
$$\lim\limits_{n\to\infty}\left(\dfrac{1}{\sqrt{n^2+1}}+\dfrac{1}{\sqrt{n^2+2^2}}+\cdots+\dfrac{1}{\sqrt{n^2+n^2}}\right)$$
$$=\lim\limits_{n\to\infty}\dfrac{1}{n}\left[\dfrac{1}{\sqrt{1+\left(\dfrac{1}{n}\right)^2}}+\dfrac{1}{\sqrt{1+\left(\dfrac{2}{n}\right)^2}}+\cdots+\dfrac{1}{\sqrt{1+\left(\dfrac{n}{n}\right)^2}}\right]$$
$$=\lim\limits_{n\to\infty}\dfrac{1}{n}\sum_{i=1}^{n}\dfrac{1}{\sqrt{1+\left(\dfrac{i}{n}\right)^2}}=\int_0^1\dfrac{1}{\sqrt{1+x^2}}\mathrm{d}x.$$

例 5-4 利用定积分的定义计算 $\int_0^1 x\mathrm{d}x$.

解 $\int_0^1 x\mathrm{d}x=\lim\limits_{n\to\infty}\dfrac{1}{n}\sum_{i=1}^{n}\dfrac{i}{n}=\lim\limits_{n\to\infty}\dfrac{1}{n}\left(\dfrac{1}{n}+\dfrac{2}{n}+\cdots+\dfrac{n}{n}\right)=\lim\limits_{n\to\infty}\dfrac{1}{n}\cdot\dfrac{(n+1)n}{2}\cdot\dfrac{1}{n}=\dfrac{1}{2}.$

若 $f(x)$ 在 $[a,b]$ 上的定积分存在,称 $f(x)$ 在 $[a,b]$ 上可积.
若函数 $f(x)$ 在 $[a,b]$ 上可积,则 $f(x)$ 在 $[a,b]$ 上必有界.
若函数 $f(x)$ 在 $[a,b]$ 上连续,则 $f(x)$ 在 $[a,b]$ 上可积.
若函数 $f(x)$ 在 $[a,b]$ 上有界,且只有有限个间断点,则 $f(x)$ 在 $[a,b]$ 上可积.
(有时也会说:若函数 $f(x)$ 在 $[a,b]$ 上只有有限个第一类间断点,则 $f(x)$ 在 $[a,b]$ 上可积. 这些可积、连续、有界的关系主要出现在选择题中,用于判断各选项说法是否正确.)

5.2 定积分的几何意义

在 $[a,b]$ 上,若 $f(x)>0$,则 $\int_a^b f(x)\mathrm{d}x$ 等于 $y=f(x),x=a,x=b$ 及 x 轴所围成的图形面积,即 $\int_a^b f(x)\mathrm{d}x=S_1$.

在 $[a,b]$ 上,若 $f(x)<0$,则 $\int_a^b f(x)\mathrm{d}x$ 等于 $y=f(x),x=a,x=b$ 及 x 轴所围成的图形面积的相反数,即 $\int_a^b f(x)\mathrm{d}x=-S_1$.

设 $y=f(x)$ 在 $[a,b]$ 上连续,$\int_a^b f(x)\mathrm{d}x$ 表示介于曲线 $y=f(x)$,x 轴,直线 $x=a,x=b$ 各部分面积的代数和,以上 $a<b$.

涉及定积分几何意义的题型主要为以下两种形式.

1. 比较定积分的大小(主要看在积分区间内被积函数的大小)

例 5-5 已知 $I_1=\int_0^{\frac{\pi}{4}}x\mathrm{d}x, I_2=\int_0^{\frac{\pi}{4}}\sqrt{x}\mathrm{d}x, I_3=\int_0^{\frac{\pi}{4}}\sin x\mathrm{d}x$,比较 I_1,I_2,I_3 的大小关系.

解 当 $0<x<\dfrac{\pi}{4}$ 时,$0<\sin x<x<\sqrt{x}$,故 $I_3<I_1<I_2$.

例 5-6 已知 $I_1 = \int_0^1 \frac{e^x}{1+\sin x} dx$，$I_2 = \int_0^1 \left(\frac{e^{2x}}{1+\sin x}\right)^2 dx$，$I_3 = \int_0^1 \left(\frac{e^{3x}}{1+\sin x}\right)^3 dx$，比较 I_1, I_2, I_3 的大小关系.

解 当 $0 < x < 1$ 时，$\sin x < x < e^x - 1$，得 $\frac{e^x}{1+\sin x} > 1$，$1 < \frac{e^x}{1+\sin x} < \frac{e^{2x}}{1+\sin x} < \frac{e^{3x}}{1+\sin x}$，$1 < \frac{e^x}{1+\sin x} < \left(\frac{e^{2x}}{1+\sin x}\right)^2 < \left(\frac{e^{3x}}{1+\sin x}\right)^3$，故 $I_1 < I_2 < I_3$.

2. 通过图形面积求定积分

例 5-7 求定积分 $\int_0^2 \sqrt{4-x^2} \, dx$.

解 $y = \sqrt{4-x^2} \Rightarrow x^2 + y^2 = 4$，是以 $(0,0)$ 为圆心，2 为半径的圆，则由定积分的几何意义可知 $\int_0^2 \sqrt{4-x^2} \, dx = \frac{\pi \times 2^2}{4} = \pi$.

5.3 定积分的性质

设 $f(x), g(x)$ 可积，则：

① $\int_a^b [f(x) \pm g(x)] \, dx = \int_a^b f(x) \, dx \pm \int_a^b g(x) \, dx$.

② $\int_a^b kf(x) \, dx = k \int_a^b f(x) \, dx$（$k$ 为常数或与积分变量 x 无关的其他变量）.

③ 若 $a = b$，则 $\int_a^b f(x) \, dx = 0$.

④ $\int_a^b f(x) \, dx = -\int_b^a f(x) \, dx$，上下限互换，前面加个负号.

⑤ $\int_a^b f(x) \, dx = \int_a^c f(x) \, dx + \int_c^b f(x) \, dx$.

⑥ 若在区间 $[a,b]$ 上 $f(x) \equiv 1$，则 $\int_a^b 1 \, dx = b - a$.

⑦ 若在区间 $[a,b]$ 上 $f(x) \geq g(x)$，则 $\int_a^b f(x) \, dx \geq \int_a^b g(x) \, dx$.

⑧ $\left|\int_a^b f(x) \, dx\right| \leq \int_a^b |f(x)| \, dx$.

⑨ 积分估值定理：若函数 $f(x)$ 在 $[a,b]$ 上连续，设 M 与 m 分别是函数 $f(x)$ 在区间 $[a,b]$ 上的最大值与最小值，则 $m(b-a) \leq \int_a^b f(x) \, dx \leq M(b-a)$.

积分中值定理：若函数 $f(x)$ 在 $[a,b]$ 上连续，则至少存在一点 $\xi \in [a,b]$，使得 $\int_a^b f(x) \, dx = f(\xi)(b-a)$；

$$\dfrac{\int_a^b f(x)\mathrm{d}x}{b-a}=f(\xi),f(\xi)$$ 也称为 $f(x)$ 在 $[a,b]$ 上的平均值,所以积分中值定理也称为平均值定理.

⑩偶倍奇零:设函数 $f(x)$ 在 $[-a,a]$ 上连续,对于 $\int_{-a}^{a}f(x)\mathrm{d}x$,若 $f(x)$ 为奇函数,结果为 0;若 $f(x)$ 为偶函数,结果为 $2\int_0^a f(x)\mathrm{d}x$.(看到积分上下限互为相反数,是一个对称区间时,第一时间想偶倍奇零.)

1. 积分估值定理例题

例 5-8 估计定积分 $\int_{\frac{\pi}{4}}^{\frac{5\pi}{4}}1+\sin^2 x\mathrm{d}x$ 的值.

解 当 $\dfrac{\pi}{4}\leqslant x\leqslant\dfrac{5\pi}{4}$ 时, $0\leqslant\sin^2 x\leqslant 1$,得 $1\leqslant 1+\sin^2 x\leqslant 2$,故

$$\int_{\frac{\pi}{4}}^{\frac{5\pi}{4}}1\mathrm{d}x\leqslant\int_{\frac{\pi}{4}}^{\frac{5\pi}{4}}1+\sin^2 x\mathrm{d}x\leqslant\int_{\frac{\pi}{4}}^{\frac{5\pi}{4}}2\mathrm{d}x\Rightarrow\pi\leqslant\int_{\frac{\pi}{4}}^{\frac{5\pi}{4}}1+\sin^2 x\mathrm{d}x\leqslant 2\pi.$$

例 5-9 估计定积分 $\int_0^4 1+x^2\mathrm{d}x$ 的值.

解 当 $0\leqslant x\leqslant 4$ 时, $1\leqslant 1+x^2\leqslant 17$,故 $\int_0^4 1\mathrm{d}x\leqslant\int_0^4 1+x^2\mathrm{d}x\leqslant\int_0^4 17\mathrm{d}x\Rightarrow 4\leqslant\int_0^4 1+x^2\mathrm{d}x\leqslant 68$.

2. 积分中值定理例题

注:在微分中值定理的题目中出现定积分,可优先考虑积分中值.

例 5-10 函数 $f(x)$ 在 $[0,1]$ 上连续,在 $(0,1)$ 内可导,且 $f(1)=3\int_0^{\frac{1}{3}}f(x)\mathrm{d}x$,证明: $\exists\xi\in(0,1)$,使得 $f'(\xi)=0$.

证明 因为函数 $f(x)$ 在 $\left[0,\dfrac{1}{3}\right]$ 上连续,所以由积分中值定理可知, $\exists c\in\left[0,\dfrac{1}{3}\right]$,使得 $\int_0^{\frac{1}{3}}f(x)\mathrm{d}x=\dfrac{1}{3}f(c)$,由题意可知 $f(1)=f(c)$,因为函数 $f(x)$ 在 $[c,1]$ 上连续,在 $(c,1)$ 内可导,且 $f(1)=f(c)$,所以由罗尔中值定理可知, $\exists\xi\in(c,1)\subset(0,1)$,使得 $f'(\xi)=0$.

例 5-11 函数 $f(x)$ 在 $[0,1]$ 上连续,在 $(0,1)$ 内可导,且 $f(1)=2\int_0^{\frac{1}{2}}xf(x)\mathrm{d}x$,证明: $\exists\xi\in(0,1)$,使得 $f(\xi)+\xi f'(\xi)=0$.

证明 令 $F(x)=xf(x)$,因为函数 $F(x)$ 在 $\left[0,\dfrac{1}{2}\right]$ 上连续,所以由积分中值定理可知, $\exists c\in\left[0,\dfrac{1}{2}\right]$,使得 $\int_0^{\frac{1}{2}}xf(x)\mathrm{d}x=\dfrac{1}{2}cf(c)$,由题意可知 $f(1)=cf(c)$.

因为函数 $F(x)$ 在 $[c,1]$ 上连续,在 $(c,1)$ 内可导,且 $F(1)=F(c)$,所以由罗尔中值定理可知, $\exists\xi\in(c,1)\subset(0,1)$,使得 $F'(\xi)=0$,即 $f(\xi)+\xi f'(\xi)=0$ 得证.

例 5-12 函数 $f(x)$ 在 $[0,1]$ 上连续,在 $(0,1)$ 内可导,且 $f(1)=2\int_0^{\frac{1}{2}}e^{1-x}f(x)dx$,证明:$\exists \xi \in (0,1)$,使得 $f'(\xi)-f(\xi)=0$.

证明 令 $F(x)=e^{1-x}f(x)$,因为函数 $F(x)$ 在 $\left[0,\frac{1}{2}\right]$ 上连续,所以由积分中值定理可知,$\exists c \in \left[0,\frac{1}{2}\right]$,使得 $\int_0^{\frac{1}{2}}e^{1-x}f(x)dx = \frac{1}{2}e^{1-c}f(c)$,由题意可知 $f(1)=e^{1-c}f(c)$,

因为函数 $F(x)$ 在 $[c,1]$ 上连续,在 $(c,1)$ 内可导,且 $F(1)=F(c)$,所以由罗尔中值定理可知,$\exists \xi \in (c,1) \subset (0,1)$,使得 $F'(\xi)=0$,即 $f'(\xi)e^{1-\xi}-f(\xi)e^{1-\xi}=0 \Rightarrow [f'(\xi)-f(\xi)]e^{1-\xi}=0$,因为 $e^{1-\xi} \neq 0$,所以 $f'(\xi)-f(\xi)=0$ 得证.

5.4 变限积分

变限积分简单理解就是上下限会变的积分,对于正常的定积分 $\int_a^b f(x)dx$ 而言,积分上下限固定,其结果是一个确定的值,如果把它的上限换成一个变量 $\int_a^x f(x)dx$,这时积分的结果就会随着 x 的变化而变化,但这里的积分变量也是 x,因为定积分的值和积分变量无关,所以为避免混淆,把积分变量 x 换成 t,于是有 $\int_a^x f(t)dt$,称为变上限积分. 同理,$\int_x^b f(t)dt$ 称为变下限积分. 变上限积分和变下限积分统称为变限积分.

定理: 若函数 $f(x)$ 在 $[a,b]$ 上连续,则变上限积分 $\Phi(x)\int_a^x f(t)dt$ 在 $[a,b]$ 上可导,且

$$\Phi'(x) = \frac{d\int_a^x f(t)dt}{dx} = f(x), x \in [a,b];$$

若 $\Phi(x)=\int_a^{\varphi(x)}f(t)dt$,则 $\Phi'(x)=f[\varphi(x)]\varphi'(x)$. (不用管常数 a 是多少,$\Phi(x)$ 对 x 求导就是把上限代入被积函数的 t 中再乘以上限求导. 但是需要注意的是,若被积函数中有 x,需要把 x 提到积分符号外面)

若 $\Phi(x)=\int_{\theta(x)}^{\varphi(x)}f(t)dt$,则 $\Phi'(x)=f[\varphi(x)]\varphi'(x)-f[\theta(x)]\theta'(x)$. (上限代入乘以上限求导减去下限代入乘以下限求导.)

通过上述定理可以发现,连续函数 $f(x)$ 取变上限积分再求导后,其结果仍为 $f(x)$ 本身,因此可以说若函数 $f(x)$ 在 $[a,b]$ 上连续,则函数 $\Phi(x)=\int_a^x f(t)dt$ 为 $f(x)$ 在 $[a,b]$ 上的一个原函数.

例 5-13 已知 $P(x)=\int_0^{x^2}\sqrt{1+t^2}dt$,求 $P'(x)$.

解 $P'(x)=2x\sqrt{1+x^4}$.

例 5-14 已知 $P(x) = \int_{x^2}^{x^3} e^{2t} dt$, 求 $P'(x)$.

解 $P'(x) = 3x^2 e^{2x^3} - 2x e^{2x^2}$.

例 5-15 已知 $P(x) = \int_0^x xf(t) dt$, 求 $P'(x)$.

解 $P(x) = \int_0^x xf(t) dt = x \int_0^x f(t) dt, P'(x) = \int_0^x f(t) dt + xf(x)$.

例 5-16 已知 $P(x) = \int_0^x (x-t)f(t) dt$, 求 $P'(x)$.

解 $P(x) = \int_0^x (x-t)f(t) dt = x \int_0^x f(t) dt - \int_0^x tf(t) dt,$

$P'(x) = \int_0^x f(t) dt + xf(x) - xf(x) = \int_0^x f(t) dt.$

注:被积函数中有 x,需要把 x 提到积分符号外面再求导.

1. 变限积分与极限结合

例 5-17 求极限 $\lim\limits_{x \to 0} \dfrac{\int_0^{2x} \sin t^2 dt}{x^2 \ln(1-x)}$.

解 $\lim\limits_{x \to 0} \dfrac{\int_0^{2x} \sin t^2 dt}{x^2 \ln(1-x)} = \lim\limits_{x \to 0} \dfrac{\int_0^{2x} \sin t^2 dt}{-x^3} \stackrel{洛}{=} \lim\limits_{x \to 0} \dfrac{\sin(2x)^2 \cdot 2}{-3x^2} = -\dfrac{8}{3}$.

例 5-18 求极限 $\lim\limits_{x \to 0} \dfrac{\int_0^x \dfrac{\ln(1+t^3)}{t} dt}{x - \sin x}$.

解 $\lim\limits_{x \to 0} \dfrac{\int_0^x \dfrac{\ln(1+t^3)}{t} dt}{x - \sin x} = \lim\limits_{x \to 0} \dfrac{\int_0^x \dfrac{\ln(1+t^3)}{t} dt}{\dfrac{1}{6}x^3} \stackrel{洛}{=} \lim\limits_{x \to 0} \dfrac{\dfrac{\ln(1+x^3)}{x}}{\dfrac{1}{2}x^2} = 2.$

例 5-19 求极限 $\lim\limits_{x \to 0} \dfrac{\int_{\cos x}^1 t \ln t \, dt}{x^4}$.

解 $\lim\limits_{x \to 0} \dfrac{\int_{\cos x}^1 t \ln t \, dt}{x^4} \stackrel{洛}{=} \lim\limits_{x \to 0} \dfrac{\sin x \cos x \cdot \ln \cos x}{4x^3} = \lim\limits_{x \to 0} \dfrac{\ln(1 + \cos x - 1)}{4x^2} = -\dfrac{1}{8}.$

例 5-20 求极限 $\lim\limits_{x \to 0} \dfrac{\int_0^x \arctan t \, dt}{1 - \cos 2x}$.

解 $\lim\limits_{x \to 0} \dfrac{\int_0^x \arctan t \, dt}{1 - \cos 2x} = \lim\limits_{x \to 0} \dfrac{\int_0^x \arctan t \, dt}{\dfrac{1}{2}(2x)^2} \stackrel{洛}{=} \lim\limits_{x \to 0} \dfrac{\arctan x}{4x} = \dfrac{1}{4}.$

2. 变限积分与参变量函数求导结合

例 5-21 已知 $\begin{cases} x = \int_0^{t^2} \sin u \, du \\ y = \int_{2t}^1 \sqrt{1+u^2} \, du \end{cases}$,求 $\dfrac{dy}{dx}$.

解 $\dfrac{dy}{dx} = \dfrac{dy/dt}{dx/dt} = \dfrac{-2\sqrt{1+4t^2}}{2t \sin t^2} = -\dfrac{\sqrt{1+4t^2}}{t \sin t^2}$.

> **注**:变限积分求导和前面的复合函数求导十分类似,以后在题目中看到变限积分可优先考虑求导,如果解决不了再把其当作正常积分用牛顿-莱布尼茨公式处理.

5.5 牛顿-莱布尼茨公式

若函数 $F(x)$ 是连续函数 $f(x)$ 在 $[a,b]$ 上的一个原函数,则

$$\int_a^b f(x) \, dx = F(x) \Big|_a^b = F(b) - F(a).$$

(求出原函数,上限代入减去下限代入.)

例 5-22 求定积分 $\int_1^{\sqrt{3}} \dfrac{1}{1+x^2} dx$.

解 $\int_1^{\sqrt{3}} \dfrac{1}{1+x^2} dx = \arctan x \Big|_1^{\sqrt{3}} = \dfrac{\pi}{3} - \dfrac{\pi}{4} = \dfrac{\pi}{12}$.

例 5-23 求定积分 $\int_0^1 e^x \, dx$.

解 $\int_0^1 e^x \, dx = e^x \Big|_0^1 = e - 1$.

例 5-24 求定积分 $\int_0^\pi \sin x \, dx$.

解 $\int_0^\pi \sin x \, dx = -\cos x \Big|_0^\pi = 1 - (-1) = 2$.

例 5-25 求定积分 $\int_0^{\frac{\pi}{4}} \tan^2 x \, dx$.

解 $\int_0^{\frac{\pi}{4}} \tan^2 x \, dx = \int_0^{\frac{\pi}{4}} (\sec^2 x - 1) \, dx = (\tan x - x) \Big|_0^{\frac{\pi}{4}} = 1 - \dfrac{\pi}{4}$.

1. 求含定积分的函数表达式

求含定积分的函数表达式,令定积分为常数 A,注意此定积分不是变限积分.

例 5-26 已知 $f(x) = e^x - \int_0^1 f(x)dx$,求函数 $f(x)$.

解 因为定积分的结果是一个常数,所以我们的目的就是把 $\int_0^1 f(x)dx$ 计算出来. 令 $\int_0^1 f(x)dx = A$,则 $f(x) = e^x - A$,两边同时在 $[0,1]$ 上积分,

$$\int_0^1 f(x)dx = \int_0^1 (e^x - A)dx \Rightarrow A = (e^x - Ax)\big|_0^1 \Rightarrow A = e - A - 1,$$

得 $A = \dfrac{e-1}{2}$,故 $f(x) = e^x - \dfrac{e-1}{2}$.

例 5-27 已知 $f(x) = \dfrac{1}{\sqrt{1+x^2}} + \int_0^1 xf(x)dx$,求函数 $f(x)$.

解 令 $\int_0^1 xf(x)dx = A$,则 $f(x) = \dfrac{1}{\sqrt{1+x^2}} + A \Rightarrow xf(x) = \dfrac{x}{\sqrt{1+x^2}} + Ax$,

两边同时在 $[0,1]$ 上积分,

$$\int_0^1 xf(x)dx = \int_0^1 \dfrac{x}{\sqrt{1+x^2}}dx + \int_0^1 Ax\,dx$$

$$\Rightarrow A = \sqrt{1+x^2}\Big|_0^1 + \dfrac{Ax^2}{2}\Big|_0^1$$

$$\Rightarrow A = \sqrt{2} - 1 + \dfrac{A}{2},\text{得 } A = 2(\sqrt{2}-1), \text{故 } f(x) = \dfrac{1}{\sqrt{1+x^2}} + 2(\sqrt{2}-1).$$

2. 求变限积分表达式

求变限积分表达式,注意按照分段函数的范围进行讨论.

例 5-28 已知 $f(x) = \begin{cases} x^2, & 0 \leq x < 1 \\ x, & 1 \leq x \leq 2 \end{cases}$,求 $F(x) = \int_0^x f(t)dt$ 在 $[0,2]$ 上的表达式.

解 当 $0 \leq x < 1$ 时,$t \in [0,x] \subset [0,1)$,故 $F(x) = \int_0^x t^2 dt = \dfrac{t^3}{3}\Big|_0^x = \dfrac{x^3}{3}$;

当 $1 \leq x \leq 2$ 时,$t \in [0,x] \subset [0,2]$,需要在 $x = 1$ 处分开,故

$$F(x) = \int_0^1 t^2 dt + \int_1^x t\,dt = \dfrac{t^3}{3}\Big|_0^1 + \dfrac{t^2}{2}\Big|_1^x = \dfrac{1}{3} + \dfrac{x^2}{2} - \dfrac{1}{2} = \dfrac{x^2}{2} - \dfrac{1}{6};$$

综上,$F(x) = \begin{cases} \dfrac{x^3}{3}, & 0 \leq x < 1 \\ \dfrac{x^2}{2} - \dfrac{1}{6}, & 1 \leq x \leq 2 \end{cases}$.

例 5-29 已知 $f(x) = \begin{cases} x^2, & 0 \leq x < 1 \\ 0, & \text{其他} \end{cases}$,求 $F(x) = \int_0^x f(t)dt$ 在 $[-\infty, +\infty]$ 上的表达式.

解 当 $x < 0$ 时,$F(x) = \int_0^x 0 dt = 0$;

当 $0 \leq x < 1$ 时,$F(x) = \int_0^x t^2 dt = \left.\frac{t^3}{3}\right|_0^x = \frac{x^3}{3}$;

当 $x \geq 1$ 时,$F(x) = \int_0^1 t^2 dt + \int_1^x 0 dt = \frac{1}{3}$;

综上,$F(x) = \begin{cases} 0, & x < 0 \\ \dfrac{x^3}{3}, & 0 \leq x < 1 \\ \dfrac{1}{3}, & x \geq 1 \end{cases}$.

5.6 定积分的换元法与分部积分法

定积分的换元法、分部积分法找原函数与不定积分十分类似,唯一需要注意的是,在第二换元法中,令 $x = \varphi(t)$ 时,需要将原本 x 的范围换为 t 的范围(即上限对上限,下限对下限),再用牛顿-莱布尼茨公式即可. 以下是涉及换元法与分部积分法的题型:

1. 换元法

例 5-30 求定积分 $\int_0^4 \dfrac{1}{1+\sqrt{x}} dx$.

解 令 $t = \sqrt{x}, x = t^2, dx = 2tdt$,当 $x = 0$ 时,$t = 0$;当 $x = 4$ 时,$t = 2$,代入原式得

$\int_0^2 \dfrac{1}{1+t} \cdot 2t dt = 2\int_0^2 \dfrac{t+1-1}{1+t} dt = 2(t - \ln|1+t|)\Big|_0^2 = 2(2 - \ln 3).$

例 5-31 求定积分 $\int_0^4 \dfrac{x-2}{\sqrt{2x+1}} dx$.

解 令 $t = \sqrt{2x+1}, x = \dfrac{t^2-1}{2}, dx = tdt$,当 $x = 0$ 时,$t = 1$;当 $x = 4$ 时,$t = 3$,代入原式得

$\int_1^3 \dfrac{\dfrac{t^2-1}{2} - 2}{t} \cdot t dt = \int_1^3 \dfrac{t^2}{2} - \dfrac{5}{2} dt = \left(\dfrac{t^3}{6} - \dfrac{5t}{2}\right)\Big|_1^3 = -3 - \left(-\dfrac{14}{6}\right) = -\dfrac{2}{3}.$

例 5-32 求定积分 $\int_1^9 \dfrac{1}{1+\sqrt[3]{x-1}} dx$.

解 令 $t = \sqrt[3]{x-1}, x = t^3+1, dx = 3t^2 dt$,当 $x = 1$ 时,$t = 0$;当 $x = 9$ 时,$t = 2$,代入原式得

$\int_0^2 \dfrac{1}{1+t} \cdot 3t^2 dt = 3\int_0^2 \dfrac{t^2-1+1}{1+t} dt = 3\int_0^2 t-1+\dfrac{1}{1+t} dt$

$= 3\left(\dfrac{t^2}{2} - t + \ln|1+t|\right)\Big|_0^2 = 3\ln 3.$

例 5-33 求定积分 $\int_0^2 x^2 \sqrt{4-x^2}\,dx$.

解 令 $x = 2\sin t, dx = 2\cos t\,dt$，当 $x = 0$ 时，$t = 0$；当 $x = 2$ 时，$t = \dfrac{\pi}{2}$，代入原式得

$$\int_0^{\frac{\pi}{2}} 4\sin^2 t \cdot 4\cos^2 t\,dt = 16\int_0^{\frac{\pi}{2}} \sin^2 t \cdot \cos^2 t\,dt = 16\int_0^{\frac{\pi}{2}} \left(\frac{\sin 2x}{2}\right)^2 dt$$

$$= 4\int_0^{\frac{\pi}{2}} \frac{1-\cos 4x}{2}dt = 2\left(x - \frac{1}{4}\sin 4x\right)\Big|_0^{\frac{\pi}{2}} = \pi.$$

例 5-34 求定积分 $\int_{\frac{\sqrt{2}}{2}}^1 \dfrac{\sqrt{1-x^2}}{x^2}dx$.

解 令 $x = \sin t, dx = \cos t\,dt$，当 $x = \dfrac{\sqrt{2}}{2}$ 时，$t = \dfrac{\pi}{4}$；当 $x = 1$ 时，$t = \dfrac{\pi}{2}$，代入原式得

$$\int_{\frac{\pi}{4}}^{\frac{\pi}{2}} \frac{\cos^2 t}{\sin^2 t}dt = \int_{\frac{\pi}{4}}^{\frac{\pi}{2}} \cos^2 t\,dt = \int_{\frac{\pi}{4}}^{\frac{\pi}{2}} (\csc^2 t - 1)\,dt = (-\cot t - t)\Big|_{\frac{\pi}{4}}^{\frac{\pi}{2}}$$

$$= \left(-\frac{\pi}{2}\right) - \left(-1 - \frac{\pi}{4}\right) = 1 - \frac{\pi}{4}.$$

2. 分部积分法

特别地，若被积函数中有 $f'(x), f''(x)$，一般情况下，其优先级最高（若 $f'(x), f''(x)$ 放到 d 后面无法解决时，再考虑放相乘的另一个函数，注意导数的阶数变化）.

例 5-35 求定积分 $\int_0^1 xe^x\,dx$.

解 $\int_0^1 xe^x\,dx = \int_0^1 x\,de^x = xe^x\Big|_0^1 - \int_0^1 e^x\,dx = e - e^x\Big|_0^1 = 1.$

例 5-36 求定积分 $\int_1^e x\ln x\,dx$.

解 $\int_1^e x\ln x\,dx = \dfrac{1}{2}\int_1^e \ln x\,dx^2 = \dfrac{1}{2}\left(x^2\ln x\Big|_1^e - \int_1^e x^2 \cdot \dfrac{1}{x}dx\right) = \dfrac{1}{2}\left(e^2 - \dfrac{x^2}{2}\Big|_1^e\right) = \dfrac{e^2+1}{4}.$

例 5-37 设 $f'(1) = 2, f(0) = 3, f(1) = 2$，求 $\int_0^1 xf''(x)\,dx$.

解 $\int_0^1 xf''(x)\,dx = \int_0^1 x\,df'(x) = xf'(x)\Big|_0^1 - \int_0^1 f'(x)\,dx = f'(1) - f(1) + f(0) = 3.$

例 5-38 设 $f(x) = \int_0^x \dfrac{\sin t}{\pi - t}dt$，求 $\int_0^\pi f(x)\,dx$.

解 $\int_0^\pi f(x)\,dx = xf(x)\Big|_0^\pi - \int_0^\pi xf'(x)\,dx = \pi\int_0^\pi \dfrac{\sin t}{\pi - t}dt - \int_0^\pi x\dfrac{\sin x}{\pi - x}dx$，定积分与积分变量无关，故 $\pi\int_0^\pi \dfrac{\sin x}{\pi - x}dx - \int_0^\pi \dfrac{x\sin x}{\pi - x}dx = \int_0^\pi \dfrac{(\pi - x)\sin x}{\pi - x}dx = \int_0^\pi \sin x\,dx = 2.$

3. 变限积分的换元求导

变限积分对 x 求导，要把被积函数中的 x 都提出来，无法直接提出的需要换元.

例 5-39 已知 $g(x) = \int_0^x f(x-t)\mathrm{d}t$，求 $\dfrac{\mathrm{d}g(x)}{\mathrm{d}x}$.

解 令 $u = x - t, t = x - u, \mathrm{d}t = -\mathrm{d}u$，当 $t = 0$ 时，$u = x$；当 $t = x$ 时，$u = 0$，代入原式得
$g(x) = -\int_x^0 f(u)\mathrm{d}u = \int_0^x f(u)\mathrm{d}u, \dfrac{\mathrm{d}g(x)}{\mathrm{d}x} = f(x).$

例 5-40 已知 $g(x) = \int_1^2 f(x+t)\mathrm{d}t$，求 $\dfrac{\mathrm{d}g(x)}{\mathrm{d}x}$.

解 令 $u = x + t, t = u - x, \mathrm{d}t = \mathrm{d}u$，当 $t = 1$ 时，$u = x + 1$；当 $t = 2$ 时，$u = x + 2$，代入原式得
$g(x) = \int_{x+1}^{x+2} f(u)\mathrm{d}u, \dfrac{\mathrm{d}g(x)}{\mathrm{d}x} = f(x+2) - f(x+1).$

例 5-41 已知 $g(x) = \int_0^x t f(x^2 - t^2)\mathrm{d}t$，求 $\dfrac{\mathrm{d}g(x)}{\mathrm{d}x}$.

解 令 $u = x^2 - t^2, \mathrm{d}u = -2t\mathrm{d}t, t\mathrm{d}t = -\dfrac{1}{2}\mathrm{d}u$，当 $t = 0$ 时，$u = x^2$；当 $t = x$ 时，$u = 0$，代入原式得 $g(x) = -\dfrac{1}{2}\int_{x^2}^0 f(u)\mathrm{d}u = \dfrac{1}{2}\int_0^{x^2} f(u)\mathrm{d}u, \dfrac{\mathrm{d}g(x)}{\mathrm{d}x} = x f(x^2).$

4. 分段函数的定积分

注意按照分段函数的范围进行讨论.

例 5-42 已知函数 $f(x) = \begin{cases} x+1, & x \leq 1 \\ \dfrac{x^2}{2}, & x > 1 \end{cases}$，求 $\int_0^2 f(x)\mathrm{d}x$.

解 $\int_0^2 f(x)\mathrm{d}x = \int_0^1 f(x)\mathrm{d}x + \int_1^2 f(x)\mathrm{d}x = \int_0^1 (x+1)\mathrm{d}x + \int_1^2 \dfrac{x^2}{2}\mathrm{d}x = \left(\dfrac{x^2}{2} + x\right)\Big|_0^1 + \dfrac{x^3}{6}\Big|_1^2 = \dfrac{8}{3}.$

例 5-43 已知函数 $f(x) = \begin{cases} \mathrm{e}^x, & x \leq 1 \\ \ln x, & x > 1 \end{cases}$，求 $\int_0^{\mathrm{e}} f(x)\mathrm{d}x$.

解 $\int_0^{\mathrm{e}} f(x)\mathrm{d}x = \int_0^1 f(x)\mathrm{d}x + \int_1^{\mathrm{e}} f(x)\mathrm{d}x = \int_0^1 \mathrm{e}^x\mathrm{d}x + \int_1^{\mathrm{e}} \ln x\mathrm{d}x$
$= \mathrm{e}^x\big|_0^1 + x\ln x\big|_1^{\mathrm{e}} - \int_1^{\mathrm{e}} x \cdot \dfrac{1}{x}\mathrm{d}x = \mathrm{e} - 1 + \mathrm{e} - (\mathrm{e} - 1) = \mathrm{e}.$

例 5-44 已知函数 $f(x) = \begin{cases} \ln(1+x), & x > 0 \\ \dfrac{1}{1+x^2}, & x \leq 0 \end{cases}$，求 $\int_0^2 f(x-1)\mathrm{d}x$.

解 令 $t = x - 1, x = t + 1, \mathrm{d}x = \mathrm{d}t$，当 $x = 0$ 时，$t = -1$；当 $x = 2$ 时，$t = 1$，代入原式得
$\int_{-1}^1 f(t)\mathrm{d}t = \int_{-1}^0 \dfrac{1}{1+x^2}\mathrm{d}x + \int_0^1 \ln(1+x)\mathrm{d}x = \arctan x\big|_{-1}^0 + x\ln(1+x)\big|_0^1 - \int_0^1 x \cdot \dfrac{1}{1+x}\mathrm{d}x$
$= 0 - \left(-\dfrac{\pi}{4}\right) + \ln 2 - (x - \ln|1+x|)\big|_0^1 = \dfrac{\pi}{4} + 2\ln 2 - 1.$

例 5-45 已知函数 $f(x) = \begin{cases} e^{-x}, & x > 0 \\ 1 + x^2, & x \leq 0 \end{cases}$，求 $\int_1^3 f(x-2)dx$.

解 令 $t = x - 2, x = t + 2, dx = dt$，当 $x = 1$ 时，$t = -1$；当 $x = 3$ 时，$t = 1$，代入原式得

$$\int_{-1}^1 f(t)dt = \int_{-1}^0 (1+x^2)dx + \int_0^1 e^{-x}dx = \left(x + \frac{x^3}{3}\right)\bigg|_{-1}^0 - e^{-x}\bigg|_0^1 = \frac{7}{3} - \frac{1}{e}.$$

5. 偶倍奇零

在前面的性质中我们说，积分上下限互为相反数，是一个对称区间时，第一时间想偶倍奇零；但是有些被积函数是非奇非偶时，可以使用牛顿-莱布尼茨公式；如果还解决不了，就用 $\int_{-a}^a f(x)dx = \int_0^a f(x) + f(-x)dx$.

证明 $\int_{-a}^a f(x)dx = \int_{-a}^0 f(x)dx + \int_0^a f(x)dx$，

令 $x = -t, dx = -dt$，当 $x = -a$ 时，$t = a$；当 $x = 0$ 时，$t = 0$，则

$$\int_{-a}^0 f(x)dx = -\int_a^0 f(-t)dt = \int_0^a f(-t)dt = \int_0^a f(-x)dx,$$

故 $\int_{-a}^a f(x)dx = \int_0^a f(x) + f(-x)dx$.

例 5-46 求定积分 $\int_{-\pi}^\pi x^4 \sin x dx$.

解 $x^4 \sin x$ 为奇函数，$\int_{-\pi}^\pi x^4 \sin x dx = 0$.

例 5-47 求定积分 $\int_{-\frac{1}{2}}^{\frac{1}{2}} \frac{x^3 + 1}{\sqrt{1-x^2}}dx$.

解 $\int_{-\frac{1}{2}}^{\frac{1}{2}} \frac{x^3+1}{\sqrt{1-x^2}}dx = \int_{-\frac{1}{2}}^{\frac{1}{2}} \frac{x^3}{\sqrt{1-x^2}}dx + \int_{-\frac{1}{2}}^{\frac{1}{2}} \frac{1}{\sqrt{1-x^2}}dx = 2\int_0^{\frac{1}{2}} \frac{1}{\sqrt{1-x^2}}dx$

$= 2\arcsin x \big|_0^{\frac{1}{2}} = \frac{\pi}{3}$.

例 5-48 求定积分 $\int_{-1}^1 \frac{2 + \sin x}{1 + x^2}dx$.

解 $\int_{-1}^1 \frac{2 + \sin x}{1 + x^2}dx = \int_{-1}^1 \frac{2}{1+x^2}dx + \int_{-1}^1 \frac{\sin x}{1+x^2}dx = 4\int_0^1 \frac{1}{1+x^2}dx = 4\arctan x \big|_0^1 = \pi$.

例 5-49 求定积分 $\int_{-2}^2 \sqrt{4-x^2}(1 + x\cos^3 x)dx$.

解 $\int_{-2}^2 \sqrt{4-x^2}(1+x\cos^3 x)dx = \int_{-2}^2 \sqrt{4-x^2}dx + \int_{-2}^2 \sqrt{4-x^2} \cdot x\cos^3 x dx$

$= \int_{-2}^2 \sqrt{4-x^2}dx = 2\pi$.

例 5-50 求定积分 $\int_{-\frac{\pi}{2}}^{\frac{\pi}{2}} [\ln(x+\sqrt{1+x^2})+\sin^2 x] \cdot \cos x dx$.

解 $\int_{-\frac{\pi}{2}}^{\frac{\pi}{2}} [\ln(x+\sqrt{1+x^2})+\sin^2 x] \cdot \cos x dx = \int_{-\frac{\pi}{2}}^{\frac{\pi}{2}} \sin^2 x \cdot \cos x dx$

$= 2\int_0^{\frac{\pi}{2}} \sin^2 x d\sin x = \frac{2\sin^3 x}{3}\Big|_0^{\frac{\pi}{2}} = \frac{2}{3}$.

例 5-51 求定积分 $\int_{-2}^{2} x^3 \ln(1+e^x) dx$.

解 $\int_{-2}^{2} x^3 \ln(1+e^x) dx = \int_0^2 x^3 \ln(1+e^x) - x^3 \ln(1+e^{-x}) dx = \int_0^2 x^3 \ln\frac{1+e^x}{1+e^{-x}} dx$

$= \int_0^2 x^3 \ln e^x dx = \int_0^2 x^4 dx = \frac{x^5}{5}\Big|_0^2 = \frac{32}{5}$.

6. 周期函数的定积分

注：一般被积函数都是三角函数时考虑用.

若 $f(x)$ 是连续的周期函数，周期为 T，则：

① $\int_a^{a+T} f(x) dx = \int_0^T f(x) dx$.

证明 $\int_a^{a+T} f(x) dx = \int_a^T f(x) dx + \int_T^{a+T} f(x) dx$，令 $t = x - T, x = t + T, dx = dt$，当 $x = T$ 时，$t = 0$；当 $x = a+T$ 时，$t = a$，代入 $\int_T^{a+T} f(x) dx$ 得 $\int_T^{a+T} f(x) dx = \int_0^a f(t+T) dt = \int_0^a f(t) dt = \int_0^a f(x) dx$，所以 $\int_a^{a+T} f(x) dx = \int_a^T f(x) dx + \int_0^a f(x) dx = \int_0^T f(x) dx$ 得证.

② $\int_a^{a+nT} f(x) dx = n\int_0^T f(x) dx$.

证明 $\int_a^{a+nT} f(x) dx = \int_0^{nT} f(x) dx = \int_0^T f(x) dx + \int_T^{2T} f(x) dx + \cdots + \int_{(n-1)T}^{nT} f(x) dx$

$= \int_0^T f(x) dx + \int_0^T f(x) dx + \cdots + \int_0^T f(x) dx = n\int_0^T f(x) dx$.

例 5-52 求定积分 $\int_\pi^{3\pi} \sin x dx$.

解 $\int_\pi^{3\pi} \sin x dx = \int_0^{2\pi} \sin x dx = \int_{-\pi}^{\pi} \sin x dx = 0$.

例 5-53 求定积分 $\int_0^{2024\pi} \sqrt{1-\cos^2 x} dx$.

解 $\int_0^{2024\pi} \sqrt{1-\cos^2 x} dx = \int_0^{2024\pi} |\sin x| dx = 2024\int_0^\pi \sin x dx = 4048$.

例 5-54 求定积分 $\int_0^{n\pi} \sqrt{1+\sin 2x}\,dx$.

解 $\int_0^{n\pi} \sqrt{1+\sin 2x}\,dx = \int_0^{n\pi} \sqrt{\sin^2 x + \cos^2 x + 2\sin x\cos x}\,dx = \int_0^{n\pi} \sqrt{(\sin x + \cos x)^2}\,dx$

$= \int_0^{n\pi} |\sin x + \cos x|\,dx = \int_0^{n\pi} \left|\sqrt{2}\sin\left(x+\frac{\pi}{4}\right)\right|dx = \sqrt{2}n\int_0^{\pi}\left|\sin\left(x+\frac{\pi}{4}\right)\right|dx$

$= \sqrt{2}n\int_{-\frac{\pi}{4}}^{\frac{3\pi}{4}}\sin\left(x+\frac{\pi}{4}\right)dx = \sqrt{2}n\int_{-\frac{\pi}{4}}^{\frac{3\pi}{4}}\sin\left(x+\frac{\pi}{4}\right)dx = -\sqrt{2}n\cos\left(x+\frac{\pi}{4}\right)\Big|_{-\frac{\pi}{4}}^{\frac{3\pi}{4}} = 2\sqrt{2}n$.

7. 简易的区间再现

① $\int_0^{\frac{\pi}{2}} f(\cos x)\,dx = \int_0^{\frac{\pi}{2}} f(\sin x)\,dx$;（令 $x = \frac{\pi}{2}-t$ 可证明）

② $\int_0^{\pi} f(\sin x)\,dx = 2\int_0^{\frac{\pi}{2}} f(\cos x)\,dx$;（令 $x = \frac{\pi}{2}-t$ 可证明）

③ $\int_0^{\pi} x\cdot f(\sin x)\,dx = \frac{\pi}{2}\int_0^{\pi} f(\sin x)\,dx$.（令 $x = \pi - t$ 可证明）

证明 ①令 $x = \frac{\pi}{2}-t, dx = -dt$，当 $x = 0$ 时,$t = \frac{\pi}{2}$；当 $x = \frac{\pi}{2}$ 时,$t = 0$,

代入得 $\int_0^{\frac{\pi}{2}} f(\cos x)\,dx = -\int_{\frac{\pi}{2}}^{0} f\left[\cos\left(\frac{\pi}{2}-t\right)\right]dt = \int_0^{\frac{\pi}{2}} f(\sin t)\,dt = \int_0^{\frac{\pi}{2}} f(\sin x)\,dx$;

②令 $x = \frac{\pi}{2}-t, dx = -dt$，当 $x = 0$ 时,$t = \frac{\pi}{2}$；当 $x = \pi$ 时,$t = -\frac{\pi}{2}$,代入得

$\int_0^{\pi} f(\sin x)\,dx = -\int_{\frac{\pi}{2}}^{-\frac{\pi}{2}} f\left[\sin\left(\frac{\pi}{2}-t\right)\right]dt = \int_{-\frac{\pi}{2}}^{\frac{\pi}{2}} f(\cos t)\,dt = 2\int_0^{\frac{\pi}{2}} f(\cos t)\,dt = 2\int_0^{\frac{\pi}{2}} f(\cos x)\,dx$;

③令 $x = \pi - t, dx = -dt$，当 $x = 0$ 时,$t = \pi$；当 $x = \pi$ 时,$t = 0$,代入得

$\int_0^{\pi} x\cdot f(\sin x)\,dx = -\int_{\pi}^{0} (\pi - t)f[\sin(\pi - t)]\,dt = \int_0^{\pi} (\pi - t)f(\sin t)\,dt$

$= \pi\int_0^{\pi} f(\sin t)\,dt - \int_0^{\pi} tf(\sin t)\,dt = \pi\int_0^{\pi} f(\sin x)\,dx - \int_0^{\pi} xf(\sin x)\,dx$,

移项得 $2\int_0^{\pi} xf(\sin x)\,dx = \pi\int_0^{\pi} f(\sin x)\,dx \Rightarrow \int_0^{\pi} xf(\sin x)\,dx = \frac{\pi}{2}\int_0^{\pi} f(\sin x)\,dx$.

思考：$\int_0^{\pi} f(\cos x)\,dx, \int_0^{\pi} xf(\cos x)\,dx$ 是否有类似的情况,是否需要有其他条件?

例 5-55 求定积分 $\int_0^{\frac{\pi}{2}} \frac{\sin x}{\sin x + \cos x}\,dx$.

解 ①由不定积分中三角函数的待定系数法可知.

令 $\sin x = S(\sin x + \cos x) + T(\sin x + \cos x)'$,

得 $\sin x = S(\sin x + \cos x) + T(\cos x - \sin x)$,

各项系数对应相等,可得 $\begin{cases} 1 = S - T \\ 0 = S + T \end{cases} \Rightarrow \begin{cases} S = \dfrac{1}{2} \\ T = -\dfrac{1}{2} \end{cases}$,

$$\int_0^{\frac{\pi}{2}} \frac{\sin x}{\sin x + \cos x} dx = \int_0^{\frac{\pi}{2}} \frac{\frac{1}{2}(\sin x + \cos x) - \frac{1}{2}(\sin x + \cos x)'}{\sin x + \cos x} dx$$

$$= \frac{1}{2}(x - \ln|\sin x + \cos x|)\Big|_0^{\frac{\pi}{2}} = \frac{1}{2}\left(\frac{\pi}{2} - 0\right) = \frac{\pi}{4}.$$

② 由 $\int_0^{\frac{\pi}{2}} f(\cos x) dx = \int_0^{\frac{\pi}{2}} f(\sin x) dx$ 可知，$I = \int_0^{\frac{\pi}{2}} \frac{\sin x}{\sin x + \cos x} dx = \int_0^{\frac{\pi}{2}} \frac{\cos x}{\cos x + \sin x} dx$，

$$2I = \int_0^{\frac{\pi}{2}} \frac{\sin x}{\sin x + \cos x} dx + \int_0^{\frac{\pi}{2}} \frac{\cos x}{\cos x + \sin x} dx = \int_0^{\frac{\pi}{2}} \frac{\sin x + \cos x}{\sin x + \cos x} dx = \int_0^{\frac{\pi}{2}} 1 dx = \frac{\pi}{2},$$

故 $I = \int_0^{\frac{\pi}{2}} \frac{\sin x}{\sin x + \cos x} dx = \frac{\pi}{4}$.

例 5-56 求定积分 $\int_0^{\frac{\pi}{2}} \frac{\cos^{\sqrt{3}} x}{\cos^{\sqrt{3}} x + \sin^{\sqrt{3}} x} dx$.

解 由 $\int_0^{\frac{\pi}{2}} f(\cos x) dx = \int_0^{\frac{\pi}{2}} f(\sin x) dx$ 可知，(或直接令 $x = \frac{\pi}{2} - t$ 换元)

$$I = \int_0^{\frac{\pi}{2}} \frac{\cos^{\sqrt{3}} x}{\cos^{\sqrt{3}} x + \sin^{\sqrt{3}} x} dx = \int_0^{\frac{\pi}{2}} \frac{\sin^{\sqrt{3}} x}{\sin^{\sqrt{3}} x + \cos^{\sqrt{3}} x} dx,$$

$$2I = \int_0^{\frac{\pi}{2}} \frac{\cos^{\sqrt{3}} x}{\cos^{\sqrt{3}} x + \sin^{\sqrt{3}} x} dx + \int_0^{\frac{\pi}{2}} \frac{\sin^{\sqrt{3}} x}{\sin^{\sqrt{3}} x + \cos^{\sqrt{3}} x} dx = \int_0^{\frac{\pi}{2}} \frac{\cos^{\sqrt{3}} x + \sin^{\sqrt{3}} x}{\cos^{\sqrt{3}} x + \sin^{\sqrt{3}} x} dx$$

$$= \int_0^{\frac{\pi}{2}} 1 dx = \frac{\pi}{2}, 故 I = \int_0^{\frac{\pi}{2}} \frac{\cos^{\sqrt{3}} x}{\cos^{\sqrt{3}} x + \sin^{\sqrt{3}} x} dx = \frac{\pi}{4}.$$

例 5-57 求定积分 $\int_0^{\frac{\pi}{2}} \frac{1}{1 + \tan^{\sqrt{2}} x} dx$.

解 $\int_0^{\frac{\pi}{2}} \frac{1}{1 + \tan^{\sqrt{2}} x} dx = \int_0^{\frac{\pi}{2}} \frac{1}{1 + \frac{\sin^{\sqrt{2}} x}{\cos^{\sqrt{2}} x}} dx = \int_0^{\frac{\pi}{2}} \frac{\cos^{\sqrt{2}} x}{\cos^{\sqrt{2}} x + \sin^{\sqrt{2}} x} dx,$

与例 5-56 同理，得 $\int_0^{\frac{\pi}{2}} \frac{1}{1 + \tan^{\sqrt{2}} x} dx = \frac{\pi}{4}$.

可以发现，$\int_0^{\frac{\pi}{2}} \frac{\cos^{\square} x}{\cos^{\square} x + \sin^{\square} x} dx = \int_0^{\frac{\pi}{2}} \frac{\sin^{\square} x}{\cos^{\square} x + \sin^{\square} x} dx = \frac{\pi}{4}$，□ 内次数相同且为常数.

例 5-58 求定积分 $\int_0^{\pi} \frac{x \sin x}{1 + \cos^2 x} dx$.

解 由 $\int_0^{\pi} x f(\sin x) dx = \frac{\pi}{2} \int_0^{\pi} f(\sin x) dx$ 可知

$$\int_0^{\pi} \frac{x \sin x}{1 + \cos^2 x} dx = \frac{\pi}{2} \int_0^{\pi} \frac{\sin x}{1 + \cos^2 x} dx = -\frac{\pi}{2} \int_0^{\pi} \frac{1}{1 + \cos^2 x} d\cos x = -\frac{\pi}{2} \arctan(\cos x) \Big|_0^{\pi}$$

$$= -\frac{\pi}{2}\left(-\frac{\pi}{4} - \frac{\pi}{4}\right) = \frac{\pi^2}{4}.$$

8. 华里士公式

$$I_n = \int_0^{\frac{\pi}{2}} \sin^n x \mathrm{d}x = \int_0^{\frac{\pi}{2}} \cos^n x \mathrm{d}x = \begin{cases} \dfrac{n-1}{n} \cdot \dfrac{n-3}{n-2} \cdot \cdots \cdot \dfrac{1}{2} \cdot \dfrac{\pi}{2}, & n \text{ 为正偶数} \\ \dfrac{n-1}{n} \cdot \dfrac{n-3}{n-2} \cdot \cdots \cdot \dfrac{2}{3} \cdot 1, & n \text{ 为正奇数} \end{cases}.$$

证明 $I_0 = \int_0^{\frac{\pi}{2}} \sin^0 x \mathrm{d}x = \int_0^{\frac{\pi}{2}} 1 \mathrm{d}x = \dfrac{\pi}{2}, I_1 = \int_0^{\frac{\pi}{2}} \sin x \mathrm{d}x = 1$,

当 $n \geqslant 2$ 时, $I_n = \int_0^{\frac{\pi}{2}} \sin^n x \mathrm{d}x = \int_0^{\frac{\pi}{2}} \sin^{n-1} x \cdot \sin x \mathrm{d}x = -\int_0^{\frac{\pi}{2}} \sin^{n-1} x \mathrm{d}\cos x$

$= -\cos x \sin^{n-1} x \big|_0^{\frac{\pi}{2}} + \int_0^{\frac{\pi}{2}} \cos x \mathrm{d}\sin^{n-1} x = 0 + \int_0^{\frac{\pi}{2}} \cos x \cdot (n-1) \sin^{n-2} x \cdot \cos x \mathrm{d}x$

$= (n-1) \int_0^{\frac{\pi}{2}} \cos^2 x \cdot \sin^{n-2} x \mathrm{d}x = (n-1) \int_0^{\frac{\pi}{2}} (1 - \sin^2 x) \cdot \sin^{n-2} x \mathrm{d}x$

$= (n-1) \int_0^{\frac{\pi}{2}} \sin^{n-2} x \mathrm{d}x - (n-1) \int_0^{\frac{\pi}{2}} \sin^n x \mathrm{d}x$,

即 $I_n = (n-1) I_{n-2} - (n-1) I_n$,

移项得 $n I_n = (n-1) I_{n-2} \Rightarrow I_n = \dfrac{n-1}{n} I_{n-2}$, 同理 $I_{n-2} = \dfrac{n-3}{n-2} I_{n-4}$, 依此类推,

最后可得 $I_n = \int_0^{\frac{\pi}{2}} \sin^n x \mathrm{d}x = \int_0^{\frac{\pi}{2}} \cos^n x \mathrm{d}x = \begin{cases} \dfrac{n-1}{n} \cdot \dfrac{n-3}{n-2} \cdot \cdots \cdot \dfrac{1}{2} \cdot \dfrac{\pi}{2}, & n \text{ 为正偶数} \\ \dfrac{n-1}{n} \cdot \dfrac{n-3}{n-2} \cdot \cdots \cdot \dfrac{2}{3} \cdot 1, & n \text{ 为正奇数} \end{cases}.$

例 5-59 求定积分 $\int_{\frac{\pi}{2}}^{\frac{3\pi}{2}} \sin^2 x \mathrm{d}x$.

解 $\sin^2 x$ 的周期为 π, 由周期函数的定积分可知

$\int_{\frac{\pi}{2}}^{\frac{3\pi}{2}} \sin^2 x \mathrm{d}x = \int_{-\frac{\pi}{2}}^{\frac{\pi}{2}} \sin^2 x \mathrm{d}x = 2 \int_0^{\frac{\pi}{2}} \sin^2 x \mathrm{d}x = 2 \times \dfrac{1}{2} \times \dfrac{\pi}{2} = \dfrac{\pi}{2}$.

例 5-60 求定积分 $\int_{-\pi}^{\pi} \left[\dfrac{\sin x \cdot (x^4 + 1)}{1 + x^2} + \sin^4 x \right] \mathrm{d}x$.

解 $\int_{-\pi}^{\pi} \left[\dfrac{\sin x \cdot (x^4 + 1)}{1 + x^2} + \sin^4 x \right] \mathrm{d}x = 2 \int_0^{\pi} \sin^4 x \mathrm{d}x = 4 \int_0^{\frac{\pi}{2}} \sin^4 x \mathrm{d}x$

$= 4 \times \dfrac{3}{4} \times \dfrac{1}{2} \times \dfrac{\pi}{2} = \dfrac{3\pi}{4}$.

例 5-61 求定积分 $\int_{-\frac{\pi}{2}}^{\frac{\pi}{2}} \dfrac{\sin^6 x}{1 + \mathrm{e}^x} \mathrm{d}x$.

解 $\int_{-\frac{\pi}{2}}^{\frac{\pi}{2}} \dfrac{\sin^6 x}{1 + \mathrm{e}^x} \mathrm{d}x = \int_0^{\frac{\pi}{2}} \dfrac{\sin^6 x}{1 + \mathrm{e}^x} + \dfrac{\sin^6 (-x)}{1 + \mathrm{e}^{-x}} \mathrm{d}x = \int_0^{\frac{\pi}{2}} \dfrac{\sin^6 x}{1 + \mathrm{e}^x} + \dfrac{\mathrm{e}^x \cdot \sin^6 x}{\mathrm{e}^x + 1} \mathrm{d}x = \int_0^{\frac{\pi}{2}} \sin^6 x \mathrm{d}x$

$= \dfrac{5}{6} \times \dfrac{3}{4} \times \dfrac{1}{2} \times \dfrac{\pi}{2} = \dfrac{15\pi}{96}$.

5.7 反常积分(广义积分)

反常积分是相对于正常积分而言的. 若积分区间有限且被积函数 $f(x)$ 在积分区间上连续或只有有限个第一类间断点,则这种类型的积分称为正常积分;若积分区间无限或被积函数 $f(x)$ 在积分区间上有无穷间断点,则此积分称为广义积分或反常积分.(所以正常积分才有可积,反常积分是收敛和发散)

1. 无穷限积分

积分区间为无穷区间, 如 $\int_a^{+\infty} f(x)\,dx, \int_{-\infty}^b f(x)\,dx, \int_{-\infty}^{+\infty} f(x)\,dx$.

①设函数 $f(x)$ 在 $[a, +\infty)$ 上连续, $F(x)$ 是 $f(x)$ 的一个原函数,若 $\int_a^{+\infty} f(x)\,dx = \lim_{b \to +\infty} F(x)\big|_a^b = \lim_{b \to +\infty}[F(b) - F(a)] = A$,则称反常积分 $\int_a^{+\infty} f(x)\,dx$ **收敛**于 A,记作 $\int_a^{+\infty} f(x)\,dx = A$;若 $\lim_{b \to +\infty}[F(b) - F(a)]$ 不存在,则称反常积分 $\int_a^{+\infty} f(x)\,dx$ **发散**.

②设函数 $f(x)$ 在 $(-\infty, b]$ 上连续, $F(x)$ 是 $f(x)$ 的一个原函数,若 $\int_{-\infty}^b f(x)\,dx = \lim_{a \to -\infty} F(x)\big|_a^b = \lim_{a \to -\infty}[F(b) - F(a)] = A$,则称反常积分 $\int_{-\infty}^b f(x)\,dx$ 收敛于 A,记作 $\int_{-\infty}^b f(x)\,dx = A$;若 $\lim_{a \to -\infty}[F(b) - F(a)]$ 不存在,则称反常积分 $\int_{-\infty}^b f(x)\,dx$ 发散.

③设函数 $f(x)$ 在 $(-\infty, +\infty)$ 上连续,则反常积分 $\int_{-\infty}^{+\infty} f(x)\,dx$ 收敛的**充要条件**是 $\int_{-\infty}^a f(x)\,dx$ 与 $\int_a^{+\infty} f(x)\,dx$ 都收敛,且 $\int_{-\infty}^{+\infty} f(x)\,dx = \int_{-\infty}^a f(x)\,dx + \int_a^{+\infty} f(x)\,dx$.

若 $\int_{-\infty}^a f(x)\,dx$ 与 $\int_a^{+\infty} f(x)\,dx$ 有一个发散,则 $\int_{-\infty}^{+\infty} f(x)\,dx$ 发散.

例 5-62 求反常积分 $\int_0^{+\infty} \dfrac{1}{1+x^2}\,dx$.

解 $\int_0^{+\infty} \dfrac{1}{1+x^2}\,dx = \arctan x\big|_0^{+\infty} = \dfrac{\pi}{2} - 0 = \dfrac{\pi}{2}$.

例 5-63 求反常积分 $\int_0^{+\infty} \dfrac{1}{x^2+2x+2}\,dx$.

解 $\int_0^{+\infty} \dfrac{1}{x^2+2x+2}\,dx = \int_0^{+\infty} \dfrac{1}{(x+1)^2+1}\,d(x+1) = \arctan(x+1)\big|_0^{+\infty} = \dfrac{\pi}{2} - \dfrac{\pi}{4} = \dfrac{\pi}{4}$.

例 5-64 求反常积分 $\int_2^{+\infty} \dfrac{1}{x\sqrt{x^2-1}}\,dx$.

解 令 $x = \sec t, dx = \sec t \cdot \tan t\,dt$,当 $x = 2$ 时, $t = \dfrac{\pi}{3}$;当 $x \to +\infty$ 时, $t \to \dfrac{\pi}{2}$,代入得

$\int_{\frac{\pi}{3}}^{\frac{\pi}{2}} \dfrac{1}{\sec t \cdot \tan t} \sec t \cdot \tan t\,dt = \int_{\frac{\pi}{3}}^{\frac{\pi}{2}} 1\,dt = \dfrac{\pi}{6}$.

例 5-65 求反常积分 $\int_0^{+\infty} \dfrac{1}{(1+x^2)(1+x^4)}dx$.

解 倒代换,令 $x=\dfrac{1}{t}$, $dx=-\dfrac{1}{t^2}dt$, 当 $x\to 0^+$ 时, $t\to +\infty$; 当 $x\to +\infty$ 时, $t\to 0^+$, 代入得

$$-\int_{+\infty}^{0}\dfrac{1}{\left(1+\dfrac{1}{t^2}\right)\left(1+\dfrac{1}{t^4}\right)}\cdot\dfrac{1}{t^2}dt=\int_0^{+\infty}\dfrac{t^4}{(t^2+1)(t^4+1)}dt=\int_0^{+\infty}\dfrac{x^4}{(x^2+1)(x^4+1)}dx,$$

$$2I=\int_0^{+\infty}\dfrac{1}{(1+x^2)(1+x^4)}dx+\int_0^{+\infty}\dfrac{x^4}{(x^2+1)(x^4+1)}dx=\int_0^{+\infty}\dfrac{1}{1+x^2}dx$$

$$=\arctan x\Big|_0^{+\infty}=\dfrac{\pi}{2}, 得 I=\int_0^{+\infty}\dfrac{1}{(1+x^2)(1+x^4)}dx=\dfrac{\pi}{4}.$$

注:①无穷限积分不要去考虑奇偶性,去确认敛散性;

②判断敛散性只要求出原函数后,看各个无穷大处的极限是否存在,极限均存在就收敛,否则发散.

2. 无界函数的反常积分(也称瑕积分)

若函数 $f(x)$ 在点 a 的任一邻域内都无界,则点 a 称为函数 $f(x)$ 的瑕点. 简单来说,在积分区间上有瑕点的积分就称为瑕积分.

例如:$\int_0^1 \dfrac{1}{x}dx$, $x=0$ 为瑕点;$\int_0^1 \dfrac{\sin x}{x(x-1)}dx$, $x=1$ 为瑕点, $x=0$ 不是瑕点.

①设函数 $f(x)$ 在 $(a,b]$ 上连续,点 a 为 $f(x)$ 的瑕点,取 $t>a$,若 $\lim\limits_{t\to a^+}\int_t^b f(x)dx = \lim\limits_{t\to a^+}F(x)\Big|_t^b = F(b)-\lim\limits_{t\to a^+}F(t)=A$ 存在,则称反常积分 $\int_a^b f(x)dx$ 收敛,否则发散.

②设函数 $f(x)$ 在 $[a,b)$ 上连续,点 b 为 $f(x)$ 的瑕点,取 $t<b$,若 $\lim\limits_{t\to b^-}\int_a^t f(x)dx = \lim\limits_{t\to b^-}F(x)\Big|_a^t = \lim\limits_{t\to b^-}F(t)-F(a)=A$ 存在,则称反常积分 $\int_a^b f(x)dx$ 收敛,否则发散.

③设函数 $f(x)$ 在 $[a,c)$ 与 $(c,b]$ 上连续,点 c 为 $f(x)$ 的瑕点,若 $\int_a^c f(x)dx$ 与 $\int_c^b f(x)dx$ 均收敛,则称反常积分 $\int_a^b f(x)dx$ 收敛且 $\int_a^b f(x)dx = \int_a^c f(x)dx + \int_c^b f(x)dx$,否则发散.

注:①对于瑕积分而言,若上限或下限为瑕点,先按照正常积分计算,在瑕点处极限存在,则瑕积分收敛(见例 5-66);

②若上限和下限均为瑕点,先按照正常积分计算,在两个瑕点处的极限都分别存在,则瑕积分收敛,有一个瑕点处的极限不存在,瑕积分发散(见例 5-67 和例 5-68);

③若瑕点在区间内,需要以瑕点为界限分开讨论(见例 5-69).

例 5-66 判断反常积分 $\int_0^1 \dfrac{1}{\sqrt{x}}dx$ 的敛散性.

解 $x=0$ 为瑕点,$\int_0^1 \dfrac{1}{\sqrt{x}}dx = 2\sqrt{x}\Big|_0^1 = 2$,该瑕积分收敛.

例 5-67 判断反常积分 $\int_0^2 \dfrac{1}{\sqrt{2x-x^2}}dx$ 的敛散性.

解 $x=0, x=2$ 为瑕点, $\int_0^2 \dfrac{1}{\sqrt{2x-x^2}}dx = \int_0^1 \dfrac{1}{\sqrt{2x-x^2}}dx + \int_1^2 \dfrac{1}{\sqrt{2x-x^2}}dx$,（中间这个常数的选取可以随意一些, 尽量选易于计算）

$\int_0^1 \dfrac{1}{\sqrt{2x-x^2}}dx = \int_0^1 \dfrac{1}{\sqrt{1-(x-1)^2}}d(x-1) = \arcsin(x-1)\big|_0^1 = 0-\left(-\dfrac{\pi}{2}\right) = \dfrac{\pi}{2}$, 在 $x=0$ 处积分收敛;

同理 $\int_1^2 \dfrac{1}{\sqrt{2x-x^2}}dx = \arcsin(x-1)\big|_1^2 = \dfrac{\pi}{2}-0 = \dfrac{\pi}{2}$, 在 $x=2$ 处积分收敛, 故 $\int_0^2 \dfrac{1}{\sqrt{2x-x^2}}dx = \int_0^1 \dfrac{1}{\sqrt{2x-x^2}}dx + \int_1^2 \dfrac{1}{\sqrt{2x-x^2}}dx = \pi$, 积分收敛.

例 5-68 判断反常积分 $\int_{-\frac{\pi}{2}}^{\frac{\pi}{2}} \tan x dx$ 的敛散性.

解 $x=\dfrac{\pi}{2}, x=-\dfrac{\pi}{2}$ 为瑕点, $\int_{-\frac{\pi}{2}}^{\frac{\pi}{2}} \tan x dx = \int_{-\frac{\pi}{2}}^{0} \tan x dx + \int_{0}^{\frac{\pi}{2}} \tan x dx$,

$\int_{0}^{\frac{\pi}{2}} \tan x dx = -\ln|\cos x|\big|_0^{\frac{\pi}{2}} = +\infty$, 在 $x=\dfrac{\pi}{2}$ 处积分发散, 故 $\int_{-\frac{\pi}{2}}^{\frac{\pi}{2}} \tan x dx$ 发散.

例 5-69 判断反常积分 $\int_0^2 \dfrac{1}{\sqrt[3]{(x-1)^2}}dx$ 的敛散性.

解 $x=1$ 为瑕点, $\int_0^2 \dfrac{1}{\sqrt[3]{(x-1)^2}}dx = \int_0^1 \dfrac{1}{\sqrt[3]{(x-1)^2}}dx + \int_1^2 \dfrac{1}{\sqrt[3]{(x-1)^2}}dx$,

$\int_0^1 \dfrac{1}{\sqrt[3]{(x-1)^2}}dx = 3(x-1)^{\frac{1}{3}}\big|_0^1 = 0-(-3) = 3$;

$\int_1^2 \dfrac{1}{\sqrt[3]{(x-1)^2}}dx = 3(x-1)^{\frac{1}{3}}\big|_1^2 = 3$;

故 $\int_0^2 \dfrac{1}{\sqrt[3]{(x-1)^2}}dx = \int_0^1 \dfrac{1}{\sqrt[3]{(x-1)^2}}dx + \int_1^2 \dfrac{1}{\sqrt[3]{(x-1)^2}}dx = 6$, 积分收敛.

3. 简单判别

① 对于 $\int_1^{+\infty} \dfrac{1}{x^p}dx, \begin{cases} 当 p>1 时, & 收敛 \\ 当 p\leqslant 1 时, & 发散 \end{cases}$;

② 对于 $\int_0^1 \dfrac{1}{x^p}dx, \begin{cases} 当 p\geqslant 1 时, & 发散 \\ 当 0<p<1 时, & 收敛 \end{cases}$;

③ 对于 $\int_2^{+\infty} \dfrac{1}{x\ln^p x}dx, \begin{cases} 当 p>1 时, & 收敛 \\ 当 p\leqslant 1 时, & 发散 \end{cases}$;

*④ 对于 $\int_2^{+\infty} \dfrac{1}{x^p \ln^q x}dx, \begin{cases} 当 p>1 时, & 收敛 \\ 当 p=1, q>1 时, & 收敛 \\ 当 p=1, q\leqslant 1 时, & 发散 \\ 当 p<1 时, & 发散 \end{cases}$

证明 ① 当 $p=1$ 时，$\int_1^{+\infty} \dfrac{1}{x}\mathrm{d}x = \ln x \Big|_1^{+\infty} = +\infty$，积分发散；

当 $p \neq 1$ 时，$\int_1^{+\infty} \dfrac{1}{x^p}\mathrm{d}x = \dfrac{x^{1-p}}{1-p}\Big|_1^{+\infty}$，若 $1-p>0$，则 $\dfrac{x^{1-p}}{1-p}\Big|_1^{+\infty} = +\infty$，积分发散，

若 $1-p<0$，则 $\dfrac{x^{1-p}}{1-p}\Big|_1^{+\infty} = 0 - \dfrac{1}{1-p}$，积分收敛，

综上，对于 $\int_1^{+\infty} \dfrac{1}{x^p}\mathrm{d}x$，$\begin{cases} 当\ p>1\ 时, & 收敛 \\ 当\ p \leqslant 1\ 时, & 发散 \end{cases}$

② 当 $p=1$ 时，$\int_0^1 \dfrac{1}{x}\mathrm{d}x = \ln x \Big|_0^1 = 0 - (-\infty) = +\infty$，积分发散；

当 $p \neq 1$ 时，$\int_0^1 \dfrac{1}{x^p}\mathrm{d}x = \dfrac{x^{1-p}}{1-p}\Big|_0^1$，若 $1-p>0$，则 $\dfrac{x^{1-p}}{1-p}\Big|_0^1 = \dfrac{1}{1-p} - 0$，积分收敛，

若 $1-p<0$，则 $\dfrac{x^{1-p}}{1-p}\Big|_0^1 = \dfrac{1}{1-p} - (-\infty) = +\infty$，积分发散，

综上，② 对于 $\int_0^1 \dfrac{1}{x^p}\mathrm{d}x$，$\begin{cases} 当\ p \geqslant 1\ 时, & 发散 \\ 当\ 0<p<1\ 时, & 收敛 \end{cases}$；（注：当 $p \leqslant 0$ 时，该积分不是瑕积分，无敛散性）

*4. 积分审敛法

设 $\sum\limits_{n=1}^{\infty} u_n$ 为正项级数，若存在 $[1,+\infty)$ 内单调减少的非负连续函数 $f(x)$，使得 $u_n = f(n)$，则级数 $\sum\limits_{n=1}^{\infty} u_n$ 与反常积分 $\int_1^{+\infty} f(x)\mathrm{d}x$ 的敛散性相同.

*5. 比较审敛法极限形式

(1) 设函数 $f(x)$ 在区间 $[a,+\infty)$ 上连续，且 $f(x) \geqslant 0$，若 $\lim\limits_{x \to +\infty} \dfrac{f(x)}{\dfrac{1}{x^p}} = l$，则：

① 当 $l=0$ 时，$\int_a^{+\infty} \dfrac{1}{x^p}\mathrm{d}x$ 收敛，则 $\int_a^{+\infty} f(x)\mathrm{d}x$ 收敛（大收推小收）；

② 当 $l=+\infty$ 时，$\int_a^{+\infty} \dfrac{1}{x^p}\mathrm{d}x$ 发散，则 $\int_a^{+\infty} f(x)\mathrm{d}x$ 发散（小发推大发）；

③ 当 $0<l<+\infty$ 时，$\int_a^{+\infty} f(x)\mathrm{d}x$ 与 $\int_a^{+\infty} \dfrac{1}{x^p}\mathrm{d}x$ 具有相同的敛散性.

例 5-70 判断下列反常积分的敛散性.

① $\int_1^{+\infty} \dfrac{1}{x^3}\mathrm{d}x$；② $\int_1^{+\infty} \dfrac{1}{\sqrt[3]{x^2}}\mathrm{d}x$；③ $\int_1^{+\infty} \dfrac{1}{\sqrt{x^2+1}}\mathrm{d}x$；④ $\int_1^{+\infty} \dfrac{1}{\sqrt[2]{x^3+x+1}}\mathrm{d}x$.

解 ① $p=3$，收敛；② $p=\dfrac{2}{3}$，发散；③ $p=1$，发散；④ $p=\dfrac{3}{2}$，收敛.

(2) 设函数 $f(x)$ 在区间 $[a,b]$ 上连续，且 $f(x) \geqslant 0$，若 $\lim\limits_{x \to a^+} \dfrac{f(x)}{\dfrac{1}{(x-a)^p}} = l$，则：

① 当 $l = 0$ 时,$\int_a^b \frac{1}{(x-a)^p} dx$ 收敛,则 $\int_a^b f(x) dx$ 收敛(大收推小收);

② 当 $l = +\infty$ 时,$\int_a^b \frac{1}{(x-a)^p} dx$ 发散,则 $\int_a^b f(x) dx$ 发散(小发推大发);

③ 当 $0 < l < +\infty$ 时,$\int_a^b f(x) dx$ 与 $\int_a^b \frac{1}{(x-a)^p} dx$ 具有相同的敛散性.

(这里是以下限 a 为瑕点,上限 b 为瑕点时同理.)

例 5-71 判断下列反常积分的敛散性.

① $\int_0^1 \frac{1}{\sqrt{x}} dx$;② $\int_0^1 \frac{1}{\sqrt{x-1}} dx$;③ $\int_0^1 \frac{1}{(x-1)^2} dx$;④ $\int_2^3 \frac{1}{(x-1)^2 \sqrt{x(x-2)}} dx$;

⑤ $\int_0^2 \frac{1}{\sqrt{2x-x^2}} dx$;⑥ $\int_0^1 \frac{1}{\sqrt{1-x^2}} dx$.

解 ①瑕点 $x=0, p=\frac{1}{2}$,收敛;②瑕点 $x=1, p=\frac{1}{2}$,收敛;③瑕点 $x=1, p=2$,发散;

④瑕点 $x=2, p=\frac{1}{2}$,收敛;⑤ $\int_0^2 \frac{1}{\sqrt{2x-x^2}} dx = \int_0^2 \frac{1}{\sqrt{x}\sqrt{2-x}} dx$,瑕点 $x=0, p=\frac{1}{2}$,收敛;

瑕点 $x=2, p=\frac{1}{2}$,收敛;⑥瑕点 $x=1, p=\frac{1}{2}$,收敛.

5.8 定积分的应用

1. 求面积

微元:微小的单元(事物的极小一部分).

面积的微元 $dS = f(x)\Delta x = f(x)dx$,$\int_a^b dS = \int_a^b f(x)dx$,如图 5-3 所示;

$S = \int_a^b [f(x) - g(x)] dx$(上-下,见图 5-4);

$S = \int_c^d [\varphi(y) - \theta(y)] dy$(右-左,见图 5-5).

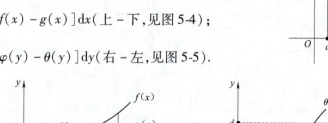

图 5-3

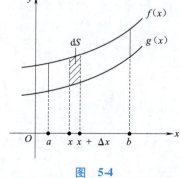

图 5-4

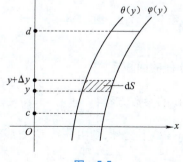

图 5-5

例 5-72 求 $y=x^2, y=\sqrt{x}$ 在 $[0,1]$ 上围成的封闭图形面积.

解 如图 5-6 所示,有
$$S=\int_0^1 \sqrt{x}-x^2 dx = \left(\frac{2}{3}x^{\frac{3}{2}}-\frac{x^3}{3}\right)\bigg|_0^1 = \frac{1}{3}.$$

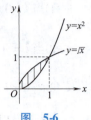

图 5-6

例 5-73 求 $y=x^2, y=\frac{1}{x}, x=2$ 围成的封闭图形面积.

解 如图 5-7 所示,有
$$S=\int_1^2 \left(x^2-\frac{1}{x}\right)dx = \left(\frac{x^3}{3}-\ln|x|\right)\bigg|_1^2 = \frac{8}{3}-\ln 2 - \frac{1}{3} = \frac{7}{3}-\ln 2.$$

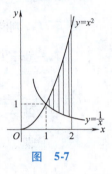

图 5-7

例 5-74 求 $x=1+y^2, x=5y^2$ 围成的封闭图形面积.

解 如图 5-8 所示,有
$$\begin{cases} x=1+y^2 \\ x=5y^2 \end{cases} \Rightarrow 1=4y^2 \Rightarrow y=\pm\frac{1}{2},$$

$$S=\int_{-\frac{1}{2}}^{\frac{1}{2}}(1+y^2-5y^2)dy = 2\int_0^{\frac{1}{2}}(1-4y^2)dy$$

$$=2\left(y-\frac{4}{3}y^3\right)\bigg|_0^{\frac{1}{2}} = 2\left(\frac{1}{2}-\frac{1}{6}\right)=\frac{2}{3}.$$

例 5-75 求抛物线 $x=y^2$ 与直线 $x-2y-3=0$ 所围成的封闭图形面积.

解 如图 5-9 所示,有
$$\begin{cases} x=y^2 \\ x=2y+3 \end{cases} \Rightarrow y^2=2y+3 \Rightarrow y_1=3, y_2=-1$$

$$S=\int_{-1}^3 (2y+3-y^2)dy = \left(y^2+3y-\frac{y^3}{3}\right)\bigg|_{-1}^3 = (9+9-9)-\left(1-3+\frac{1}{3}\right) = \frac{32}{3}.$$

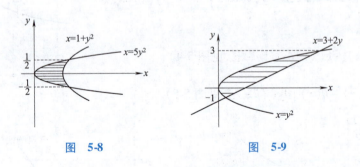

图 5-8   图 5-9

* **参数方程的面积:**

设曲线 C 的参数方程 $\begin{cases} x=x(t) \\ y=y(t) \end{cases}, a \leqslant t \leqslant b$,在 $[a,b]$ 上 $y(t)$ 连续且 $y(t)\geqslant 0, x(t)$ 具有连续导数且 $x'(t)$ 不变号,则由曲线 C,直线 $x=x(a), x=x(b)$ 与 x 轴所围成的图形面积 $S = \left|\int_{x(a)}^{x(b)} y dx\right| = \left|\int_a^b y(t)x'(t)dt\right|.$

例 5-76 曲线 C 是由参数方程 $\begin{cases} x = t - \sin t \\ y = 1 - \cos t \end{cases}$ 所确定的函数,$0 \leq t \leq 2\pi$,求曲线 C 与 x 轴围成的图形面积.

解 当 $0 \leq t \leq 2\pi$ 时,$y \geq 0$,$\dfrac{\mathrm{d}x}{\mathrm{d}t} \geq 0$,

$$S = \int_{x(0)}^{x(2\pi)} y \mathrm{d}x = \int_0^{2\pi} (1 - \cos t)^2 \mathrm{d}t = \int_0^{2\pi} (1 - 2\cos t + \cos^2 t) \mathrm{d}t$$

$$= \int_0^{2\pi} \left(1 - 2\cos t + \frac{\cos 2t + 1}{2}\right) \mathrm{d}t = \left(t - 2\sin t + \frac{1}{4}\sin 2t + \frac{1}{2}t\right)\Big|_0^{2\pi} = 3\pi.$$

2. 求体积

图形贴着 x 轴绕 x 轴旋转,体积的微元 $\mathrm{d}V = \pi f^2(x)\Delta x = \pi f^2(x)\mathrm{d}x$,两边同时积分得

$$\int_a^b \mathrm{d}V = \int_a^b \pi f^2(x)\mathrm{d}x \Rightarrow V = \int_a^b \pi f^2(x)\mathrm{d}x (见图 5-10);$$

图形贴着 x 轴绕 y 轴旋转,体积的微元 $\mathrm{d}V = 2\pi|xf(x)|\Delta x = 2\pi|xf(x)|\mathrm{d}x$,两边同时积分得

$$\int_a^b \mathrm{d}V = \int_a^b 2\pi|xf(x)|\mathrm{d}x \Rightarrow V = \int_a^b 2\pi|xf(x)|\mathrm{d}x (见图 5-11 所示).$$

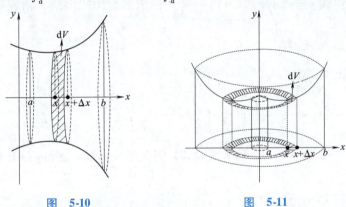

图 5-10   图 5-11

图形贴着 y 轴绕 y 轴旋转,体积的微元 $\mathrm{d}V = \pi \varphi^2(y)\Delta y = \pi \varphi^2(y)\mathrm{d}y$,两边同时积分得

$$\int_c^d \mathrm{d}V = \int_c^d \pi \varphi^2(y)\mathrm{d}y \Rightarrow V = \int_c^d \pi \varphi^2(y)\mathrm{d}y (见图 5-12).$$

*图形贴着 y 轴绕 x 轴旋转,体积的微元 $\mathrm{d}V = 2\pi|y\varphi(y)|\Delta y = 2\pi|y\varphi(y)|\mathrm{d}y$,两边同时积分得

$$\int_c^d \mathrm{d}V = \int_c^d 2\pi|y\varphi(y)|\mathrm{d}y \Rightarrow V = \int_c^d 2\pi|y\varphi(y)|\mathrm{d}y (见图 5-13)$$

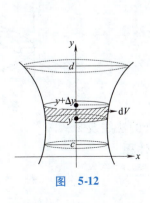 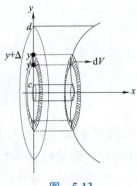

图 5-12   图 5-13

例 5-77 求曲线 $y=x, x=0, x=1$ 与 x 轴所围成的封闭图形绕 x 轴旋转一周所得的旋转体体积.

解 如图 5-14 所示,有以下两种方法.

方法 1:圆锥体积,$V_x = \dfrac{1}{3} \times \pi \times 1^2 \times 1 = \dfrac{\pi}{3}$;

方法 2:$V_x = \pi \int_0^1 x^2 \mathrm{d}x = \pi \left(\dfrac{x^3}{3} \right) \Big|_0^1 = \dfrac{\pi}{3}$.

图 5-14

例 5-78 求曲线 $y=\mathrm{e}^x, x=0, x=1$ 与 x 轴所围成的封闭图形绕 x 轴旋转一周所得的旋转体体积.

解 如图 5-15 所示,有

$$V_x = \pi \int_0^1 (\mathrm{e}^x)^2 \mathrm{d}x = \pi \int_0^1 \mathrm{e}^{2x} \mathrm{d}x$$

$$= \dfrac{\pi}{2} \mathrm{e}^{2x} \Big|_0^1 = \dfrac{\pi}{2}(\mathrm{e}^2 - 1).$$

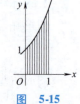

图 5-15

例 5-79 求曲线 $y=\mathrm{e}^x, y=x, x=1, x=2$ 所围成的封闭图形绕 x 轴旋转一周所得的旋转体体积.

解 如图 5-16 所示,有

$$V_x = \pi \int_1^2 (\mathrm{e}^{2x} - x^2) \mathrm{d}x = \pi \left(\dfrac{\mathrm{e}^{2x}}{2} - \dfrac{x^3}{3} \right) \Big|_1^2$$

$$= \pi \left[\left(\dfrac{\mathrm{e}^4}{2} - \dfrac{8}{3} \right) - \left(\dfrac{\mathrm{e}^2}{2} - \dfrac{1}{3} \right) \right] = \pi \left(\dfrac{\mathrm{e}^4}{2} - \dfrac{\mathrm{e}^2}{2} - \dfrac{7}{3} \right).$$

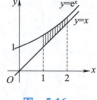

图 5-16

例 5-80 求 $y=x^2, x=1$ 与 x 轴所围成的封闭图形分别绕 x 轴和 y 轴旋转一周所得的旋转体体积.

解 如图 5-17 所示,有

$$V_x = \pi \int_0^1 (x^2)^2 \mathrm{d}x = \dfrac{\pi}{5} x^5 \Big|_0^1 = \dfrac{\pi}{5};$$

$$V_y = 2\pi \int_0^1 x \cdot x^2 \mathrm{d}x = \dfrac{\pi}{2} x^4 \Big|_0^1 = \dfrac{\pi}{2}.$$

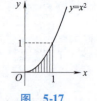

图 5-17

例 5-81 求抛物线 $x=y^2$ 与直线 $x-2y-3=0$ 所围成的封闭图形绕 y 轴旋转一周所得的旋转体体积.

解 如图 5-18 所示,有

$$V_y = \pi \int_{-1}^3 (3+2y)^2 \mathrm{d}y - \pi \int_{-1}^3 (y^2)^2 \mathrm{d}y$$

$$= \dfrac{\pi(3+2y)^3}{6} \Big|_{-1}^3 - \dfrac{\pi y^5}{5} \Big|_{-1}^3 = \dfrac{728\pi}{6} - \dfrac{244\pi}{5}.$$

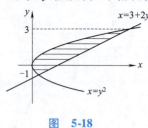

图 5-18

例 5-82 求曲线 $y^2=8x(y>0)$ 与在点 $(2,4)$ 处的法线及 x 轴所围成的封闭图形绕 y 轴旋转一周所得的旋转体体积.

解 $y^2=8x(y>0)$ 两边对 x 求导得 $2yy'=8$,

将 $(2,4)$ 代入得 $y'=1=k_{切}$,故 $k_{法}=-1$,

法线方程为 $y = -x + 6$，如图 5-19 所示.

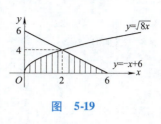

图 5-19

方法 1：$V_y = 2\pi \int_0^2 x\sqrt{8x}\,dx + 2\pi \int_2^6 x(-x+6)\,dx$

$= 2\pi \cdot 2\sqrt{2} \cdot \dfrac{2}{5} x^{\frac{5}{2}} \Big|_0^2 + 2\pi \left(-\dfrac{x^3}{3} + 3x^2\right)\Big|_2^6 = \dfrac{992\pi}{15}.$

方法 2：$V_y = \pi \int_0^4 (6-y)^2\,dy - \pi \int_0^4 \left(\dfrac{y^2}{8}\right)^2 dy =$

$-\pi \dfrac{(6-y)^3}{3}\Big|_0^4 - \dfrac{\pi}{64} \cdot \dfrac{y^5}{5}\Big|_0^4 = \dfrac{992\pi}{15}.$

特别地：①当旋转轴两侧都有相同的图形时，旋转只取一侧.
②当旋转轴不是 x, y 轴时：将整个图形平移，使其旋转轴为 x, y 轴；用柱壳法.

例 5-83 曲线 $x^2 + y^2 = 1 (y > 0)$ 围成的平面图形绕 y 轴旋转一周形成的旋转体体积.

解 方法 1：$V_y = $ 半球 $= \dfrac{4}{3}\pi \times 1^3 \times \dfrac{1}{2} = \dfrac{2}{3}\pi.$

方法 2：$V_y = 2\pi \int_0^1 x\sqrt{1-x^2}\,dx = -\pi \int_0^1 \sqrt{1-x^2}\,d(1-x^2) = -\dfrac{2\pi}{3}(1-x^2)^{\frac{3}{2}}\Big|_0^1 = \dfrac{2\pi}{3}.$

方法 3：$V_y = \pi \int_0^1 (\sqrt{1-y^2})^2\,dy = \pi\left(y - \dfrac{y^3}{3}\right)\Big|_0^1 = \dfrac{2\pi}{3}.$

例 5-84 曲线 $y = 4 - x^2$ 及 $y = 0$ 所围成的图形绕直线 $x = 3$ 旋转一周形成的体积.

解 方法 1：图形向左平移 3 个单位，以 y 轴为旋转轴，

$V = 2\pi \int_{-5}^{-1} (-x)[4 - (x+3)^2]\,dx.$

方法 2：图形向右平移 3 个单位，以 y 轴为旋转轴，$V = 2\pi \int_1^5 x[4-(x-3)^2]\,dx.$

方法 3：直接柱壳法，$V = 2\pi \int_{-2}^2 (3-x)(4-x^2)\,dx.$

方法 4：$V = \pi \int_0^4 (3+\sqrt{4-y})^2 - (3-\sqrt{4-y})^2\,dy = 64\pi.$

第 6 章 微分方程

1. 一阶常微分方程
①理解常微分方程的概念,理解常微分方程的阶、解、通解、初始条件和特解的概念.
②掌握可分离变量微分方程与齐次方程的解法.
③会求解一阶线性微分方程.

2. 二阶常系数线性微分方程
①理解二阶常系数线性微分方程解的结构.
②会求解二阶常系数齐次线性微分方程.
③会求解二阶常系数非齐次线性微分方程. 非齐次项限定为:
$f(x) = P_n(x)e^{\lambda x}$,其中 $P_n(x)$ 为 x 的 n 次多项式,λ 为实常数;
$f(x) = e^{\lambda x}[P_n(x)\cos\omega x + Q_m(x)\sin\omega x]$,其中 λ,ω 为实常数,$P_n(x),Q_m(x)$ 分别为 x 的 n 次,m 次多项式.

6.1 微分方程的基本概念

1. 定义

表示未知函数、未知函数的导数或微分与自变量之间的关系的方程称为微分方程,一般记作 $f(x,y,y',y'',\cdots,y^{(n)}) = 0$.

微分方程的阶:指方程中所含的导数的最高阶数.

微分方程的解:满足方程的函数 $y = f(x)$,也可以是隐函数的形式 $f(x,y) = 0$.

通解:解中含有相互独立的任意常数,且任意常数的个数等于微分方程的阶数.

特解:不含任意常数的解.

初始条件:未知函数及其导数在自变量的同一点处给定的值,即 $y(x_0) = a, y'(x_0) = b$ 等.(简单来说就是把微分方程的通解转化为特解的条件)

例 6-1 判断下列微分方程的阶数.
① $y'' + 2y' + y = 0$;② $y''' + 3y'' + y = 0$;③ $(y'')^2 + 2xy' + y = 0$.

解 ①二阶;②三阶;③二阶.

例 6-2 求微分方程 $y' = e^x$ 满足初始条件 $y|_{x=0} = 2$ 的特解.

解 对方程两边同时积分, $\int y' dx = \int e^x dx$, 得 $y = e^x + C$, 这是通解, 将初始条件 $y|_{x=0} = 2$ 代入通解中, $2 = 1 + C \Rightarrow C = 1$, 得 $y = e^x + 1$.

例 6-3 验证 $y = 5x^2$ 是否为微分方程 $xy' = 2y$ 的解.

解 $y = 5x^2$, $y' = 10x$ 代入方程等号左边得 $xy' = 10x^2$, 方程等号右边得 $2y = 10x^2$, 满足 $xy' = 2y$, 故 $y = 5x^2$ 是微分方程 $xy' = 2y$ 的解(特解).

例 6-4 验证 $y = 3\sin x - 4\cos x$ 是否为微分方程 $y'' + y = 0$ 的解.

解 $y = 3\sin x - 4\cos x$, $y' = 3\cos x + 4\sin x$, $y'' = -3\sin x + 4\cos x$ 代入方程等号左边得 $y'' + y = -3\sin x + 4\cos x + 3\sin x - 4\cos x = 0$, 满足 $y'' + y = 0$, 故 $y = 3\sin x - 4\cos x$ 是微分方程 $y'' + y = 0$ 的解(特解).

例 6-5 验证 $y = Ce^x$ 是否为微分方程 $y'' - 3y' + 2y = 0$ 的解.

解 $y = Ce^x$, $y' = Ce^x$, $y'' = Ce^x$ 代入方程等号左边得 $y'' - 3y' + 2y = Ce^x - 3Ce^x + 2Ce^x = 0$, 满足 $y'' - 3y' + 2y = 0$, 故 $y = Ce^x$ 是微分方程 $y'' - 3y' + 2y = 0$ 的解.(既不是通解也不是特解)

*2. 通过一阶微分方程的通解求微分方程
①通过等式变换, 将通解中的任意常数 C 移至等号一边;
②等式两边同时对自变量求导.

例 6-6 已知微分方程的通解为 $y = Cx - 1$, 求该微分方程.

解 $y = Cx - 1 \Rightarrow \dfrac{y+1}{x} = C$, 两边同时对 x 求导, 得 $\dfrac{y'x - (y+1)}{x^2} = 0$, 该微分方程为 $y'x - y - 1 = 0$.

6.2 可分离变量的微分方程

①能将方程转换成 $g(y)dy = f(x)dx$ 的形式;
②两边同时积分.

例 6-7 求微分方程 $y' = -2xy$ 的通解.

解 $\dfrac{dy}{dx} = -2xy$, 分离变量得 $\dfrac{dy}{y} = -2x dx$, 两边同时积分得 $\int \dfrac{dy}{y} = \int -2x dx$, $\ln|y| = -x^2 + C_1 \Rightarrow |y| = e^{-x^2 + C_1} \Rightarrow y = \pm e^{-x^2 + C_1} = \pm e^{C_1} \cdot e^{-x^2}$, 令 $C = \pm e^{C_1}$, 得 $y = Ce^{-x^2}$.

例 6-8 求微分方程 $y' = \dfrac{1-y}{1+x}$ 的通解.

解 $\dfrac{dy}{dx} = \dfrac{1-y}{1+x}$, 分离变量得 $\dfrac{dy}{1-y} = \dfrac{dx}{1+x}$, 两边同时积分得 $\int \dfrac{dy}{1-y} = \int \dfrac{dx}{1+x}$, $-\ln|1-y| = \ln|1+x| + \ln C_1 \Rightarrow \dfrac{1}{1-y} = \pm C_1(1+x) \Rightarrow y = 1 - \dfrac{1}{\pm C_1(1+x)}$, 令 $C = \dfrac{1}{\pm C_1}$, 得 $y = 1 - \dfrac{C}{1+x}$.

例 6-9 求微分方程 $(x+xy^2)dx-(x^2y+y)dy=0$ 的通解.

解 $(x+xy^2)dx-(x^2y+y)dy=0 \Rightarrow x(1+y^2)dx-y(x^2+1)dy=0$

$\Rightarrow x(1+y^2)dx=y(x^2+1)dy$,分离变量得 $\dfrac{ydy}{1+y^2}=\dfrac{xdx}{x^2+1}$,

两边同时积分得 $\int \dfrac{ydy}{1+y^2}=\int \dfrac{xdx}{x^2+1}$,得 $\dfrac{1}{2}\ln(1+y^2)=\dfrac{1}{2}\ln(x^2+1)+\ln C_1$

$\Rightarrow 1+y^2=(x^2+1)C_1^2$,令 $C=C_1^2$,得 $y^2=C(x^2+1)-1$.

例 6-10 求微分方程 $xdy+2ydx=0$ 满足初始条件 $y|_{x=2}=1$ 的特解.

解 $xdy+2ydx=0 \Rightarrow xdy=-2ydx$,分离变量得 $\dfrac{dy}{y}=\dfrac{-2dx}{x}$,

两边同时积分得 $\int \dfrac{dy}{y}=\int \dfrac{-2dx}{x} \Rightarrow \ln|y|=-2\ln|x|+\ln C_1 \Rightarrow y=\dfrac{\pm C_1}{x^2}$,令 $C=\pm C_1$,

得 $y=\dfrac{C}{x^2}$,将初始条件 $y|_{x=2}=1$ 代入通解中,$1=\dfrac{C}{4} \Rightarrow C=4$,得 $y=\dfrac{4}{x^2}$.

例 6-11 求微分方程 $\cos ydx+(1+e^{-x})\sin ydy=0$ 满足初始条件 $y|_{x=0}=\dfrac{\pi}{4}$ 的特解.

解 $\cos ydx+(1+e^{-x})\sin ydy=0 \Rightarrow (1+e^{-x})\sin ydy=-\cos ydx$,

分离变量得 $\dfrac{\sin y}{\cos y}dy=\dfrac{-1}{1+e^{-x}}dx \Rightarrow \tan ydy=\dfrac{-e^x}{e^x+1}dx$,

两边同时积分得

$\int \tan ydy=\int \dfrac{-e^x}{e^x+1}dx \Rightarrow -\ln|\cos y|=-\ln(1+e^x)+\ln C_1$

$\Rightarrow \ln|\cos y|=\ln(1+e^x)-\ln C_1 \Rightarrow \cos y=\dfrac{1+e^x}{\pm C_1}$.

令 $C=\pm \dfrac{1}{C_1}$,得 $\cos y=C(1+e^x)$,将 $y|_{x=0}=\dfrac{\pi}{4}$ 代入得 $\dfrac{\sqrt{2}}{2}=C(1+1) \Rightarrow C=\dfrac{\sqrt{2}}{4}$,故 $\cos y=\dfrac{\sqrt{2}}{4}(1+e^x)$.

6.3 齐次方程

①若一阶微分方程可化为 $\dfrac{dy}{dx}=\varphi\left(\dfrac{y}{x}\right)$ 的形式,则称该方程为齐次方程,即 $\dfrac{y}{x}$ 整体出现.

②令 $u=\dfrac{y}{x}$,则 $y=ux$,$\dfrac{dy}{dx}=\dfrac{du}{dx}x+u$,代入原方程后变为 u 与 x 的可分离变量的微分方程,解出后,将 $u=\dfrac{y}{x}$ 回代.

③若是 $\dfrac{dx}{dy}=\varphi\left(\dfrac{x}{y}\right)$,$\dfrac{x}{y}$ 整体出现,则令 $u=\dfrac{x}{y}$,$x=uy$,$\dfrac{dx}{dy}=\dfrac{du}{dy}y+u$.

例 6-12 求微分方程 $\dfrac{dy}{dx} = \dfrac{y}{x} + \tan\dfrac{y}{x}$ 的通解.

解 令 $u = \dfrac{y}{x}, y = ux, \dfrac{dy}{dx} = \dfrac{du}{dx}x + u$,代入方程得 $\dfrac{du}{dx}x + u = u + \tan u, \dfrac{du}{dx}x = \tan u$,

分离变量得 $\dfrac{du}{\tan u} = \dfrac{dx}{x}$,两边同时积分得 $\int \cot u\, du = \int \dfrac{dx}{x}$

$\Rightarrow \ln|\sin u| = \ln|x| + \ln C_1 \Rightarrow \sin u = \pm C_1 x$,令 $C = \pm C_1$,得 $\sin\dfrac{y}{x} = Cx$.

例 6-13 求微分方程 $y^2 + x^2\dfrac{dy}{dx} = xy\dfrac{dy}{dx}$ 的通解.

解 $y^2 + x^2\dfrac{dy}{dx} = xy\dfrac{dy}{dx} \Rightarrow \dfrac{dy}{dx} = \dfrac{y^2}{xy - x^2} = \dfrac{\dfrac{y^2}{x^2}}{\dfrac{y}{x} - 1}$,令 $u = \dfrac{y}{x}, y = ux, \dfrac{dy}{dx} = \dfrac{du}{dx}x + u$,

代入方程得 $\dfrac{du}{dx}x + u = \dfrac{u^2}{u-1} \Rightarrow \dfrac{du}{dx}x = \dfrac{u}{u-1}$,

分离变量得,$\dfrac{u-1}{u}du = \dfrac{dx}{x}$,两边同时积分得

$\int \dfrac{u-1}{u}du = \int \dfrac{dx}{x} \Rightarrow u - \ln|u| = \ln|x| + \ln C_1 \Rightarrow \dfrac{e^u}{u} = \pm C_1 x$,令 $C = \pm C_1$,

得 $\dfrac{e^{\frac{y}{x}}}{\dfrac{y}{x}} = Cx \Rightarrow e^{\frac{y}{x}} = Cy \Rightarrow \dfrac{y}{x} = \ln Cy$.

例 6-14 求微分方程 $xy' = y\ln\dfrac{y}{x}$ 的通解.

解 $xy' = y\ln\dfrac{y}{x} \Rightarrow y' = \dfrac{y}{x}\ln\dfrac{y}{x}$,令 $u = \dfrac{y}{x}, y = ux, \dfrac{dy}{dx} = \dfrac{du}{dx}x + u$,

代入方程得 $\dfrac{du}{dx}x + u = u\ln u$,分离变量得 $\dfrac{du}{u(\ln u - 1)} = \dfrac{dx}{x}$,

两边同时积分得

$\int \dfrac{du}{u(\ln u - 1)} = \int \dfrac{dx}{x} \Rightarrow \ln|\ln u - 1| = \ln|x| + \ln C_1 \Rightarrow \ln u - 1 = \pm C_1 x$,

令 $C = \pm C_1$,得 $\ln\dfrac{y}{x} - 1 = Cx$.

例 6-15 求微分方程 $(1 + e^{\frac{x}{y}})dx + e^{\frac{x}{y}}\left(1 - \dfrac{x}{y}\right)dy = 0$ 的通解.

解 $\dfrac{x}{y}$ 整体出现,

$(1 + e^{\frac{x}{y}})dx + e^{\frac{x}{y}}\left(1 - \dfrac{x}{y}\right)dy = 0 \Rightarrow (1 + e^{\frac{x}{y}})dx = e^{\frac{x}{y}}\left(\dfrac{x}{y} - 1\right)dy$

$\Rightarrow \dfrac{dx}{dy} = \dfrac{e^{\frac{x}{y}}\left(\dfrac{x}{y} - 1\right)}{1 + e^{\frac{x}{y}}}$,令 $u = \dfrac{x}{y}, x = uy, \dfrac{dx}{dy} = \dfrac{du}{dy}y + u$,

代入方程得 $\dfrac{du}{dy}y + u = \dfrac{e^u(u-1)}{1+e^u}$, 分离变量得 $-\dfrac{1+e^u}{u+e^u}du = \dfrac{dy}{y}$,

两边同时积分得

$$\int -\dfrac{1+e^u}{u+e^u}du = \int \dfrac{dy}{y} \Rightarrow -\ln|u+e^u| = \ln|y| + \ln C_1$$

$$\Rightarrow \dfrac{1}{u+e^u} = \pm C_1 y \Rightarrow \dfrac{x}{y} + e^{\frac{x}{y}} = \dfrac{1}{\pm C_1 y}, 令 C = \dfrac{1}{\pm C_1}, 得 \dfrac{x}{y} + e^{\frac{x}{y}} = \dfrac{C}{y}.$$

例 6-16 求微分方程 $(y^2-3x^2)dy + 2xy dx = 0$ 满足初值条件 $y|_{x=0}=1$ 的特解.

解 ① $(y^2-3x^2)dy + 2xy dx = 0 \Rightarrow (y^2-3x^2)dy = -2xy dx \Rightarrow \dfrac{dy}{dx} = \dfrac{-2xy}{y^2-3x^2}$

$$\Rightarrow \dfrac{dy}{dx} = \dfrac{-2xy}{y^2-3x^2} = \dfrac{-2\dfrac{y}{x}}{\dfrac{y^2}{x^2}-3}.$$

令 $u = \dfrac{y}{x}, y = ux, \dfrac{dy}{dx} = \dfrac{du}{dx}x + u$, 代入方程得 $\dfrac{du}{dx}x + u = \dfrac{-2u}{u^2-3}$,

分离变量得 $\dfrac{u^2-3}{-u^3+u}du = \dfrac{dx}{x}$, 两边同时积分得

$$\int \dfrac{u^2-3}{-u^3+u}du = \int \dfrac{dx}{x} \Rightarrow \int \dfrac{-3}{u} + \dfrac{1}{u-1} + \dfrac{1}{u+1}du = \int \dfrac{dx}{x}$$

$$\Rightarrow -3\ln|u| + \ln|u-1| + \ln|u+1| = \ln|x| + \ln C_1$$

$$\Rightarrow \dfrac{u^2-1}{u^3} = \pm C_1 x, 令 C = \pm C_1, 得 \dfrac{\dfrac{y^2}{x^2}-1}{\dfrac{y^3}{x^3}} = Cx \Rightarrow y^2 - x^2 = Cy^3,$$

将 $y|_{x=0}=1$ 代入得 $1-0 = C \Rightarrow C = 1$, 故 $y^2 - x^2 = y^3$;

② $\dfrac{dy}{dx} = \dfrac{-2xy}{y^2-3x^2} \Rightarrow \dfrac{dx}{dy} = \dfrac{y^2-3x^2}{-2xy} = \dfrac{y}{-2x} + \dfrac{3x}{2y}.$

令 $u = \dfrac{x}{y}$, 则 $x = uy, \dfrac{dx}{dy} = \dfrac{du}{dy}y + u$, 代入方程得 $\dfrac{du}{dy}y + u = \dfrac{1}{-2u} + \dfrac{3u}{2} \Rightarrow \dfrac{du}{dy}y = \dfrac{u^2-1}{2u}$,

分离变量得 $\dfrac{2u}{u^2-1}du = \dfrac{dy}{y}$, 两边同时积分得

$$\int \dfrac{2u}{u^2-1}du = \int \dfrac{dy}{y} \Rightarrow \ln|u^2-1| = \ln|y| + \ln C_1$$

$\Rightarrow u^2 - 1 = \pm C_1 y$. 令 $C = \pm C_1$, 得 $\dfrac{x^2}{y^2} - 1 = Cy \Rightarrow x^2 - y^2 = Cy^3$, 将 $y|_{x=0}=1$ 代入得 $0-1 = C \Rightarrow C = -1$, 故 $x^2 - y^2 = -y^3$.

6.4 一阶线性微分方程

1. 定义

形如 $\dfrac{\mathrm{d}y}{\mathrm{d}x} + P(x)y = Q(x)$ 的方程称为一阶线性微分方程.

①若 $Q(x) \equiv 0$,即 $\dfrac{\mathrm{d}y}{\mathrm{d}x} + P(x)y = 0$ 称为一阶齐次线性微分方程.

$\dfrac{\mathrm{d}y}{\mathrm{d}x} = -P(x)y \Rightarrow \dfrac{\mathrm{d}y}{y} = -P(x)\mathrm{d}x$,两边积分 $\int \dfrac{\mathrm{d}y}{y} = \int -P(x)\mathrm{d}x \Rightarrow \ln|y| = \int -P(x)\mathrm{d}x + C_1$,

则 $y = \pm e^{C_1} \cdot e^{\int -P(x)\mathrm{d}x} \xrightarrow{\diamondsuit C = \pm e^{C_1}}$ 齐次通解 $y = Ce^{\int -P(x)\mathrm{d}x}$.

②若 $Q(x) \neq 0$,即 $\dfrac{\mathrm{d}y}{\mathrm{d}x} + P(x)y = Q(x)$ 称为一阶非齐次线性微分方程.

常数变易法:令齐次通解 $y = Ce^{\int -P(x)\mathrm{d}x}$ 中的 C 变为函数 $C(x)$,再将 $y = C(x) \cdot e^{\int -P(x)\mathrm{d}x}$ 代入方程 $\dfrac{\mathrm{d}y}{\mathrm{d}x} + P(x)y = Q(x)$ 中,得

$$C'(x)e^{\int -P(x)\mathrm{d}x} + C(x)e^{\int -P(x)\mathrm{d}x}[-P(x)] + P(x)C(x)e^{\int -P(x)\mathrm{d}x} = Q(x)$$

$$\Rightarrow C'(x) = Q(x)e^{\int P(x)\mathrm{d}x}, C(x) = \int Q(x)e^{\int P(x)\mathrm{d}x}\mathrm{d}x + C,$$

则非齐次通解 $y = e^{\int -P(x)\mathrm{d}x}\left[\int Q(x)e^{\int P(x)\mathrm{d}x}\mathrm{d}x + C\right]$,去括号得

$$y = Ce^{\int -P(x)\mathrm{d}x} + e^{\int -P(x)\mathrm{d}x}\int Q(x)e^{\int P(x)\mathrm{d}x}\mathrm{d}x.$$

(非齐次通解 = 齐次通解 + 一个非齐次特解)

由此可以得到在解微分方程时什么情况下 $e^{\ln}$ 后可不加绝对值:

①ln 里本身大于零;②一阶非齐次线性通解中的 $e^{\int -P(x)\mathrm{d}x}$ 的积分可不加,一是 $Ce^{\int -P(x)\mathrm{d}x}$ 正负号并入任意常数中,二是 $e^{\int -P(x)\mathrm{d}x}\int Q(x)e^{\int P(x)\mathrm{d}x}\mathrm{d}x$ 解出后负负得正.

例 6-17 求微分方程 $y' + y = e^{-x}$ 的通解.

解 $y = e^{-\int 1\mathrm{d}x}\left(\int e^{-x} \cdot e^{\int 1\mathrm{d}x}\mathrm{d}x + C\right) = e^{-x}(x + C)$.

例 6-18 求微分方程 $\dfrac{\mathrm{d}y}{\mathrm{d}x} + \dfrac{2}{x}y = 5x^2$ 的通解.

解 $y = e^{-\int \frac{2}{x}\mathrm{d}x}\left(\int 5x^2 \cdot e^{\int \frac{2}{x}\mathrm{d}x}\mathrm{d}x + C\right) = \dfrac{1}{x^2}\left(\int 5x^4\mathrm{d}x + C\right) = \dfrac{1}{x^2}(x^5 + C)$.

例 6-19 求微分方程 $xy' + y = x^2 + 3x + 2$ 的通解.

解 $xy' + y = x^2 + 3x + 2 \Rightarrow y' + \dfrac{1}{x}y = x + 3 + \dfrac{2}{x}$,

$y = e^{-\int \frac{1}{x}\mathrm{d}x}\left[\int \left(x + 3 + \dfrac{2}{x}\right)e^{\int \frac{1}{x}\mathrm{d}x}\mathrm{d}x + C\right]$

$= \dfrac{1}{x}\left[\int (x^2 + 3x + 2)\mathrm{d}x + C\right] = \dfrac{1}{x}\left(\dfrac{x^3}{3} + \dfrac{3x^2}{2} + 2x + C\right)$.

例 6-20 求微分方程 $\sec x \cdot y' + \tan x \cdot y = e^{\cos x}$ 的通解.

解 $\sec x \cdot y' + \tan x \cdot y = e^{\cos x} \Rightarrow y' + \sin x \cdot y = e^{\cos x} \cos x$,

$$y = e^{-\int \sin x dx} \left(\int e^{\cos x} \cos x \cdot e^{\int \sin x dx} dx + C \right) = e^{\cos x}(\sin x + C).$$

例 6-21 求微分方程 $xy' + y = x \sin x^2$ 满足 $y|_{x=\sqrt{\pi}} = \sqrt{\pi}$ 的特解.

解 $xy' + y = x \sin x^2 \Rightarrow y' + \dfrac{y}{x} = \sin x^2$,

$$y = e^{-\int \frac{1}{x} dx} \left(\int \sin x^2 \cdot e^{\int \frac{1}{x} dx} dx + C \right) = \frac{1}{x} \left(\int \sin x^2 \cdot x dx + C \right) = \frac{1}{x} \left(-\frac{1}{2} \cos x^2 + C \right),$$

将 $y|_{x=\sqrt{\pi}} = \sqrt{\pi}$ 代入得 $\sqrt{\pi} = \dfrac{1}{\sqrt{\pi}} \left(\dfrac{1}{2} + C \right) \Rightarrow C = \pi - \dfrac{1}{2}$,故 $y = \dfrac{1}{x} \left(-\dfrac{1}{2} \cos x^2 + \pi - \dfrac{1}{2} \right)$.

2. 自变量与因变量变换

形如 $x' + P(y)x = Q(y)$ 的方程,通解为 $x = e^{-\int P(y) dy} \left[\int Q(y) e^{\int P(y) dy} dy + C \right]$.

例 6-22 求微分方程 $y'(y^2 - x) = y$ 的通解.

解 $y'(y^2 - x) = y \Rightarrow \dfrac{dy}{dx} = \dfrac{y}{y^2 - x} \Rightarrow \dfrac{dx}{dy} = \dfrac{y^2 - x}{y} \Rightarrow \dfrac{dx}{dy} + \dfrac{1}{y} x = y$,

$$x = e^{-\int \frac{1}{y} dy} \left(\int y \cdot e^{\int \frac{1}{y} dy} dy + C \right) = \frac{1}{y} \left(\int y^2 dy + C \right) = \frac{1}{y} \left(\frac{y^3}{3} + C \right).$$

例 6-23 求微分方程 $y' = \dfrac{1}{x + 2y}$ 的通解.

解 $y' = \dfrac{1}{x + 2y} \Rightarrow \dfrac{dx}{dy} = x + 2y \Rightarrow \dfrac{dx}{dy} - x = 2y$,

$$x = e^{-\int -1 dy} \left(\int 2y \cdot e^{\int -1 dy} dy + C \right) = e^y \left(2 \int y \cdot e^{-y} dy + C \right) = e^y \left(-2 \int y de^{-y} + C \right)$$

$$= e^y \left[-2 \left(y e^{-y} - \int e^{-y} dy \right) + C \right] = e^y \left[-2(y e^{-y} + e^{-y}) + C \right] = -2(y + 1) + C e^y.$$

3. 与变限积分结合

注: 优先考虑对变限积分求导.

例 6-24 已知函数 $f(x)$ 一阶连续可导,且满足 $f(x) + 2 \int_0^x f(t) dt = x^2$,求 $f(x)$ 的表达式.

解 两边同时对 x 求导,$f'(x) + 2f(x) = 2x$,这是一阶非齐次线性微分方程,有

$$f(x) = e^{-\int 2 dx} \left(\int 2x \cdot e^{\int 2 dx} dx + C \right) = e^{-2x} \left(\int 2x e^{2x} dx + C \right) = e^{-2x} \left(\int x de^{2x} + C \right)$$

$$= e^{-2x} \left(x e^{2x} - \int e^{2x} dx + C \right) = e^{-2x} \left(x e^{2x} - \frac{1}{2} e^{2x} + C \right) = x - \frac{1}{2} + C e^{-2x},$$

由原式 $f(x) + 2 \int_0^x f(t) dt = x^2$ 可得 $f(0) = 0$,代入通解中得 $0 = 0 - \dfrac{1}{2} + C \Rightarrow C = \dfrac{1}{2}$,

故 $f(x) = x - \dfrac{1}{2} + \dfrac{1}{2} e^{-2x}$.

例 6-25 设函数 $f(x)$ 一阶连续可导，且满足 $\int_0^x f(t)\mathrm{d}t = \mathrm{e}^x - f(x)$，求 $f(x)$ 的表达式.

解 两边同时对 x 求导，

$f(x) = \mathrm{e}^x - f'(x) \Rightarrow f'(x) + f(x) = \mathrm{e}^x$，

$f(x) = \mathrm{e}^{-\int 1\mathrm{d}x}\left(\int \mathrm{e}^x \cdot \mathrm{e}^{\int 1\mathrm{d}x}\mathrm{d}x + C\right) = \mathrm{e}^{-x}\left(\int \mathrm{e}^{2x}\mathrm{d}x + C\right) = \mathrm{e}^{-x}\left(\frac{1}{2}\mathrm{e}^{2x} + C\right) = \frac{1}{2}\mathrm{e}^x + C\mathrm{e}^{-x}$，

由原式 $\int_0^x f(t)\mathrm{d}t = \mathrm{e}^x - f(x)$ 可得 $f(0) = 1$，代入通解中得 $1 = \frac{1}{2} + C \Rightarrow C = \frac{1}{2}$，

故 $f(x) = \frac{1}{2}\mathrm{e}^x + \frac{1}{2}\mathrm{e}^{-x}$.

> **注**：微分方程与变限积分结合的题目中，很多时候容易忽略隐藏在原式中的初始条件，通过上述例题可以发现，一阶微分方程有一个初始条件，同理，二阶微分方程有两个初始条件.

6.5 伯努利微分方程

形如 $\dfrac{\mathrm{d}y}{\mathrm{d}x} + P(x)y = Q(x)y^n (n \neq 0, 1)$ 的方程称为伯努利微分方程.

① 两边同乘 y^{-n}，得 $y^{-n}\dfrac{\mathrm{d}y}{\mathrm{d}x} + P(x)y^{1-n} = Q(x)$；

② 令 $z = y^{1-n}$，两边对 x 求导，$\dfrac{\mathrm{d}z}{\mathrm{d}x} = (1-n)y^{-n}\dfrac{\mathrm{d}y}{\mathrm{d}x}$；

③ 代入①中得 $\dfrac{\mathrm{d}z}{\mathrm{d}x} + (1-n)P(x)z = (1-n)Q(x)$，变成关于 z 与 x 的一阶线性微分方程；

④ 解出微分方程后，将 $z = y^{1-n}$ 回代.

例 6-26 求微分方程 $\dfrac{\mathrm{d}y}{\mathrm{d}x} - 3xy = xy^2$ 的通解.

解 两边同乘 y^{-2}，得 $y^{-2}\dfrac{\mathrm{d}y}{\mathrm{d}x} - 3xy^{-1} = x$，令 $z = y^{-1}$，$\dfrac{\mathrm{d}z}{\mathrm{d}x} = -y^{-2}\dfrac{\mathrm{d}y}{\mathrm{d}x}$，代入得 $\dfrac{\mathrm{d}z}{\mathrm{d}x} + 3xz = -x$，

$z = \mathrm{e}^{-\int 3x\mathrm{d}x}\left(\int -x \cdot \mathrm{e}^{\int 3x\mathrm{d}x}\mathrm{d}x + C\right) = \mathrm{e}^{-\frac{3}{2}x^2}\left(-\int x\mathrm{e}^{\frac{3}{2}x^2}\mathrm{d}x + C\right)$

$= \mathrm{e}^{-\frac{3}{2}x^2}\left(-\dfrac{1}{3}\int \mathrm{e}^{\frac{3}{2}x^2}\mathrm{d}\left(\dfrac{3}{2}x^2\right) + C\right) = \mathrm{e}^{-\frac{3}{2}x^2}\left(-\dfrac{1}{3}\mathrm{e}^{\frac{3}{2}x^2} + C\right) = -\dfrac{1}{3} + C\mathrm{e}^{-\frac{3}{2}x^2}$，

将 $z = y^{-1}$ 回代，得 $y^{-1} = -\dfrac{1}{3} + C\mathrm{e}^{-\frac{3}{2}x^2}$.

例 6-27 求微分方程 $\dfrac{y'}{y} + \dfrac{\sin x}{x}y - \dfrac{1}{x} = 0$ 的通解.

解 $\dfrac{y'}{y} + \dfrac{\sin x}{x}y - \dfrac{1}{x} = 0 \Rightarrow y' - \dfrac{1}{x}y = -\dfrac{\sin x}{x}y^2$，两边同乘 y^{-2}，得 $y^{-2}y' - \dfrac{1}{x}y^{-1} = -\dfrac{\sin x}{x}$，

令 $z = y^{-1}$，$\dfrac{\mathrm{d}z}{\mathrm{d}x} = -y^{-2}\dfrac{\mathrm{d}y}{\mathrm{d}x}$，代入得 $\dfrac{\mathrm{d}z}{\mathrm{d}x} + \dfrac{1}{x}z = \dfrac{\sin x}{x}$，

$$z = \mathrm{e}^{-\int \frac{1}{x}\mathrm{d}x}\left(\int \frac{\sin x}{x}\cdot \mathrm{e}^{\int \frac{1}{x}\mathrm{d}x}\mathrm{d}x + C\right) = \frac{1}{x}\left(\int \sin x\,\mathrm{d}x + C\right) = \frac{1}{x}(-\cos x + C),$$

将 $z = y^{-1}$ 回代，得 $y^{-1} = \frac{1}{x}(-\cos x + C)$.

例 6-28 求微分方程 $\dfrac{\mathrm{d}y}{\mathrm{d}x} = \dfrac{6y}{x} - xy^2$ 的通解.

解 $\dfrac{\mathrm{d}y}{\mathrm{d}x} = \dfrac{6y}{x} - xy^2 \Rightarrow \dfrac{\mathrm{d}y}{\mathrm{d}x} - \dfrac{6y}{x} = -xy^2$，两边同乘 y^{-2}，得 $y^{-2}\dfrac{\mathrm{d}y}{\mathrm{d}x} - \dfrac{6}{x}y^{-1} = -x$.

令 $z = y^{-1}$，$\dfrac{\mathrm{d}z}{\mathrm{d}x} = -y^{-2}\dfrac{\mathrm{d}y}{\mathrm{d}x}$，代入得 $\dfrac{\mathrm{d}z}{\mathrm{d}x} + \dfrac{6}{x}z = x$，

$$z = \mathrm{e}^{-\int \frac{6}{x}\mathrm{d}x}\left(\int x \mathrm{e}^{\int \frac{6}{x}\mathrm{d}x}\mathrm{d}x + C\right) = \frac{1}{x^6}\left(\int x^7 \mathrm{d}x + C\right) = \frac{1}{x^6}\left(\frac{x^8}{8} + C\right),$$

将 $z = y^{-1}$ 回代，得 $y^{-1} = \dfrac{1}{x^6}\left(\dfrac{x^8}{8} + C\right)$.

例 6-29 求微分方程 $x\mathrm{d}y + (2xy^2 - y)\mathrm{d}x = 0$ 的通解.

解 $x\mathrm{d}y + (2xy^2 - y)\mathrm{d}x = 0 \Rightarrow \dfrac{\mathrm{d}y}{\mathrm{d}x} = \dfrac{y - 2xy^2}{x} \Rightarrow \dfrac{\mathrm{d}y}{\mathrm{d}x} - \dfrac{1}{x}y = -2y^2$，

两边同乘 y^{-2}，得 $y^{-2}\dfrac{\mathrm{d}y}{\mathrm{d}x} - \dfrac{1}{x}y^{-1} = -2$，令 $z = y^{-1}$，$\dfrac{\mathrm{d}z}{\mathrm{d}x} = -y^{-2}\dfrac{\mathrm{d}y}{\mathrm{d}x}$，代入得 $\dfrac{\mathrm{d}z}{\mathrm{d}x} + \dfrac{1}{x}z = 2$，

$$z = \mathrm{e}^{-\int \frac{1}{x}\mathrm{d}x}\left(\int 2\mathrm{e}^{\int \frac{1}{x}\mathrm{d}x}\mathrm{d}x + C\right) = \frac{1}{x}\left(\int 2x\,\mathrm{d}x + C\right) = \frac{1}{x}(x^2 + C),$$

将 $z = y^{-1}$ 回代，得 $y^{-1} = \dfrac{1}{x}(x^2 + C)$.

*6.6 可降阶的高阶微分方程

1. $y^{(n)} = f(x)$ 型

注：直接积分即可.

例 6-30 求微分方程 $y''' = 2x + 1$ 的通解.

解 两边同时积分得 $y'' = x^2 + x + C_1$，两边再同时积分得 $y' = \dfrac{x^3}{3} + \dfrac{x^2}{2} + C_1 x + C_2$，

两边再同时积分得 $y = \dfrac{x^4}{12} + \dfrac{x^3}{6} + \dfrac{C_1 x^2}{2} + C_2 x + C_3$.

例 6-31 求微分方程 $y''' = \mathrm{e}^{2x} + \sin x$ 的通解.

解 两边同时积分得 $y'' = \dfrac{1}{2}\mathrm{e}^{2x} - \cos x + C_1$，两边再同时积分得 $y' = \dfrac{1}{4}\mathrm{e}^{2x} - \sin x + C_1 x + C_2$，

两边再同时积分得 $y = \dfrac{1}{8}\mathrm{e}^{2x} + \cos x + \dfrac{C_1 x^2}{2} + C_2 x + C_3$.

2. $f(y'', y', x) = 0$ 型（缺 y）

①令 $y' = p$，两边对 x 求导得 $y'' = \dfrac{\mathrm{d}p}{\mathrm{d}x} = p'$，代入方程中；

②解出关于 p 与 x 的一阶微分方程；

③将 $y' = p$ 回代，解出关于 y 与 x 的一阶微分方程．

例 6-32　求微分方程 $(1 + x^2)y'' = 2xy'$ 的通解．

解　令 $y' = p$，$y'' = \dfrac{\mathrm{d}p}{\mathrm{d}x} = p'$，代入方程得 $(1 + x^2)p' = 2xp$，分离变量得 $\dfrac{\mathrm{d}p}{p} = \dfrac{2x\mathrm{d}x}{1 + x^2}$，

两边同时积分得 $\displaystyle\int \dfrac{\mathrm{d}p}{p} = \int \dfrac{2x\mathrm{d}x}{1 + x^2} \Rightarrow \ln|p| = \ln|1 + x^2| + \ln C \Rightarrow p = \pm C(1 + x^2)$．

令 $C_1 = \pm C$，再将 $y' = p$ 回代得 $y' = C_1(1 + x^2)$，两边同时积分得 $y = C_1 x + \dfrac{C_1 x^3}{3} + C_2$．

例 6-33　求微分方程 $xy'' + y' = 0$ 的通解．

解　令 $y' = p$，$y'' = \dfrac{\mathrm{d}p}{\mathrm{d}x} = p'$，代入方程得 $xp' + p = 0$，分离变量得 $\dfrac{\mathrm{d}p}{p} = -\dfrac{\mathrm{d}x}{x}$，

两边同时积分得 $\displaystyle\int \dfrac{\mathrm{d}p}{p} = -\int \dfrac{\mathrm{d}x}{x} \Rightarrow \ln|p| = -\ln|x| + \ln C \Rightarrow p = \dfrac{\pm C}{x}$．

令 $C_1 = \pm C$，再将 $y' = p$ 回代得 $y' = \dfrac{C_1}{x}$，两边同时积分得 $y = \displaystyle\int \dfrac{C_1}{x}\mathrm{d}x = C_1 \ln|x| + C_2$．

例 6-34　求微分方程 $y'' = \dfrac{1}{x}y' + x\mathrm{e}^x$ 的通解．

解　令 $y' = p$，$y'' = \dfrac{\mathrm{d}p}{\mathrm{d}x} = p'$，代入方程得 $p' = \dfrac{1}{x}p + x\mathrm{e}^x \Rightarrow p' - \dfrac{1}{x}p = x\mathrm{e}^x$，

$p = \mathrm{e}^{-\int -\frac{1}{x}\mathrm{d}x} \left(\displaystyle\int x\mathrm{e}^x \cdot \mathrm{e}^{\int -\frac{1}{x}\mathrm{d}x} \mathrm{d}x + C_1 \right) = x\left(\displaystyle\int \mathrm{e}^x \mathrm{d}x + C_1 \right) = x\mathrm{e}^x + C_1 x$，

将 $y' = p$ 回代得 $y' = x\mathrm{e}^x + C_1 x$，两边同时积分得

$$y = \int x\mathrm{e}^x + C_1 x\, \mathrm{d}x = \int x\, \mathrm{d}\mathrm{e}^x + \dfrac{C_1 x^2}{2} = x\mathrm{e}^x - \mathrm{e}^x + \dfrac{C_1 x^2}{2} + C_2.$$

例 6-35　求微分方程 $y'' + 2x(y')^2 = 0$ 满足初值条件 $y\big|_{x=0} = 1$，$y'\big|_{x=0} = -\dfrac{1}{2}$ 的特解．

解　令 $y' = p$，$y'' = \dfrac{\mathrm{d}p}{\mathrm{d}x} = p'$，代入方程得 $p' + 2xp^2 = 0 \Rightarrow \dfrac{\mathrm{d}p}{\mathrm{d}x} = -2xp^2$，

分离变量得 $\dfrac{\mathrm{d}p}{-p^2} = 2x\mathrm{d}x$，两边同时积分得 $\displaystyle\int \dfrac{\mathrm{d}p}{-p^2} = \int 2x\mathrm{d}x \Rightarrow \dfrac{1}{p} = x^2 + C_1$，

将 $y'\big|_{x=0} = -\dfrac{1}{2}$ 代入得 $-2 = 0 + C_1 \Rightarrow C_1 = -2$，故 $y' = \dfrac{1}{x^2 - 2}$，

两边同时积分 $y = \displaystyle\int \dfrac{1}{x^2 - 2}\mathrm{d}x = \dfrac{1}{2\sqrt{2}} \ln\left| \dfrac{x - \sqrt{2}}{x + \sqrt{2}} \right| + C_2$，

将 $y\big|_{x=0} = 1$ 代入得 $1 = 0 + C_2 \Rightarrow C_2 = 1$，故 $y = \dfrac{\sqrt{2}}{4} \ln\left| \dfrac{x - \sqrt{2}}{x + \sqrt{2}} \right| + 1$．

3. $f(y'', y', y) = 0$ 型（缺 x）

① 令 $y' = p, y'' = p\dfrac{\mathrm{d}p}{\mathrm{d}y}\left(y'' = \dfrac{\mathrm{d}p}{\mathrm{d}x} = \dfrac{\mathrm{d}p}{\mathrm{d}y} \cdot \dfrac{\mathrm{d}y}{\mathrm{d}x} = \dfrac{\mathrm{d}p}{\mathrm{d}y}p\right)$ 代入方程中；

② 解出关于 p 与 y 的一阶微分方程；

③ 将 $y' = p$ 回代，解出关于 y 与 x 的一阶微分方程.

例 6-36 求微分方程 $y'' + y' = y'y$ 满足初值条件 $y|_{x=2} = 2, y'|_{x=2} = \dfrac{1}{2}$ 的特解.

解 令 $y' = p, y'' = p\dfrac{\mathrm{d}p}{\mathrm{d}y}$ 代入方程得 $p\dfrac{\mathrm{d}p}{\mathrm{d}y} + p = py$，因为所求特解中的 $y' \neq 0$，所以两边把 p 约掉得 $\dfrac{\mathrm{d}p}{\mathrm{d}y} + 1 = y \Rightarrow \dfrac{\mathrm{d}p}{\mathrm{d}y} = y - 1$，

分离变量得 $\mathrm{d}p = (y-1)\mathrm{d}y$，两边同时积分得 $\int \mathrm{d}p = \int (y-1)\mathrm{d}y \Rightarrow p = \dfrac{(y-1)^2}{2} + C_1$.

将 $y|_{x=2} = 2, y'|_{x=2} = \dfrac{1}{2}$ 代入得 $\dfrac{1}{2} = \dfrac{(2-1)^2}{2} + C_1 \Rightarrow C_1 = 0$，

故 $y' = \dfrac{(y-1)^2}{2}$，分离变量得 $\dfrac{2\mathrm{d}y}{(y-1)^2} = \mathrm{d}x$，

两边同时积分得 $\int \dfrac{2\mathrm{d}y}{(y-1)^2} = \int \mathrm{d}x \Rightarrow -\dfrac{2}{y-1} = x + C_2$，

将 $y|_{x=2} = 2$ 代入得 $-2 = 2 + C_2 \Rightarrow C_2 = -4$，故 $-\dfrac{2}{y-1} = x - 4 \Rightarrow y = \dfrac{-2}{x-4} + 1$.

例 6-37 求微分方程 $y'' = \dfrac{3}{2}y^2$ 满足初值条件 $y|_{x=3} = 1, y'|_{x=3} = 1$ 的特解.

解 令 $y' = p, y'' = p\dfrac{\mathrm{d}p}{\mathrm{d}y}$，代入方程得 $p\dfrac{\mathrm{d}p}{\mathrm{d}y} = \dfrac{3}{2}y^2$，分离变量得 $p\mathrm{d}p = \dfrac{3}{2}y^2\mathrm{d}y$，

两边同时积分得 $\int p\mathrm{d}p = \int \dfrac{3}{2}y^2\mathrm{d}y \Rightarrow \dfrac{p^2}{2} = \dfrac{y^3}{2} + C_1$，

将 $y|_{x=3} = 1, y'|_{x=3} = 1$ 代入得 $\dfrac{1}{2} = \dfrac{1}{2} + C_1 \Rightarrow C_1 = 0$，故 $y' = y^{\frac{3}{2}}$，分离变量得 $\dfrac{\mathrm{d}y}{y^{\frac{3}{2}}} = \mathrm{d}x$，

两边同时积分得 $\int \dfrac{\mathrm{d}y}{y^{\frac{3}{2}}} = \int \mathrm{d}x \Rightarrow -2y^{-\frac{1}{2}} = x + C_2$，

将 $y|_{x=3} = 1$ 代入得 $-2 = 3 + C_2 \Rightarrow C_2 = -5$，故 $-2y^{-\frac{1}{2}} = x - 5$.

例 6-38 求微分方程 $2yy'' + (y')^2 = 0$ 的通解，其中 $y > 0, y' > 0$.

解 令 $y' = p, y'' = p\dfrac{\mathrm{d}p}{\mathrm{d}y}$，代入方程得 $2yp\dfrac{\mathrm{d}p}{\mathrm{d}y} + p^2 = 0 \Rightarrow 2y\dfrac{\mathrm{d}p}{\mathrm{d}y} + p = 0$，分离变量得 $\dfrac{\mathrm{d}p}{p} = -\dfrac{1}{2y}\mathrm{d}y$，

两边同时积分得 $\int \dfrac{\mathrm{d}p}{p} = -\int \dfrac{1}{2y}\mathrm{d}y \Rightarrow \ln|p| = -\dfrac{1}{2}\ln|y| + \ln C \Rightarrow y' = \dfrac{\pm C}{\sqrt{y}}$，

令 $C_1 = \pm C$，得 $y' = \dfrac{C_1}{\sqrt{y}}$，分离变量得 $\sqrt{y}\mathrm{d}y = C_1\mathrm{d}x$，

两边同时积分得 $\int \sqrt{y}\,dy = \int C_1 dx \Rightarrow \frac{2}{3} y^{\frac{3}{2}} = C_1 x + C_2$.

线性微分方程:方程中仅含有未知函数 y 及其各阶导数 $y',y'',\cdots,y^{(n)}$ 的一次幂,形如 $y^{(n)} + a_1(x) y^{(n-1)} + \cdots + a_n(x) y = f(x)$.

齐次微分方程:①齐次线性微分方程:上式 $f(x) \equiv 0$;

②一阶齐次方程:指能化为可分离变量的一类微分方程,形如 $\dfrac{dy}{dx} = \varphi\left(\dfrac{y}{x}\right)$.

6.7 高阶线性微分方程

1. 定义

形如 $y^{(n)} + a_1(x) y^{(n-1)} + \cdots + a_n(x) y = f(x)$ 的方程称为 n 阶线性微分方程.

当 $f(x) \equiv 0$ 时,称为 n 阶**齐次**线性微分方程;

当 $f(x) \neq 0$ 时,称为 n 阶**非齐次**线性微分方程.

2. 线性微分方程解的结构(这里以二阶为例)

①二阶齐次线性微分方程: $y'' + p(x) y' + q(x) y = 0$ ……①

若 y_1, y_2 均为方程①的特解,则 $C_1 y_1, C_2 y_2, C_1 y_1 + C_2 y_2$ 也为方程①的解;

若 y_1 与 y_2 线性无关 $\left(\dfrac{y_1}{y_2} \neq k, k\right.$ 为非零常数$\left.\right)$,则 $C_1 y_1 + C_2 y_2$ 为方程①的**通解**.

②二阶非齐次线性微分方程: $y'' + p(x) y' + q(x) y = f(x)$ ……②

若 y_3, y_4 均为方程②的特解,则 $y_3 - y_4, C_3(y_3 - y_4)$ 为对应的方程①的解,

$y_3 + C_1 y_1 + C_2 y_2$ 为方程②的通解;

若 $C_3 y_3 + C_4 y_4$ 为方程②的解,则满足 $C_3 + C_4 = 1$;

若 $C_3 y_3 + C_4 y_4$ 为方程①的解,则满足 $C_3 + C_4 = 0$.

3. 叠加原理(主要用在非齐次特解)

$$y'' + p(x) y' + q(x) y = f_1(x) \text{……③}$$
$$y'' + p(x) y' + q(x) y = f_2(x) \text{……④}$$
$$y'' + p(x) y' + q(x) y = f(x) [\text{其中} f(x) = f_1(x) + f_2(x)] \text{……⑤}$$

若 y_1 是方程③的特解,y_2 是方程④的特解,则 $y_1 + y_2$ 是方程⑤的特解.

6.8 二阶常系数线性微分方程

1. 定义

形如 $y'' + py' + qy = f(x)$(p,q 为常数)的方程为二阶常系数线性微分方程.

当 $f(x) \equiv 0$ 时,称为二阶常系数**齐次**线性微分方程;

当 $f(x) \neq 0$ 时,称为二阶常系数**非齐次**线性微分方程.

2. 二阶常系数齐次线性微分方程的通解

$$y'' + py' + qy = 0$$

特征方程:$\lambda^2 + p\lambda + q = 0$($y$ 的几阶导变成 λ 的几次方,注意将 y'' 的系数化为 1 再写特征方程)

特征方程的根称为**特征根**.

① $\Delta = p^2 - 4q > 0$,特征方程有两个不相等的实根 $\lambda_1, \lambda_2 = \dfrac{-p \pm \sqrt{p^2 - 4q}}{2}$,

则方程的通解为 $y = C_1 e^{\lambda_1 x} + C_2 e^{\lambda_2 x}$;

② $\Delta = p^2 - 4q = 0$,特征方程有重根(两个相等的实根),$\lambda_1 = \lambda_2 = \dfrac{-p}{2}$,

则方程的通解为 $y = (C_1 + C_2 x) e^{\lambda x}$;

③ $\Delta = p^2 - 4q < 0$,特征方程有一对共轭复根 $\lambda_{1,2} = \dfrac{-p}{2} \pm \dfrac{\sqrt{4q - p^2}}{2} i = \alpha \pm \beta i$,即 $\alpha = \dfrac{-p}{2}$,

$\beta = \dfrac{\sqrt{4q - p^2}}{2}$,则方程的通解为 $y = e^{\alpha x}(C_1 \cos \beta x + C_2 \sin \beta x)$.

例 6-39 求微分方程 $y'' - 2y' - 3y = 0$ 的通解.

解 特征方程 $\lambda^2 - 2\lambda - 3 = 0 \Rightarrow (\lambda - 3)(\lambda + 1) = 0$,得 $\lambda_1 = 3, \lambda_2 = -1$,故通解为 $y = C_1 e^{3x} + C_2 e^{-x}$.

例 6-40 求微分方程 $y'' - 2y' + y = 0$ 的通解.

解 特征方程 $(\lambda - 1)^2 = 0$,得 $\lambda_1 = \lambda_2 = 1$,故通解为 $y = (C_1 + C_2 x) e^x$.

例 6-41 求微分方程 $y'' - 2y' + 5y = 0$ 的通解.

解 特征方程 $\lambda^2 - 2\lambda + 5 = 0 \Rightarrow (\lambda - 1)^2 + 4 = 0$,得 $\lambda_{1,2} = 1 \pm 2i$,故通解为 $y = e^x (C_1 \cos 2x + C_2 \sin 2x)$.

例 6-42 求微分方程 $y'' + 2y' - 8y = 0$ 的通解.

解 特征方程 $\lambda^2 + 2\lambda - 8 = 0 \Rightarrow (\lambda + 4)(\lambda - 2) = 0$,得 $\lambda_1 = -4, \lambda_2 = 2$,故通解为 $y = C_1 e^{-4x} + C_2 e^{2x}$.

例 6-43 若 $y = e^{3x} \cos x$ 是微分方程 $y'' + py' + qy = 0$ 的解,求 p, q 的值.

解 $y = e^{3x} \cos x$ 是二阶常系数齐次线性微分方程的特解,

由三种通解形式可知,$\alpha = 3 = -\dfrac{p}{2}, \beta = 1 = \dfrac{\sqrt{4q - p^2}}{2}$,得 $p = -6, q = 10$.

*二阶欧拉方程:形如 $x^2 y'' + pxy' + qy = 0$(p, q 为常数)的方程称为二阶欧拉方程.

① 当 $x > 0$ 时,令 $x = e^t$;当 $x < 0$ 时,令 $-x = e^t$(这里以 $x > 0$ 为例);

② $\dfrac{dy}{dt} = \dfrac{dy}{dx} \cdot \dfrac{dx}{dt} = y' e^t = y' x$,

$\dfrac{d^2 y}{dt^2} = \dfrac{d\left(\dfrac{dy}{dt}\right)}{dt} = \dfrac{d\left(\dfrac{dy}{dt}\right)}{dx} \cdot \dfrac{dx}{dt} = y'' e^t = (y' x)' x = (y'' x + y') x = y'' x^2 + y' x$,

得 $\begin{cases} xy' = \dfrac{dy}{dt} \\ x^2y'' = \dfrac{d^2y}{dt^2} - \dfrac{dy}{dt} \end{cases}$;

③代入原方程得 $\dfrac{d^2y}{dt^2} - \dfrac{dy}{dt} + p\dfrac{dy}{dt} + qy = 0$，即 $\dfrac{d^2y}{dt^2} + (p-1)\dfrac{dy}{dt} + qy = 0$，这是二阶常系数齐次线性微分方程.

例 6-44 求微分方程 $x^2y'' + 3xy' + y = 0$ 的通解.

解 方法 1：（可以直接套用上述结论）

当 $x > 0$ 时，令 $x = e^t$，代入得 $\dfrac{d^2y}{dt^2} + (3-1)\dfrac{dy}{dt} + y = 0 \Rightarrow \dfrac{d^2y}{dt^2} + 2\dfrac{dy}{dt} + y = 0$，

特征方程 $\lambda^2 + 2\lambda + 1 = 0 \Rightarrow (\lambda + 1)^2 = 0$，得 $\lambda_1 = \lambda_2 = -1$，

故 $y = (C_1 + C_2 t)e^{-t}$，将 $x = e^t, t = \ln x$ 回代，$y = (C_1 + C_2 \ln x) \cdot \dfrac{1}{x}$；

当 $x < 0$ 时，令 $u = -x$，$\dfrac{du}{dx} = -1$，$u > 0$，

$y' = \dfrac{dy}{dx} = \dfrac{dy}{du} \cdot \dfrac{du}{dx} = -\dfrac{dy}{du}$，

$y'' = \dfrac{d^2y}{dx^2} = \dfrac{d\left(\dfrac{dy}{dx}\right)}{dx} = \dfrac{d\left(-\dfrac{dy}{du}\right)}{du} \cdot \dfrac{du}{dx} = \dfrac{d^2y}{du^2}$，

代入原方程得 $(-u)^2 \dfrac{d^2y}{du^2} + p(-u)\left(-\dfrac{dy}{du}\right) + qy = 0 \Rightarrow u^2 \dfrac{d^2y}{du^2} + pu\dfrac{dy}{du} + qy = 0$，

故通解 $y = (C_1 + C_2 \ln u) \cdot \dfrac{1}{u}$，将 $u = -x$ 回代，$y = \dfrac{C_1 + C_2 \ln(-x)}{-x} = \dfrac{-C_1 - C_2 \ln(-x)}{x}$.

令 $C_3 = -C_1, C_4 = -C_2$，得 $y = \dfrac{C_3 + C_4 \ln(-x)}{x}$，综上，通解 $y = \dfrac{C_1 + C_2 \ln|x|}{x}$.

方法 2：$x^2y'' + 3xy' + y = 0 \Rightarrow x^2y'' + 2xy' + xy' + y = 0 \Rightarrow (x^2y')' + (xy)' = 0$，

两边积分得 $x^2y' + xy = C_1 \Rightarrow y' + \dfrac{1}{x}y = \dfrac{C_1}{x^2}$，

$y = e^{-\int \frac{1}{x}dx}\left(\int \dfrac{C_1}{x^2} \cdot e^{\int \frac{1}{x}dx}dx + C_2\right) = \dfrac{1}{x}(C_1 \ln|x| + C_2)$.

3. 二阶常系数非齐次线性微分方程的通解

$$y'' + py' + qy = f(x)$$

非齐次通解的步骤：

①求出对应的齐次方程的通解 y；

②求出非齐次方程的一个特解 y^*；

③非齐次方程的通解 $y = y + y^*$.

那么，非齐次方程的一个特解该如何求？

非齐次特解:(待定系数法)

类型一:非齐次方程形如 $y'' + py' + qy = P(x) \cdot e^{\alpha x}$,其中 $P(x)$ 为多项式,α 为常数.

设特解 $y^* = x^k \cdot Q(x) \cdot e^{\alpha x}$,其中

$$k = \begin{cases} 0, \alpha \text{ 与特征方程的两个特征根均不相等} \\ 1, \alpha \text{ 与特征方程其中一个特征根相等} \\ 2, \alpha \text{ 与特征方程的两个特征根相等(特征方程有重根)} \end{cases}$$

$Q(x)$ 是与 $P(x)$ 同次的多项式(如:$P(x) = 1$,则 $Q(x) = a$;$P(x) = x$,则 $Q(x) = ax + b$;$P(x) = x^2 + 1$,则 $Q(x) = ax^2 + bx + c$),最后将特解 y^* 代入原方程通过各项系数对应相等求出待定系数的值.

例 6-45　求微分方程 $y'' - 6y' + 9y = (x+1)e^{3x}$ 的特解形式.

解　特征方程 $\lambda^2 - 6\lambda + 9 = 0 \Rightarrow (\lambda - 3)^2 = 0$,得 $\lambda_1 = \lambda_2 = 3$,由微分方程可知 $P(x) = x + 1$,$\alpha = 3$ 与两个特征根均相等,得 $k = 2$,故设特解 $y^* = x^2(ax + b)e^{3x}$.

例 6-46　求微分方程 $y'' + 3y' + 2y = 3xe^{-x}$ 的特解形式.

解　特征方程 $\lambda^2 + 3\lambda + 2 = 0 \Rightarrow (\lambda + 2)(\lambda + 1) = 0$,得 $\lambda_1 = -2, \lambda_2 = -1$,由微分方程可知 $P(x) = 3x, \alpha = -1$ 与其中一个特征根相等,得 $k = 1$,故设特解 $y^* = x(ax + b)e^{-x}$.

例 6-47　求微分方程 $y'' - 2y' + y = x^2$ 的通解.

解　特征方程 $\lambda^2 - 2\lambda + 1 = 0 \Rightarrow (\lambda - 1)^2 = 0$,得 $\lambda_1 = \lambda_2 = 1$,

对应的齐次方程通解为 $y_齐 = (C_1 + C_2 x)e^x$,

由微分方程可知 $P(x) = x^2, \alpha = 0$ 与特征根均不相等,得 $k = 0$.

设特解 $y^* = ax^2 + bx + c$,则 $y^{*\prime} = 2ax + b, y^{*\prime\prime} = 2a$,

代入方程得 $2a - 2(2ax + b) + ax^2 + bx + c = x^2$,

各项(x^2, x,常数项)系数对应相等得 $\begin{cases} a = 1 \\ -4a + b = 0 \\ 2a - 2b + c = 0 \end{cases} \Rightarrow \begin{cases} a = 1 \\ b = 4 \\ c = 6 \end{cases}$,得 $y^* = x^2 + 4x + 6$.

综上,通解 $y = y_齐 + y^* = (C_1 + C_2 x)e^x + x^2 + 4x + 6$.

例 6-48　求微分方程 $y'' - 2y' - 3y = 3x + 1$ 的通解.

解　特征方程 $\lambda^2 - 2\lambda - 3 = 0 \Rightarrow (\lambda - 3)(\lambda + 1) = 0$,得 $\lambda_1 = 3, \lambda_2 = -1$,

对应的齐次方程通解为 $y_齐 = C_1 e^{3x} + C_2 e^{-x}$,

由微分方程可知 $P(x) = 3x + 1, \alpha = 0$ 与特征根均不相等,得 $k = 0$.

设特解 $y^* = ax + b$,则 $y^{*\prime} = a, y^{*\prime\prime} = 0$,代入方程得 $0 - 2a - 3(ax + b) = 3x + 1$,

各项(x,常数项)系数对应相等得 $\begin{cases} -3a = 3 \\ -2a - 3b = 1 \end{cases} \Rightarrow \begin{cases} a = -1 \\ b = \dfrac{1}{3} \end{cases}$,得 $y^* = -x + \dfrac{1}{3}$.

综上,通解 $y = y_齐 + y^* = C_1 e^{3x} + C_2 e^{-x} - x + \dfrac{1}{3}$.

例 6-49　求微分方程 $y'' - 2y' - 3y = e^{-x}$ 的通解.

解　特征方程 $\lambda^2 - 2\lambda - 3 = 0 \Rightarrow (\lambda - 3)(\lambda + 1) = 0$,得 $\lambda_1 = 3, \lambda_2 = -1$,

对应的齐次方程通解为 $y_齐 = C_1 e^{3x} + C_2 e^{-x}$,由微分方程可知 $P(x) = 1, \alpha = -1$ 与一个特征

根相等,得 $k=1$.

设特解 $y^* = xae^{-x}$,则 $y^{*\prime} = ae^{-x} - axe^{-x}$, $y^{*\prime\prime} = -ae^{-x} - ae^{-x} + axe^{-x} = -2ae^{-x} + axe^{-x}$,
代入方程得 $-2ae^{-x} + axe^{-x} - 2(ae^{-x} - axe^{-x}) - 3axe^{-x} = e^{-x}$,
等号两边将 e^{-x} 约掉得 $-2a + ax - 2a + 2ax - 3ax = 1$,
各项系数对应相等得 $-4a = 1 \Rightarrow a = \frac{1}{4}$,得 $y^* = -\frac{1}{4}xe^{-x}$.

综上,通解 $y = y_齐 + y^* = C_1 e^{3x} + C_2 e^{-x} - \frac{1}{4}xe^{-x}$.

例 6-50 已知函数 $f(x)$ 二阶可导,且满足 $f(x) = x^3 + 1 - x\int_0^x f(t)dt + \int_0^x tf(t)dt$,求 $f(x)$.

解 由原方程可知 $f(0) = 1$,原方程两边同时对 x 求导得
$$f'(x) = 3x^2 - \int_0^x f(t)dt - xf(x) + xf(x), f'(0) = 0,$$
两边再对 x 求导得 $f''(x) = 6x - f(x)$,即 $f''(x) + f(x) = 6x$,
特征方程 $\lambda^2 + 1 = 0$,得 $\lambda_{1,2} = 0 \pm i$,对应的齐次方程通解为 $y_齐 = C_1 \cos x + C_2 \sin x$.
由微分方程可知 $P(x) = 6x, \alpha = 0$ 与特征根均不相等,得 $k = 0$.

设特解 $y^* = ax + b$,则 $y^{*\prime} = a, y^{*\prime\prime} = 0$,代入方程得 $0 + ax + b = 6x \Rightarrow \begin{cases} a = 6 \\ b = 0 \end{cases}$,得 $y^* = 6x$,
故 $f(x) = y_齐 + y^* = C_1 \cos x + C_2 \sin x + 6x, f'(x) = -C_1 \sin x + C_2 \cos x + 6$,
将 $\begin{cases} f(0) = 1 \\ f'(0) = 0 \end{cases}$ 代入得 $\begin{cases} C_1 = 1 \\ C_2 + 6 = 0 \end{cases} \Rightarrow \begin{cases} C_1 = 1 \\ C_2 = -6 \end{cases}$, $f(x) = \cos x - 6\sin x + 6x$.

例 6-51 已知函数 $f(x)$ 二阶可导,且满足 $f(x) - \int_0^x tf(x-t)dt = e^x$,求 $f(x)$.

解 令 $u = x - t, t = x - u, dt = -du$,当 $t = 0$ 时,$u = x$,当 $t = x$ 时,$u = 0$,代入 $\int_0^x tf(x-t)dt$
中得 $-\int_x^0 (x-u)f(u)du = x\int_0^x f(u)du - \int_0^x uf(u)du$,
原方程为 $f(x) - x\int_0^x f(u)du + \int_0^x uf(u)du = e^x$,得 $f(0) = 1$,
方程两边同时对 x 求导得 $f'(x) - \int_0^x f(u)du - xf(x) + xf(x) = e^x$,得 $f'(0) = 1$,
两边再对 x 求导得 $f''(x) - f(x) = e^x$,
特征方程 $\lambda^2 - 1 = 0 \Rightarrow (\lambda - 1)(\lambda + 1) = 0$,得 $\lambda_1 = 1, \lambda_2 = -1$,
对应的齐次方程通解为 $y_齐 = C_1 e^x + C_2 e^{-x}$,
由微分方程可知 $P(x) = 1, \alpha = 1$ 与一个特征根相等,得 $k = 1$.
设特解 $y^* = xae^x$,则 $y^{*\prime} = ae^x + axe^x, y^{*\prime\prime} = ae^x + ae^x + axe^x$,
代入方程得 $2ae^x + axe^x - axe^x = e^x$,
两边把 e^x 约掉得 $2a = 1 \Rightarrow a = \frac{1}{2}, y^* = \frac{1}{2}xe^x$,
故 $f(x) = y_齐 + y^* = C_1 e^x + C_2 e^{-x} + \frac{1}{2}xe^x, f'(x) = C_1 e^x - C_2 e^{-x} + \frac{1}{2}e^x + \frac{1}{2}xe^x$,
将 $\begin{cases} f(0) = 1 \\ f'(0) = 1 \end{cases}$ 代入得 $\begin{cases} C_1 + C_2 = 1 \\ C_1 - C_2 + \frac{1}{2} = 1 \end{cases} \Rightarrow \begin{cases} C_1 = \frac{3}{4} \\ C_2 = \frac{1}{4} \end{cases}$, $f(x) = \frac{3}{4}e^x + \frac{1}{4}e^{-x} + \frac{1}{2}xe^x$.

类型二:非齐次方程形如 $y'' + py' + qy = e^{\alpha x} \cdot [P_u(x)\cos\omega x + P_v(x)\sin\omega x]$,其中 α,ω 为常数,$P_u(x)$ 为 u 次多项式,$P_v(x)$ 为 v 次多项式.

设特解 $y^* = x^k \cdot e^{\alpha x}[R_m^{(1)}(x)\cos\omega x + R_m^{(2)}(x)\sin\omega x]$,其中

$$k = \begin{cases} 0, \alpha \pm \omega i \text{ 不是特征方程的根} \\ 1, \alpha \pm \omega i \text{ 是特征方程的根} \end{cases}.$$

$R_m^{(1)}(x)$ 与 $R_m^{(2)}(x)$ 是两个多项式,$m = \max\{u,v\}$(如:$P_u(x) = 1, P_v(x) = 1$,则 $R_m^{(1)}(x) = a$,$R_m^{(2)}(x) = b$;$P_u(x) = 1, P_v(x) = x$,则 $R_m^{(1)}(x) = ax + b, R_m^{(2)}(x) = cx + d$),最后将 y^* 代入原方程通过各项系数对应相等求出待定系数的值.

例 6-52 求微分方程 $y'' - 2y' + 5y = e^x\sin x$ 的特解形式.

解 特征方程 $\lambda^2 - 2\lambda + 5 = 0 \Rightarrow (\lambda - 1)^2 + 4 = 0$,得 $\lambda_{1,2} = 1 \pm 2i$,由微分方程可知 $\alpha = 1$,$\omega = 1, \alpha \pm \omega i$ 不是特征根,得 $k = 0$;$P_u(x) = 0, P_v(x) = 1$,得 $R_m^{(1)}(x) = a, R_m^{(2)}(x) = b$,设特解 $y^* = e^x(a\cos x + b\sin x)$.

例 6-53 求微分方程 $y'' + 4y = x\cos x$ 的特解形式.

解 特征方程 $\lambda^2 + 4 = 0$,得 $\lambda_{1,2} = 0 \pm 2i$;由微分方程可知 $\alpha = 0, \omega = 1, \alpha \pm \omega i$ 不是特征根,得 $k = 0, P_u(x) = x, P_v(x) = 0$,得 $R_m^{(1)}(x) = ax + b, R_m^{(2)}(x) = cx + d$,设特解 $y^* = (ax + b)\cos x + (cx + d)\sin x$.

例 6-54 求微分方程 $y'' + y = \cos x$ 的通解.

解 特征方程 $\lambda^2 + 1 = 0$,得 $\lambda_{1,2} = 0 \pm i$,对应的齐次方程通解 $y_齐 = C_1\cos x + C_2\sin x$,由微分方程可知 $\alpha = 0, \omega = 1, \alpha \pm \omega i$ 是特征根,得 $k = 1$;$P_u(x) = 1, P_v(x) = 0$,则 $R_m^{(1)}(x) = a, R_m^{(2)}(x) = b$.

设特解 $y^* = x(a\cos x + b\sin x)$,

$y^{*\prime} = a\cos x + b\sin x + x(-a\sin x + b\cos x)$,

$y^{*\prime\prime} = -2a\sin x + 2b\cos x + x(-a\cos x - b\sin x)$,

代入方程得 $-2a\sin x + 2b\cos x = \cos x$,

各项系数对应相等得 $\begin{cases} -2a = 0 \\ 2b = 1 \end{cases} \Rightarrow \begin{cases} a = 0 \\ b = \dfrac{1}{2} \end{cases}$, $y^* = \dfrac{1}{2}x\sin x$,

故通解 $y = y_齐 + y^* = C_1\cos x + C_2\sin x + \dfrac{1}{2}x\sin x$.

例 6-55 求微分方程 $y'' + y = e^x + \cos x$ 的通解.

解 特征方程 $\lambda^2 + 1 = 0$,得 $\lambda_{1,2} = 0 \pm i$,对应的齐次方程通解为 $y_齐 = C_1\cos x + C_2\sin x$,

微分方程 $y'' + y = e^x$,设特解 $y_1^* = ae^x$,代入方程解得 $a = \dfrac{1}{2}, y_1^* = \dfrac{1}{2}e^x$,

微分方程 $y'' + y = \cos x$,由例 6-54 得,$y_2^* = \dfrac{1}{2}x\sin x$,

由叠加原理可知,通解 $y = y_齐 + y_1^* + y_2^* = C_1\cos x + C_2\sin x + \dfrac{1}{2}e^x + \dfrac{1}{2}x\sin x$.

第7章 无穷级数

1. 数项级数

①理解级数收敛、级数发散的概念和级数的基本性质,掌握级数收敛的必要条件.

②熟记几何级数 $\sum_{n=1}^{\infty} aq^{n-1}$,调和级数 $\sum_{n=1}^{\infty} \frac{1}{n}$ 和 p-级数 $\sum_{n=1}^{\infty} \frac{1}{n^p}$ 的敛散性.会用正项级数的比较审敛法与比值审敛法判别正项级数的敛散性.

③理解任意项级数绝对收敛与条件收敛的概念.会用莱布尼茨判别法判别交错级数的敛散性.

2. 幂级数

①理解幂级数、幂级数收敛及和函数的概念.会求幂级数的收敛半径与收敛区间.

②掌握幂级数和、差、积的运算.

③掌握幂级数在其收敛区间内的基本性质:和函数是连续的、和函数可逐项求导及和函数可逐项积分.

④熟记 $e^x, \sin x, \cos x, \ln(1+x), \frac{1}{1-x}$ 的麦克劳林(Maclaurin)级数,会将一些简单的初等函数展开为 $x-x_0$ 的幂级数.

7.1 常数项级数的概念

简单来说,无穷多项之和称为常数项级数(无穷级数),简称级数,记作 $\sum_{n=1}^{\infty} u_n$,

$$\sum_{n=1}^{\infty} u_n = u_1 + u_2 + \cdots + u_n + \cdots,$$

其中 u_n 称为级数的通项.

级数 $\sum_{n=1}^{\infty} u_n$ 的部分和(前 n 项和):$S_n = u_1 + u_2 + \cdots + u_n$. 若 $\lim_{n \to \infty} S_n = A$ 存在,则称级数 $\sum_{n=1}^{\infty} u_n$ 收敛于 A,记作 $\sum_{n=1}^{\infty} u_n = A$;若 $\lim_{n \to \infty} S_n$ 不存在,则称级数 $\sum_{n=1}^{\infty} u_n$ 发散.

例 7-1 判断下列级数的敛散性.

① $\sum_{n=1}^{\infty} n$;② $\sum_{n=1}^{\infty} (\sqrt{n+1} - \sqrt{n})$;③ $\sum_{n=1}^{\infty} \frac{1}{n(n+1)}$.

解 ① $S_n = 1 + 2 + \cdots + n = \frac{(1+n)n}{2}$, $\lim_{n \to \infty} S_n = \lim_{n \to \infty} \frac{(1+n)n}{2} = \infty$,级数 $\sum_{n=1}^{\infty} n$ 发散;

② $S_n = (\sqrt{2} - 1) + (\sqrt{3} - \sqrt{2}) + \cdots + (\sqrt{n+1} - \sqrt{n}) = \sqrt{n+1} - 1$,

$\lim_{n \to \infty} S_n = \lim_{n \to \infty} (\sqrt{n+1} - 1) = \infty$,级数 $\sum_{n=1}^{\infty} (\sqrt{n+1} - \sqrt{n})$ 发散;

③ $\frac{1}{n(n+1)} = \frac{1}{n} - \frac{1}{n+1}$, $S_n = 1 - \frac{1}{2} + \frac{1}{2} - \frac{1}{3} + \cdots + \frac{1}{n} - \frac{1}{n+1} = 1 - \frac{1}{n+1}$,

$\lim_{n \to \infty} S_n = \lim_{n \to \infty} \left(1 - \frac{1}{n+1}\right) = 1$,级数 $\sum_{n=1}^{\infty} \frac{1}{n(n+1)}$ 收敛.

两个重要级数:

(1) 等比级数(几何级数): $\sum_{n=1}^{\infty} a_1 q^{n-1} (a_1 \neq 0)$.

当 $|q| < 1$ 时,级数收敛,且其和为 $S = \frac{a_1}{1-q}$;

当 $|q| \geq 1$ 时,级数发散.

证明 当 $q = 1$ 时,$S_n = a_1 + a_1 + \cdots + a_1 = na_1$, $\lim_{n \to \infty} S_n = \lim_{n \to \infty} na_1 = \infty$,级数发散;

当 $q = -1$ 时,$S_n = a_1 + (-a_1) + a_1 + \cdots = \begin{cases} 0, & n \text{ 为偶数} \\ a_1, & n \text{ 为奇数} \end{cases}$, $\lim_{n \to \infty} S_n =$ 不存在,级数发散;

当 $|q| > 1$ 时,$S_n = \frac{a_1(1-q^n)}{1-q}$, $\lim_{n \to \infty} S_n = \infty$,级数发散;

当 $|q| < 1$ 时,$S_n = \frac{a_1(1-q^n)}{1-q}$, $\lim_{n \to \infty} S_n = \frac{a_1}{1-q}$ 级数收敛.

(2) p-级数: $\sum_{n=1}^{\infty} \frac{1}{n^p}$,当 $p = 1$ 时,级数 $\sum_{n=1}^{\infty} \frac{1}{n}$ 称为调和级数.

当 $p > 1$ 时,级数收敛;

当 $p \leq 1$ 时,级数发散.

例 7-2 判断下列级数的敛散性.

① $\sum_{n=1}^{\infty} \frac{3^n}{2^n}$;② $\sum_{n=1}^{\infty} \frac{1}{3^n}$;③ $\sum_{n=1}^{\infty} \frac{1}{\sqrt{n}}$.

解 ① $\sum_{n=1}^{\infty} \frac{3^n}{2^n} = \sum_{n=1}^{\infty} \left(\frac{3}{2}\right)^n$, $q = \frac{3}{2} > 1$,级数发散;

② $\sum_{n=1}^{\infty} \frac{1}{3^n} = \sum_{n=1}^{\infty} \left(\frac{1}{3}\right)^n$, $q = \frac{1}{3} < 1$,级数收敛;

③ $\sum_{n=1}^{\infty} \frac{1}{\sqrt{n}} = \sum_{n=1}^{\infty} \frac{1}{n^{\frac{1}{2}}}$, $p = \frac{1}{2} < 1$ 级数发散.

***证明** 调和级数 $\sum\limits_{n=1}^{\infty}\dfrac{1}{n}$ 发散.

当 $x>0$ 时,由不等式 $\ln(1+x)<x$ 可知,$\ln\left(1+\dfrac{1}{n}\right)<\dfrac{1}{n}\Rightarrow\ln(1+n)-\ln n<\dfrac{1}{n}$,

$\ln 2-\ln 1<\dfrac{1}{2},\ln 3-\ln 2,<\dfrac{1}{3},\cdots,\ln(1+n)-\ln n<\dfrac{1}{n}$,

不等号两边分别求和得 $\ln(1+n)-\ln 1<1+\dfrac{1}{2}+\cdots+\dfrac{1}{n}$,

$\lim\limits_{n\to\infty}\ln(1+n)=\infty<\lim\limits_{n\to\infty}\left(1+\dfrac{1}{2}+\cdots+\dfrac{1}{n}\right)$,部分和极限结果不存在,发散.

7.2 常数项级数的性质

①若级数 $\sum\limits_{n=1}^{\infty}u_n$ 收敛于 A,则 $\sum\limits_{n=1}^{\infty}ku_n$ 收敛于 kA(k 为常数)($\sum\limits_{n=1}^{\infty}ku_n=k\sum\limits_{n=1}^{\infty}u_n$,这是乘法对加法的分配律).

②若级数 $\sum\limits_{n=1}^{\infty}u_n$ 与 $\sum\limits_{n=1}^{\infty}v_n$ 分别收敛于 A 与 B,则 $\sum\limits_{n=1}^{\infty}(u_n\pm v_n)$ 收敛于 $A\pm B$;

若级数 $\sum\limits_{n=1}^{\infty}u_n$ 收敛,$\sum\limits_{n=1}^{\infty}v_n$ 发散,则 $\sum\limits_{n=1}^{\infty}(u_n\pm v_n)$ 发散.

(收 $\pm$ 收 = 收,收 $\pm$ 发 = 发,发 $\pm$ 发 = 不一定;收 × (÷) 收,收 × (÷) 发,发 × (÷) 发结果都不一定)

③在级数中去掉、加上或改变有限项,级数的敛散性不变,若有限项为无穷小,才不影响收敛的结果.

例如:$\sum\limits_{n=1}^{\infty}u_n=A$,$\sum\limits_{n=1}^{\infty}u_{n+1}=A-u_1$.

④若级数 $\sum\limits_{n=1}^{\infty}u_n$ 收敛,则对该级数的项任意加括号后组成的级数仍收敛,且其和不变(即原来收敛于 A,加括号后也收敛于 A).(加法结合律)

> **注:** 加括号增加收敛的可能性,加对绝对值增加发散的可能性.

例如:级数 $\sum\limits_{n=1}^{\infty}(-1)^n$ 发散,但加括号$(-1+1)+(-1+1)+\cdots$ 收敛.

⑤若级数 $\sum\limits_{n=1}^{\infty}u_n$ 收敛,则 $\lim\limits_{n\to\infty}u_n=0$,反之不一定成立;若 $\lim\limits_{n\to\infty}u_n\neq 0$,则级数 $\sum\limits_{n=1}^{\infty}u_n$ 发散.

证明 级数 $\sum\limits_{n=1}^{\infty}u_n$ 收敛,则 $\lim\limits_{n\to\infty}S_n=A$,$\lim\limits_{n\to\infty}S_{n-1}=A$,

所以 $\lim\limits_{n\to\infty}(S_n-S_{n-1})=\lim\limits_{n\to\infty}u_n=A-A=0$.

例 7-3 判断下列级数的敛散性.

① $\sum_{n=1}^{\infty} \frac{1}{\sqrt[n]{n}}$; ② $\sum_{n=1}^{\infty} \left(1+\frac{1}{n}\right)^n$.

解 ① $\lim_{n\to\infty} \frac{1}{\sqrt[n]{n}} = \lim_{n\to\infty} \frac{1}{e^{\frac{\ln n}{n}}} = 1 \neq 0$, 级数发散;

② $\lim_{n\to\infty} \left(1+\frac{1}{n}\right)^n = e \neq 0$, 级数发散.

例 7-4 已知级数 $\sum_{n=1}^{\infty} u_n$, $\sum_{n=1}^{\infty} v_n$ 均收敛, 判断下列级数的敛散性.

① $\sum_{n=1}^{\infty} k u_n$; ② $\sum_{n=1}^{\infty} (u_n - v_n)$; ③ $\sum_{n=1}^{\infty} (u_n - 10)$; ④ $\sum_{n=1}^{\infty} \frac{1}{u_n + 10}$.

解 ① 级数 $\sum_{n=1}^{\infty} u_n$ 收敛, 则 $\sum_{n=1}^{\infty} k u_n$ 也收敛;

② $\sum_{n=1}^{\infty} (u_n - v_n)$ 两个收敛级数相减也收敛;

③ 因为级数 $\sum_{n=1}^{\infty} u_n$ 收敛, 所以 $\lim_{n\to\infty} u_n = 0$, 则 $\lim_{n\to\infty} (u_n - 10) = -10 \neq 0$, 级数发散;

④ 因为级数 $\sum_{n=1}^{\infty} u_n$ 收敛, 所以 $\lim_{n\to\infty} u_n = 0$, 则 $\lim_{n\to\infty} \frac{1}{u_n + 10} = \frac{1}{10} \neq 0$, 级数发散.

7.3 正项级数及其审敛法

若级数 $\sum_{n=1}^{\infty} u_n$ 满足 $u_n \geq 0$, 则称级数 $\sum_{n=1}^{\infty} u_n$ 为正项级数.

定理: 正项级数 $\sum_{n=1}^{\infty} u_n$ 收敛的充要条件是部分和数列 $\{S_n\}$ 有界. 若正项级数 $\sum_{n=1}^{\infty} u_n$ 发散, 则它的和为 $+\infty$.

1. 比较审敛法

设 $\sum_{n=1}^{\infty} u_n$ 和 $\sum_{n=1}^{\infty} v_n$ 均为正项级数, 且 $u_n \leq v_n$, 则:

① 若 $\sum_{n=1}^{\infty} v_n$ 收敛, 则 $\sum_{n=1}^{\infty} u_n$ 收敛;

② 若 $\sum_{n=1}^{\infty} u_n$ 发散, 则 $\sum_{n=1}^{\infty} v_n$ 发散.

(大收推小收, 小发推大发.)

2. 比较审敛法的极限形式

设 $\sum_{n=1}^{\infty} u_n$ 和 $\sum_{n=1}^{\infty} v_n$ 均为正项级数, 且 $\lim_{n\to\infty} u_n = 0$, $\lim_{n\to\infty} v_n = 0$, 则:

① 若 $\lim_{n\to\infty} \frac{u_n}{v_n} = 0$, 则 u_n 是 v_n 的高阶无穷小(类似于 $u_n \leq v_n$);

②若 $\lim\limits_{n\to\infty}\dfrac{u_n}{v_n}=+\infty$，则 v_n 是 u_n 的高阶无穷小（类似于 $v_n \leqslant u_n$）；

③若 $\lim\limits_{n\to\infty}\dfrac{u_n}{v_n}=C(C>0)$，则 $\sum\limits_{n=1}^{\infty}u_n$ 和 $\sum\limits_{n=1}^{\infty}v_n$ 敛散性相同.

注：和其他级数比较时，通过等价无穷小、抓大头往等比级数和 p-级数中找 $\sum\limits_{n=1}^{\infty}v_n$.

例 7-5 判断下列级数的敛散性.

① $\sum\limits_{n=1}^{\infty}\dfrac{1}{(n+1)(n+2)}$；② $\sum\limits_{n=1}^{\infty}\left[\dfrac{1}{n}-\ln\left(1+\dfrac{1}{n}\right)\right]$；③ $\sum\limits_{n=1}^{\infty}\ln\left(1+\dfrac{1}{\sqrt{n}}\right)$；

④ $\sum\limits_{n=1}^{\infty}\left(1-\cos\dfrac{a}{n}\right)$；⑤ $\sum\limits_{n=1}^{\infty}\dfrac{1}{n\sqrt{n+1}}$；⑥ $\sum\limits_{n=2}^{\infty}\dfrac{1}{\sqrt{n^2+1}}$.

解 ① $\lim\limits_{n\to\infty}\dfrac{\frac{1}{(n+1)(n+2)}}{\frac{1}{n^2}}=\lim\limits_{n\to\infty}\dfrac{n^2}{(n+1)(n+2)}=1$，$\sum\limits_{n=1}^{\infty}\dfrac{1}{(n+1)(n+2)}$ 与 $\sum\limits_{n=1}^{\infty}\dfrac{1}{n^2}$ 具有相同的敛散性，级数收敛；

② $\lim\limits_{n\to\infty}\dfrac{\frac{1}{n}-\ln\left(1+\frac{1}{n}\right)}{\frac{1}{n^2}}=\lim\limits_{n\to\infty}\dfrac{\frac{1}{2}\cdot\frac{1}{n^2}}{\frac{1}{n^2}}=\dfrac{1}{2}$，$\sum\limits_{n=1}^{\infty}\left[\dfrac{1}{n}-\ln\left(1+\dfrac{1}{n}\right)\right]$ 与 $\sum\limits_{n=1}^{\infty}\dfrac{1}{n^2}$ 具有相同的敛散性，级数收敛；

③ $\lim\limits_{n\to\infty}\dfrac{\ln\left(1+\frac{1}{\sqrt{n}}\right)}{\frac{1}{\sqrt{n}}}=\lim\limits_{n\to\infty}\dfrac{\frac{1}{\sqrt{n}}}{\frac{1}{\sqrt{n}}}=1$，$\sum\limits_{n=1}^{\infty}\ln\left(1+\dfrac{1}{\sqrt{n}}\right)$ 与 $\sum\limits_{n=1}^{\infty}\dfrac{1}{\sqrt{n}}$ 具有相同的敛散性，级数发散；

④ $\lim\limits_{n\to\infty}\dfrac{1-\cos\frac{a}{n}}{\frac{1}{n^2}}=\lim\limits_{n\to\infty}\dfrac{\frac{1}{2}\cdot\left(\frac{a}{n}\right)^2}{\frac{1}{n^2}}=\dfrac{a^2}{2}$，$\sum\limits_{n=1}^{\infty}\left(1-\cos\dfrac{a}{n}\right)$ 与 $\sum\limits_{n=1}^{\infty}\dfrac{1}{n^2}$ 具有相同的敛散性，级数收敛；

⑤ $\lim\limits_{n\to\infty}\dfrac{\frac{1}{n\sqrt{n+1}}}{\frac{1}{n^{3/2}}}=\lim\limits_{n\to\infty}\dfrac{n^{\frac{3}{2}}}{n\sqrt{n+1}}=1$，$\sum\limits_{n=1}^{\infty}\dfrac{1}{n\sqrt{n+1}}$ 与 $\sum\limits_{n=1}^{\infty}\dfrac{1}{n^{\frac{3}{2}}}$ 具有相同的敛散性，级数收敛；

⑥ $\lim\limits_{n\to\infty}\dfrac{\frac{1}{\sqrt{n^2-1}}}{\frac{1}{n}}=\lim\limits_{n\to\infty}\dfrac{n}{\sqrt{n^2-1}}=1$，$\sum\limits_{n=1}^{\infty}\dfrac{1}{\sqrt{n^2-1}}$ 与 $\sum\limits_{n=1}^{\infty}\dfrac{1}{n}$ 具有相同的敛散性，级数发散；

3. 比值审敛法（自己和自己比）

设 $\sum\limits_{n=1}^{\infty}u_n$ 为正项级数，$\lim\limits_{n\to\infty}\dfrac{u_{n+1}}{u_n}=\rho$，则：

①当 $\rho<1$ 时，级数收敛；

② 当 $\rho > 1$ 时,级数发散;

③ 当 $\rho = 1$ 时,无法判断,改用其他方法.

> **注**:通项中含有 $n!, n^n, a^n$,特别是 $n!$ 优先用此方法,且此法反之不一定成立.
>
> 例如:级数收敛,$p < 1$ 不一定成立,如级数 $\sum_{n=1}^{\infty} \dfrac{1}{n^2}$ 收敛,$\lim\limits_{n \to \infty} \dfrac{\frac{1}{(n+1)^2}}{\frac{1}{n^2}} = \lim\limits_{n \to \infty} \dfrac{n^2}{(n+1)^2} = 1.$

例 7-6 判断下列级数的敛散性.

① $\sum\limits_{n=1}^{\infty} \dfrac{n!}{3^n}$; ② $\sum\limits_{n=1}^{\infty} \dfrac{n^2}{3^n}$; ③ $\sum\limits_{n=1}^{\infty} \dfrac{3^n n!}{n^n}$.

解 ① $\lim\limits_{n \to \infty} \dfrac{\frac{(n+1)!}{3^{n+1}}}{\frac{n!}{3^n}} = \lim\limits_{n \to \infty} \dfrac{n+1}{3} = \infty > 1$,级数发散;

② $\lim\limits_{n \to \infty} \dfrac{\frac{(n+1)^2}{3^{n+1}}}{\frac{n^2}{3^n}} = \lim\limits_{n \to \infty} \dfrac{(n+1)^2}{3n^2} = \dfrac{1}{3} < 1$,级数收敛;

③ $\lim\limits_{n \to \infty} \dfrac{\frac{3^{n+1}(n+1)!}{(n+1)^{n+1}}}{\frac{3^n n!}{n^n}} = \lim\limits_{n \to \infty} \dfrac{3n^n}{(n+1)^n} = 3 \lim\limits_{n \to \infty} \left(\dfrac{n}{n+1}\right)^n = 3 \lim\limits_{n \to \infty} \left(1 - \dfrac{1}{n+1}\right)^n = 3 \lim\limits_{n \to \infty} e^{\left(-\frac{1}{n+1}\right)n} = \dfrac{3}{e} > 1$,级数发散.

4. 根值审敛法(自己和自己比)

设 $\sum\limits_{n=1}^{\infty} u_n$ 为正项级数,$\lim\limits_{n \to \infty} \sqrt[n]{u_n} = \lim\limits_{n \to \infty} u_n^{\frac{1}{n}} = \rho$,则:

① 当 $\rho < 1$ 时,级数收敛;

② 当 $\rho > 1$ 时,级数发散;

③ 当 $\rho = 1$ 时,无法判断,改用其他方法.

> **注**:通项中含有 n^n, a^n 可用此方法,且此法反之不一定成立.

例 7-7 判断下列级数的敛散性.

① $\sum\limits_{n=1}^{\infty} \left(\dfrac{n}{2n+1}\right)^n$; ② $\sum\limits_{n=1}^{\infty} \left(1 + \dfrac{1}{n}\right)^{n^2}$.

解 ① $\lim\limits_{n \to \infty} \sqrt[n]{\left(\dfrac{n}{2n+1}\right)^n} = \lim\limits_{n \to \infty} \dfrac{n}{2n+1} = \dfrac{1}{2} < 1$,级数收敛;

② $\lim\limits_{n \to \infty} \sqrt[n]{\left(1 + \dfrac{1}{n}\right)^{n^2}} = \lim\limits_{n \to \infty} \left(1 + \dfrac{1}{n}\right)^n = e > 1$,级数发散.

*Stolz 定理

设数列 $\{b_n\}$ 单调增加且 $\lim\limits_{n\to\infty}b_n=+\infty$，若 $\lim\limits_{n\to\infty}\dfrac{a_n-a_{n-1}}{b_n-b_{n-1}}$ 存在或为 $\pm\infty$，则

$$\lim_{n\to\infty}\dfrac{a_n}{b_n}=\lim_{n\to\infty}\dfrac{a_n-a_{n-1}}{b_n-b_{n-1}}.$$

比值与根值的关系：设 $\sum\limits_{n=1}^{\infty}u_n$ 为正项级数，那么 $\lim\limits_{n\to\infty}\sqrt[n]{u_n}=\lim\limits_{n\to\infty}u_n^{\frac{1}{n}}=\lim\limits_{n\to\infty}e^{\frac{\ln u_n}{n}}$，

由于数列 $\{n\}$ 单调增加且 $\lim\limits_{n\to\infty}n=+\infty$，

则 $\lim\limits_{n\to\infty}\dfrac{\ln u_n}{n}=\lim\limits_{n\to\infty}\dfrac{\ln u_n-\ln u_{n-1}}{n-(n-1)}=\lim\limits_{n\to\infty}\ln\dfrac{u_n}{u_{n-1}}=\lim\limits_{n\to\infty}\ln\dfrac{u_{n+1}}{u_n}$，

所以 $\lim\limits_{n\to\infty}\sqrt[n]{u_n}=\lim\limits_{n\to\infty}u_n^{\frac{1}{n}}=\lim\limits_{n\to\infty}e^{\frac{\ln u_n}{n}}=\lim\limits_{n\to\infty}e^{\ln\frac{u_{n+1}}{u_n}}=\lim\limits_{n\to\infty}\dfrac{u_{n+1}}{u_n}.$

7.4 交错级数及其审敛法

定义：形如 $\sum\limits_{n=1}^{\infty}(-1)^n u_n$ 或 $\sum\limits_{n=1}^{\infty}(-1)^{n-1}u_n$（其中 $u_n>0$）的级数称为交错级数（一正一负交替出现）．

莱布尼茨判别法：若交错级数 $\sum\limits_{n=1}^{\infty}(-1)^{n-1}u_n$ 满足：

① $u_n\geqslant u_{n+1}$，即 $\{u_n\}$ 单调递减；

② $\lim\limits_{n\to\infty}u_n=0.$

则级数收敛，且其和不超过 u_1.

例 7-8 判断下列级数的敛散性．

① $\sum\limits_{n=1}^{\infty}(-1)^n\dfrac{1}{\sqrt{n}}$；② $\sum\limits_{n=1}^{\infty}(-1)^n\dfrac{1}{\ln(1+n)}$；③ $\sum\limits_{n=1}^{\infty}(-1)^{n+1}\ln\left(1+\dfrac{1}{\sqrt{n}}\right)$；④ $\sum\limits_{n=1}^{\infty}\dfrac{\cos n\pi}{n^2}$.

解 ① $\dfrac{1}{\sqrt{n}}>\dfrac{1}{\sqrt{n+1}}$，且 $\lim\limits_{n\to\infty}\dfrac{1}{\sqrt{n}}=0$，级数收敛；

② $\dfrac{1}{\ln(1+n)}>\dfrac{1}{\ln(2+n)}$，且 $\lim\limits_{n\to\infty}\dfrac{1}{\ln(1+n)}=0$，级数收敛；

③ $\dfrac{1}{\sqrt{n}}>\dfrac{1}{\sqrt{n+1}}\Rightarrow 1+\dfrac{1}{\sqrt{n}}>1+\dfrac{1}{\sqrt{n+1}}\Rightarrow\ln\left(1+\dfrac{1}{\sqrt{n}}\right)>\ln\left(1+\dfrac{1}{\sqrt{n+1}}\right)$，且 $\lim\limits_{n\to\infty}\ln\left(1+\dfrac{1}{\sqrt{n}}\right)=0$，级数收敛；

④ $\sum\limits_{n=1}^{\infty}\dfrac{\cos n\pi}{n^2}=\sum\limits_{n=1}^{\infty}\dfrac{(-1)^n}{n^2}$，$\dfrac{1}{n^2}>\dfrac{1}{(n+1)^2}$，且 $\lim\limits_{n\to\infty}\dfrac{1}{n^2}=0$，级数收敛．

注:①若正项级数 $\sum_{n=1}^{\infty} u_n$ 收敛,则 $\sum_{n=1}^{\infty} u_n^2$ 一定收敛;

②若级数 $\sum_{n=1}^{\infty} u_n$ 收敛,则 $\sum_{n=1}^{\infty} |u_n|$, $\sum_{n=1}^{\infty} u_n^2$, $\sum_{n=1}^{\infty} (-1)^n u_n$, $\sum_{n=1}^{\infty} \frac{(-1)^n u_n}{n}$, $\sum_{n=1}^{\infty} u_n u_{n+1}$ 都不一定收敛;

③若级数 $\sum_{n=1}^{\infty} u_n$ 收敛,则 $\sum_{n=1}^{\infty} (u_n + u_{n+1})$ 一定收敛.

7.5 任意项级数的绝对收敛与条件收敛

定义: $\sum_{n=1}^{\infty} u_n$ (其中 u_n 为任意实数)称为任意项级数.

若级数 $\sum_{n=1}^{\infty} u_n$ 收敛, $\sum_{n=1}^{\infty} |u_n|$ 也收敛,则称 $\sum_{n=1}^{\infty} u_n$ 绝对收敛;

若级数 $\sum_{n=1}^{\infty} u_n$ 收敛, $\sum_{n=1}^{\infty} |u_n|$ 发散,则称 $\sum_{n=1}^{\infty} u_n$ 条件收敛.

例 7-9 判断下列级数的敛散性,若收敛则说明是绝对收敛还是条件收敛.

① $\sum_{n=1}^{\infty} (-1)^n \frac{1}{\sqrt{n(n+1)}}$; ② $\sum_{n=1}^{\infty} \frac{\sin n\alpha}{n^2}$; ③ $\sum_{n=1}^{\infty} \sin \sqrt{n^2+1}\pi$.

解 ①根据莱布尼茨判别法,级数收敛,加了绝对值之后变成 $\sum_{n=1}^{\infty} \frac{1}{\sqrt{n(n+1)}}$,

$\lim_{n \to \infty} \frac{\frac{1}{\sqrt{n(n+1)}}}{\frac{1}{n}} = 1$,级数 $\sum_{n=1}^{\infty} \frac{1}{\sqrt{n(n+1)}}$ 发散,故 $\sum_{n=1}^{\infty} (-1)^n \frac{1}{\sqrt{n(n+1)}}$ 条件收敛;

② $|\sin n\alpha| \leq 1 \Rightarrow \left| \frac{\sin n\alpha}{n^2} \right| \leq \frac{1}{n^2}$,由比较审敛法可知, $\sum_{n=1}^{\infty} \frac{1}{n^2}$ 收敛,得 $\sum_{n=1}^{\infty} \left| \frac{\sin n\alpha}{n^2} \right|$ 收敛,故 $\sum_{n=1}^{\infty} \frac{\sin n\alpha}{n^2}$ 绝对收敛;

③ $\sin[n\pi + (\sqrt{n^2+1} - n)\pi] = \sin n\pi \cos(\sqrt{n^2+1} - n)\pi + \cos n\pi \sin(\sqrt{n^2+1} - n)\pi$

$= (-1)^n \sin(\sqrt{n^2+1} - n)\pi = (-1)^n \sin \frac{1}{\sqrt{n^2+1} + n}\pi$,故级数条件收敛.

注:①对级数的通项增加绝对值,增加发散的可能性;

②若 $\sum_{n=1}^{\infty} u_n$ 发散,则 $\sum_{n=1}^{\infty} |u_n|$ 必发散;若 $\sum_{n=1}^{\infty} |u_n|$ 收敛,则 $\sum_{n=1}^{\infty} u_n$ 必收敛;

③遇到通项中,在 $n \to \infty$ 时,有 $\sin \infty$, $\cos \infty$ 优先考虑绝对值放缩.

7.6 幂级数的概念

定义:若 $u_n(x)$ 是定义在区间 I 上的函数,则称 $u_1(x) + u_2(x) + \cdots + u_n(x) + \cdots = \sum_{n=1}^{\infty} u_n(x)$ 为函数项级数.

若 $u_n(x)$ 为 $a_n x^n$ 或 $a_n(x-x_0)^n$,则形如 $\sum_{n=0}^{\infty} a_n x^n$ 或 $\sum_{n=0}^{\infty} a_n(x-x_0)^n$ 的级数称为幂级数.

当 $x = x_0$ 时,级数 $\sum_{n=1}^{\infty} u_n(x_0)$ 收敛,称 $x = x_0$ 为 $\sum_{n=1}^{\infty} u_n(x)$ 的收敛点,所有收敛点的集合称为 $\sum_{n=1}^{\infty} u_n(x)$ 的收敛域;

当 $x = x_0$ 时,级数 $\sum_{n=1}^{\infty} u_n(x_0)$ 发散,称 $x = x_0$ 为 $\sum_{n=1}^{\infty} u_n(x)$ 的发散点,所有发散点的集合称为 $\sum_{n=1}^{\infty} u_n(x)$ 的发散域;

例如:级数 $\sum_{n=1}^{\infty} x^n$,当 $x = \frac{1}{2}, x = \frac{1}{3}$ 时,级数收敛,当 $x = 2, x = 3$ 时,级数发散.

(就如同研究函数要在其定义域内讨论,研究幂级数也要在其收敛域内进行讨论.)

1. 阿贝尔定理

对于幂级数 $\sum_{n=0}^{\infty} a_n x^n$,有:

①当 $x = x_0 (x_0 \neq 0)$ 时,幂级数收敛,则当 $|x| < |x_0|$ 时,幂级数绝对收敛;
②当 $x = x_0 (x_0 \neq 0)$ 时,幂级数发散,则当 $|x| > |x_0|$ 时,幂级数发散.

*证明 ①设 $\sum_{n=0}^{\infty} a_n x_0^n$ 收敛,则 $\lim_{n \to \infty} a_n x_0^n = 0$,得 $|a_n x_0^n| \leq M$(数列极限的有界性),

对于任意 $|x| < |x_0|$,有 $|a_n x^n| = \left| a_n x_0^n \cdot \frac{x^n}{x_0^n} \right| \leq \left| M \cdot \frac{x^n}{x_0^n} \right|$,

因为 $\sum_{n=0}^{\infty} M \cdot \left| \frac{x^n}{x_0^n} \right|$ 收敛(等比级数 $|q| = \left| \frac{x}{x_0} \right| < 1$),所以 $\sum_{n=0}^{\infty} |a_n x^n|$ 收敛,即 $\sum_{n=0}^{\infty} a_n x^n$ 绝对收敛.

②假设 $x = x_0$ 时,$\sum_{n=0}^{\infty} a_n x_0^n$ 发散,如果存在一点 x_1,当 $|x_1| > |x_0|$ 时,幂级数收敛.

由结论①可知,当 $x = x_1$ 时,幂级数收敛,则 $x = x_0$ 时,幂级数绝对收敛,与假设冲突.

2. 幂级数的收敛半径

当 $R = 0$ 时,幂级数仅在 $x = 0$ 处收敛;
当 $R > 0$ 时,$x \in (R, R)$ 幂级数绝对收敛;$x \in (-\infty, -R) \cup (R, +\infty)$,幂级数发散;
$x = \pm R$ 需代入幂级数进行判断,也只有在端点处会出现条件收敛.
这里的 R 称为**收敛半径**,$(-R, R)$ 称为**收敛区间**,收敛区间的中心点称为**收敛中心**.

例 7-10 若级数 $\sum_{n=1}^{\infty} a_n x^n$ 在 $x=2$ 处收敛,则该级数在 $x=-1$ 处_____.

解 收敛中心为 $x=0$,级数在 $x=2$ 处收敛,由阿贝尔定理可得,在 $x=-1$ 处绝对收敛.

例 7-11 若级数 $\sum_{n=1}^{\infty} a_n (x-1)^n$ 在 $x=3$ 处收敛,则该级数在 $x=0$ 处_____.

解 收敛中心为 $x=1$,级数在 $x=3$ 处收敛,由阿贝尔定理可得,在 $x=0$ 处绝对收敛.

例 7-12 若级数 $\sum_{n=1}^{\infty} a_n (x+1)^n$ 在 $x=2$ 处条件收敛,则该级数的收敛半径为_____.

解 收敛中心为 $x=-1$,级数在 $x=2$ 处条件收敛,所以收敛半径 $R=3$.

7.7 收敛域的求解

根据绝对收敛必收敛和正项级数的比值法可知,对于幂级数 $\sum_{n=0}^{\infty} a_n x^n$ 或 $\sum_{n=0}^{\infty} a_n (x-x_0)^n$,有:

① $\lim\limits_{n \to \infty} \left| \dfrac{u_{n+1}(x)}{u_n(x)} \right| < 1$,解出 x 的取值范围;

② 端点代入幂级数进行判断.

例 7-13 求幂级数 $\sum_{n=1}^{\infty} \dfrac{x^n}{n^2}$ 的收敛域.

解 $\lim\limits_{n \to \infty} \left| \dfrac{\frac{x^{n+1}}{(n+1)^2}}{\frac{x^n}{n^2}} \right| < 1 \Rightarrow |x| \lim\limits_{n \to \infty} \left| \dfrac{n^2}{(n+1)^2} \right| < 1 \Rightarrow |x| < 1 \Rightarrow -1 < x < 1.$

当 $x=-1$ 时,级数 $\sum_{n=1}^{\infty} \dfrac{(-1)^n}{n^2}$ 收敛,当 $x=1$ 时,级数 $\sum_{n=1}^{\infty} \dfrac{1}{n^2}$ 收敛,故收敛域为 $-1 \leqslant x \leqslant 1$.

例 7-14 求幂级数 $\sum_{n=1}^{\infty} \dfrac{x^n}{n \cdot 2^n}$ 的收敛域.

解 $\lim\limits_{n \to \infty} \left| \dfrac{\frac{x^{n+1}}{(n+1)2^{n+1}}}{\frac{x^n}{n2^n}} \right| < 1 \Rightarrow |x| \lim\limits_{n \to \infty} \left| \dfrac{n2^n}{(n+1)2^{n+1}} \right| < 1 \Rightarrow |x| < 2 \Rightarrow -2 < x < 2.$

当 $x=-2$ 时,级数 $\sum_{n=1}^{\infty} \dfrac{(-2)^n}{n \cdot 2^n} = \sum_{n=1}^{\infty} \dfrac{(-1)^n}{n}$ 收敛,当 $x=2$ 时,级数 $\sum_{n=1}^{\infty} \dfrac{2^n}{n \cdot 2^n} = \sum_{n=1}^{\infty} \dfrac{1}{n}$ 发散,故收敛域为 $-2 \leqslant x < 2$.

例 7-15 求幂级数 $\sum_{n=1}^{\infty} (-1)^n \dfrac{x^n}{n}$ 的收敛域.

解 $\lim\limits_{n \to \infty} \left| \dfrac{\frac{(-1)^{n+1} x^{n+1}}{n+1}}{\frac{(-1)^n x^n}{n}} \right| < 1 \Rightarrow |x| \lim\limits_{n \to \infty} \left| \dfrac{n}{n+1} \right| < 1 \Rightarrow |x| < 1 \Rightarrow -1 < x < 1,$

当 $x=-1$ 时,级数 $\sum_{n=1}^{\infty}(-1)^n\dfrac{(-1)^n}{n}=\sum_{n=1}^{\infty}\dfrac{1}{n}$ 发散,当 $x=1$ 时,级数 $\sum_{n=1}^{\infty}(-1)^n\dfrac{1}{n}$ 收敛,故收敛域为 $-1<x\leqslant 1$.

例 7-16 求幂级数 $\sum_{n=1}^{\infty}\dfrac{(x-1)^n}{n}$ 的收敛域.

解 $\lim\limits_{n\to\infty}\left|\dfrac{\frac{(x-1)^{n+1}}{n+1}}{\frac{(x-1)^n}{n}}\right|<1\Rightarrow|x-1|\lim\limits_{n\to\infty}\left|\dfrac{n}{n+1}\right|<1\Rightarrow|x-1|<1\Rightarrow 0<x<2.$

当 $x=0$ 时,级数 $\sum_{n=1}^{\infty}\dfrac{(-1)^n}{n}$ 收敛,当 $x=2$ 时,级数 $\sum_{n=1}^{\infty}\dfrac{1}{n}$ 发散,故收敛域为 $0\leqslant x<2$.

例 7-17 求幂级数 $\sum_{n=1}^{\infty}\dfrac{x^{2n}}{n\cdot 4^n}$ 的收敛域.

解 $\lim\limits_{n\to\infty}\left|\dfrac{\frac{x^{2n+2}}{(n+1)4^{n+1}}}{\frac{x^{2n}}{n4^n}}\right|<1\Rightarrow|x^2|\lim\limits_{n\to\infty}\left|\dfrac{n4^n}{(n+1)4^{n+1}}\right|<1\Rightarrow x^2<4\Rightarrow -2<x<2.$

当 $x=-2$ 时,级数 $\sum_{n=1}^{\infty}\dfrac{(-2)^{2n}}{n\cdot 4^n}=\sum_{n=1}^{\infty}\dfrac{1}{n}$ 发散,当 $x=2$ 时,级数 $\sum_{n=1}^{\infty}\dfrac{2^{2n}}{n\cdot 4^n}=\sum_{n=1}^{\infty}\dfrac{1}{n}$ 发散,故收敛域为 $-2<x<2$.

> **注**:幂级数 $\sum_{n=0}^{\infty}a_n x^n$,其收敛中心为 $x=0$;
>
> 幂级数 $\sum_{n=0}^{\infty}a_n(x-x_0)^n$,其收敛中心为 $x-x_0$,在收敛中心,幂级数一定收敛.

7.8 幂级数的和函数

在收敛域内,$\sum_{n=1}^{\infty}u_n(x)=S(x)$ 的和是 x 的函数,称 $S(x)$ 为 $\sum_{n=1}^{\infty}u_n(x)$ 的和函数.

性质①:幂级数 $\sum_{n=0}^{\infty}a_n x^n$ 的和函数 $S(x)$ 在其收敛域上连续.

> ***注**:在求和函数时,有时会遇到原端点处收敛,若因为逐项可导、逐项可积后导致端点处不成立,则有左端点 $S(x_0)=\lim\limits_{x\to x_0^+}S(x)$,右端点 $S(x_0)=\lim\limits_{x\to x_0^-}S(x)$.

性质②:(逐项可导)幂级数 $\sum_{n=0}^{\infty}a_n x^n$ 的和函数 $S(x)$ 在其收敛区间 $(-R,R)$ 内可导.

例如:$S'(x)=\left(\sum_{n=0}^{\infty}a_n x^n\right)'=\left(\sum_{n=1}^{\infty}a_n x^n+a_0\right)'=\sum_{n=1}^{\infty}(a_n x^n)'=\sum_{n=1}^{\infty}a_n n x^{n-1}.$

性质③:(逐项可积)幂级数 $\sum_{n=0}^{\infty}a_n x^n$ 的和函数 $S(x)$ 在其收敛域上可积(这里的积分为变上限积分,上限为 x,下限为收敛中心).

例如：$\int_0^x S(t)\mathrm{d}t = \int_0^x (\sum_{n=0}^{\infty} a_n t^n)\mathrm{d}t = \sum_{n=0}^{\infty} \int_0^x a_n t^n \mathrm{d}t = \sum_{n=0}^{\infty} \frac{a_n x^{n+1}}{n+1}.$

注：幂级数逐项可导或逐项可积之后，**收敛半径不变，但端点处需重新判断**.

幂级数中 n 的取值变化：

① $\sum_{n=1}^{\infty} a_n x^n = \sum_{n=0}^{\infty} a_{n+1} x^{n+1}$（$n:1\to 0$，原通项的 n 变为 $n+1$）；

$\sum_{n=1}^{\infty} a_n x^n = \sum_{n=2}^{\infty} a_{n-1} x^{n-1}$（$n:1\to 2$，原通项的 n 变为 $n-1$）；

② $\sum_{n=1}^{\infty} a_n x^n = \sum_{n=0}^{\infty} a_n x^n - a_0$（$n:1\to 0$，通项不变，$n=0$ 的级数减去自身的第一项）；

$\sum_{n=1}^{\infty} a_n x^n = \sum_{n=2}^{\infty} a_n x^n - a_1 x$（$n:1\to 2$，通项不变，$n=2$ 的级数加上 $n=1$ 级数的第一项）.

注：在变化时，每一项中尽量不要出现 $(-1)!$ 这类无意义的情况，出现 x^{-1} 时要讨论 x 等不等于零.

常见的麦克劳林级数：

① $e^x = \sum_{n=0}^{\infty} \frac{x^n}{n!}$（$-\infty < x < +\infty$）；

② $\sin x = \sum_{n=0}^{\infty} \frac{(-1)^n x^{2n+1}}{(2n+1)!}$（$-\infty < x < +\infty$）；

③ $\cos x = \sum_{n=0}^{\infty} \frac{(-1)^n x^{2n}}{(2n)!}$（$-\infty < x < +\infty$）；

④ $\frac{1}{1-x} = \sum_{n=0}^{\infty} x^n$（$-1 < x < 1$）；

⑤ $\frac{1}{1+x} = \sum_{n=0}^{\infty} (-1)^n x^n$（$-1 < x < 1$）；

⑥ $\ln(1+x) = \sum_{n=1}^{\infty} \frac{(-1)^{n-1} x^n}{n}$（$-1 < x \leq 1$）；

⑦ $-\ln(1-x) = \sum_{n=1}^{\infty} \frac{x^n}{n}$（$-1 \leq x < 1$）.

和函数的求解步骤：
① 先求收敛域；
② 利用逐项可导和逐项可积凑麦克劳林级数；
③ 多余的 n 在分子上，先积分再求导（写成求导的形式）；多余的 n 在分母上，先求导再积分（此积分为变上限积分，上限为 x，下限为收敛中心）. 注意级数第一项 n 的取值变化及逐项可导或逐项可积之后端点处需重新判断.

（1）多余的 n 在分子上，先积分再求导（写成求导的形式）.

例 7-18 求幂级数 $\sum_{n=1}^{\infty} nx^{n-1}$ 的和函数.

解 $\lim_{n\to\infty} \left|\frac{(n+1)x^n}{nx^{n-1}}\right| < 1 \Rightarrow |x| < 1 \Rightarrow -1 < x < 1.$

当 $x=-1$ 时,级数 $\sum\limits_{n=1}^{\infty} n(-1)^{n-1}$ 发散,当 $x=1$ 时,级数 $\sum\limits_{n=1}^{\infty} n$ 发散,故收敛域为 $-1<x<1$.

令 $S(x)=\sum\limits_{n=1}^{\infty} nx^{n-1}=\sum\limits_{n=1}^{\infty}(x^n)'=\left(\sum\limits_{n=1}^{\infty} x^n\right)'=\left(\sum\limits_{n=0}^{\infty} x^n-1\right)'=\left(\frac{1}{1-x}-1\right)'$
$=\frac{1}{(1-x)^2}, x\in(-1,1).$

例 7-19 求幂级数 $\sum\limits_{n=1}^{\infty} nx^n$ 的和函数.

解 $\lim\limits_{n\to\infty}\left|\frac{(n+1)x^{n+1}}{nx^n}\right|<1\Rightarrow|x|<1\Rightarrow-1<x<1.$

当 $x=-1$ 时,级数 $\sum\limits_{n=1}^{\infty} n(-1)^n$ 发散,当 $x=1$ 时,级数 $\sum\limits_{n=1}^{\infty} n$ 发散,故收敛域为 $-1<x<1$.

令 $S(x)=\sum\limits_{n=1}^{\infty} nx^n=x\sum\limits_{n=1}^{\infty} nx^{n-1}=x\sum\limits_{n=1}^{\infty}(x^n)'=x\left(\sum\limits_{n=1}^{\infty} x^n\right)'=x\left(\sum\limits_{n=0}^{\infty} x^n-1\right)'$
$=x\left(\frac{1}{1-x}-1\right)'=\frac{x}{(1-x)^2}, x\in(-1,1).$

例 7-20 求幂级数 $\sum\limits_{n=1}^{\infty} n^2 x^n$ 的和函数,并求级数 $\sum\limits_{n=1}^{\infty}\frac{n^2}{2^n}$ 的和.

解 $\lim\limits_{n\to\infty}\left|\frac{(n+1)^2 x^{n+1}}{n^2 x^n}\right|<1\Rightarrow|x|<1\Rightarrow-1<x<1.$

当 $x=-1$ 时,级数 $\sum\limits_{n=1}^{\infty} n^2(-1)^n$ 发散,当 $x=1$ 时,级数 $\sum\limits_{n=1}^{\infty} n^2$ 发散,故收敛域为 $-1<x<1$.

令 $S(x)=\sum\limits_{n=1}^{\infty} n^2 x^n=x\sum\limits_{n=1}^{\infty} n^2 x^{n-1}=x\sum\limits_{n=1}^{\infty} n(x^n)'=x\left(\sum\limits_{n=1}^{\infty} nx^n\right)'=x\left(x\sum\limits_{n=1}^{\infty} nx^{n-1}\right)'$
$=x\left[x\sum\limits_{n=1}^{\infty}(x^n)'\right]'=x\left[x\left(\sum\limits_{n=1}^{\infty} x^n\right)'\right]'=x\left[x\left(\sum\limits_{n=0}^{\infty} x^n-1\right)'\right]'=x\left[x\left(\frac{1}{1-x}-1\right)'\right]'$
$=x\left[\frac{x}{(1-x)^2}\right]'=\frac{x(1+x)}{(1-x)^3}, x\in(-1,1).\quad \sum\limits_{n=1}^{\infty}\frac{n^2}{2^n}=S\left(\frac{1}{2}\right)=6.$

注:若是题目只要求级数的和,一般需要设一个幂级数,求出和函数后,再将具体的 x 的取值代入,求出级数的和.

例 7-21 求幂级数 $\sum\limits_{n=1}^{\infty} n(n-1)x^n$ 的和函数.

解 $\lim\limits_{n\to\infty}\left|\frac{(n+1)nx^{n+1}}{n(n-1)x^n}\right|<1\Rightarrow|x|<1\Rightarrow-1<x<1.$

当 $x=-1$ 时,级数 $\sum\limits_{n=1}^{\infty} n(n-1)(-1)^n$ 发散,当 $x=1$ 时,级数 $\sum\limits_{n=1}^{\infty} n(n-1)$ 发散,故收敛域为 $-1<x<1$.

令 $S(x) = \sum_{n=1}^{\infty} n(n-1)x^n = x^2 \sum_{n=1}^{\infty} n(n-1)x^{n-2} = x^2 \left(\sum_{n=1}^{\infty} nx^{n-1}\right)' = x^2 \left[\sum_{n=1}^{\infty} (x^n)'\right]'$

$= x^2 \left(\sum_{n=1}^{\infty} x^n\right)'' = x^2 \left(\sum_{n=0}^{\infty} x^n - 1\right)'' = x^2 \left(\frac{1}{1-x} - 1\right)'' = \frac{2x^2}{(1-x)^3}, x \in (-1, 1)$.

(2) 多余的 n 在分母上,先求导再积分(此积分为变上限积分,上限为 x,下限为收敛中心).

例 7-22 求幂级数 $\sum_{n=1}^{\infty} \frac{x^n}{n}$ 的和函数.

解 $\lim_{n \to \infty} \left|\frac{\frac{x^{n+1}}{n+1}}{\frac{x^n}{n}}\right| < 1 \Rightarrow |x| < 1 \Rightarrow -1 < x < 1$.

当 $x = -1$ 时,级数 $\sum_{n=1}^{\infty} \frac{(-1)^n}{n}$ 收敛,当 $x = 1$ 时,级数 $\sum_{n=1}^{\infty} \frac{1}{n}$ 发散,故收敛域为 $-1 \leqslant x < 1$.

令 $S(x) = \sum_{n=1}^{\infty} \frac{x^n}{n}, S'(x) = \left(\sum_{n=1}^{\infty} \frac{x^n}{n}\right)' = \sum_{n=1}^{\infty} x^{n-1} = \sum_{n=0}^{\infty} x^n = \frac{1}{1-x}$,

两边同时变上限积分,

$\int_0^x S'(t)\mathrm{d}t = \int_0^x \frac{1}{1-t}\mathrm{d}t \Rightarrow S(t)\big|_0^x = -\ln|1-t|\big|_0^x \Rightarrow S(x) - S(0) = -\ln|1-x| - 0$.

因为 $S(0) = 0$,所以 $S(x) = -\ln(1-x), x \in [-1, 1)$.

例 7-23 求幂级数 $\sum_{n=0}^{\infty} \frac{x^n}{n+1}$ 的和函数.

解 $\lim_{n \to \infty} \left|\frac{\frac{x^{n+1}}{n+2}}{\frac{x^n}{n+1}}\right| < 1 \Rightarrow |x| < 1 \Rightarrow -1 < x < 1$.

当 $x = -1$ 时,级数 $\sum_{n=0}^{\infty} \frac{(-1)^n}{n+1}$ 收敛,当 $x = 1$ 时,级数 $\sum_{n=0}^{\infty} \frac{1}{n+1}$ 发散,故收敛域为 $-1 \leqslant x < 1$.

方法1:当 $x = 0$ 时,$S(0) = 1$,当 $x \neq 0$ 时,$S(x) = \sum_{n=0}^{\infty} \frac{x^n}{n+1} = \frac{1}{x} \sum_{n=0}^{\infty} \frac{x^{n+1}}{n+1}$.

令 $S_1(x) = \sum_{n=0}^{\infty} \frac{x^{n+1}}{n+1}, S_1'(x) = \sum_{n=0}^{\infty} x^n = \frac{1}{1-x}$,两边同时变上限积分,

$\int_0^x S_1'(t)\mathrm{d}t = \int_0^x \frac{1}{1-t}\mathrm{d}t \Rightarrow S_1(t)\big|_0^x = -\ln|1-t|\big|_0^x \Rightarrow S_1(x) - S_1(0) = -\ln|1-x| - 0$.

因为 $S_1(0) = 0$,所以 $S(x) = \frac{-\ln(1-x)}{x}$.

综上,$S(x) = \begin{cases} \dfrac{-\ln(1-x)}{x}, & x \in [-1, 0) \cup (0, 1) \\ 1, & x = 0 \end{cases}$.

方法2:当 $x \neq 0$ 时,$S(x) = \sum_{n=0}^{\infty} \frac{x^n}{n+1} = \sum_{n=1}^{\infty} \frac{x^{n-1}}{n} = \frac{1}{x} \sum_{n=1}^{\infty} \frac{x^n}{n} = \frac{-\ln(1-x)}{x}$,当 $x = 0$

时, $S(0) = 1$.

综上, $S(x) = \begin{cases} \dfrac{-\ln(1-x)}{x}, & x \in [-1,0) \cup (0,1) \\ 1, & x = 0 \end{cases}$.

注: 当对 $-\ln(1-x) = \sum\limits_{n=1}^{\infty} \dfrac{x^n}{n}$ 这个麦克劳林级数比较熟悉后,可以省去求导的过程直接套用.

例 7-24 求幂级数 $\sum\limits_{n=1}^{\infty} \dfrac{x^{2n-1}}{2n-1}$ 的和函数.

解 $\lim\limits_{n \to \infty} \left| \dfrac{\dfrac{x^{2n+1}}{2n+1}}{\dfrac{x^{2n-1}}{2n-1}} \right| < 1 \Rightarrow |x^2| < 1 \Rightarrow -1 < x < 1$.

当 $x = -1$ 时,级数 $\sum\limits_{n=1}^{\infty} \dfrac{(-1)^{2n-1}}{2n-1} = \sum\limits_{n=1}^{\infty} \dfrac{-1}{2n-1}$ 发散,当 $x = 1$ 时,级数 $\sum\limits_{n=1}^{\infty} \dfrac{1}{2n-1}$ 发散,故收敛域为 $-1 < x < 1$.

令 $S(x) = \sum\limits_{n=1}^{\infty} \dfrac{x^{2n-1}}{2n-1}$, $S'(x) = \sum\limits_{n=1}^{\infty} x^{2n-2} = \sum\limits_{n=0}^{\infty} x^{2n} = \dfrac{1}{1-x^2}$,

两边同时变上限积分, $\int_0^x S'(t) \mathrm{d}t = \int_0^x \dfrac{1}{1-t^2} \mathrm{d}t \Rightarrow S(t) \big|_0^x = -\dfrac{1}{2} \ln \left| \dfrac{t-1}{t+1} \right| \Big|_0^x$

$\Rightarrow S(x) - S(0) = \dfrac{1}{2} \ln \left| \dfrac{x+1}{x-1} \right|$. 因为 $S(0) = 0$,所以 $S(x) = \dfrac{1}{2} \ln \left(\dfrac{x+1}{1-x} \right), x \in (-1,1)$.

例 7-25 求幂级数 $\sum\limits_{n=1}^{\infty} \dfrac{x^n}{n(n+1)}$ 的和函数.

解 $\lim\limits_{n \to \infty} \left| \dfrac{\dfrac{x^{n+1}}{(n+1)(n+2)}}{\dfrac{x^n}{n(n+1)}} \right| < 1 \Rightarrow |x| \lim\limits_{n \to \infty} \left| \dfrac{n(n+1)}{(n+1)(n+2)} \right| < 1 \Rightarrow |x| < 1 \Rightarrow -1 < x < 1$.

当 $x = -1$ 时,级数 $\sum\limits_{n=1}^{\infty} \dfrac{(-1)^n}{n(n+1)}$ 收敛,当 $x = 1$ 时,级数 $\sum\limits_{n=1}^{\infty} \dfrac{1}{n(n+1)}$ 收敛,故收敛域为 $-1 \leq x \leq 1$.

方法 1:当 $x \neq 0$ 时, $S(x) = \sum\limits_{n=1}^{\infty} \dfrac{x^n}{n(n+1)} = \dfrac{1}{x} \sum\limits_{n=1}^{\infty} \dfrac{x^{n+1}}{n(n+1)}$,当 $x = 0$ 时, $S(0) = 0$,

令 $S_1(x) = \sum\limits_{n=1}^{\infty} \dfrac{x^{n+1}}{n(n+1)}$, $S_1'(x) = \sum\limits_{n=1}^{\infty} \dfrac{x^n}{n} = -\ln(1-x)$,

两边同时变上限积分,

$\int_0^x S_1'(t) \mathrm{d}t = \int_0^x -\ln(1-t) \mathrm{d}t$

$\Rightarrow S_1(t) \big|_0^x = -t\ln(1-t) \big|_0^x + \int_0^x t \mathrm{d}\ln(1-t) \Rightarrow S_1(t) \big|_0^x = -t\ln(1-t) \big|_0^x - \int_0^x \dfrac{t}{1-t} \mathrm{d}t$

$\Rightarrow S_1(x) - S_1(0) = -x\ln(1-x) + x + \ln(1-x)$,

因为 $S_1(0) = 0$，所以 $S_1(x) = -x\ln(1-x) + x + \ln(1-x)$，

综上，$S(x) = \begin{cases} \dfrac{-x\ln(1-x) + x + \ln(1-x)}{x}, & x \in [-1, 0) \cup (0, 1) \\ 0, & x = 0 \\ 1, & x = 1 \end{cases}$.

方法 2：当 $x \neq 0$ 时，

$$S(x) = \sum_{n=1}^{\infty} \frac{x^n}{n(n+1)} = \frac{1}{x} \sum_{n=1}^{\infty} \frac{x^{n+1}}{n(n+1)} = \frac{1}{x} \sum_{n=1}^{\infty} \left(\frac{x^{n+1}}{n} - \frac{x^{n+1}}{n+1} \right)$$

$$= \frac{1}{x} \left(x \sum_{n=1}^{\infty} \frac{x^n}{n} - \sum_{n=1}^{\infty} \frac{x^{n+1}}{n+1} \right) = \frac{1}{x} \left(x \sum_{n=1}^{\infty} \frac{x^n}{n} - \sum_{n=2}^{\infty} \frac{x^n}{n} \right) = \frac{1}{x} \left(x \sum_{n=1}^{\infty} \frac{x^n}{n} - \sum_{n=1}^{\infty} \frac{x^n}{n} + x \right)$$

$$= \frac{-x\ln(1-x) + \ln(1-x) + x}{x},$$

当 $x = 0$ 时，$S(0) = 0$，当 $x = 1$ 时，$S(1) = 1$，

综上，$S(x) = \begin{cases} \dfrac{-x\ln(1-x) + x + \ln(1-x)}{x}, & x \in [-1, 0) \cup (0, 1) \\ 0, & x = 0 \\ 1, & x = 1 \end{cases}$.

例 7-26 求幂级数 $\sum\limits_{n=0}^{\infty} \dfrac{x^{2n+2}}{(n+1)(2n+1)}$ 的和函数.

解 $\lim\limits_{n \to \infty} \left| \dfrac{\frac{x^{2n+4}}{(n+2)(2n+3)}}{\frac{x^{2n+2}}{(n+1)(2n+1)}} \right| < 1 \Rightarrow |x^2| \lim\limits_{n \to \infty} \left| \dfrac{(n+1)(2n+1)}{(n+2)(2n+3)} \right| < 1 \Rightarrow x^2 < 1 \Rightarrow -1 < x < 1$.

当 $x = -1$ 时，级数 $\sum\limits_{n=0}^{\infty} \dfrac{(-1)^{2n+2}}{(n+1)(2n+1)} = \sum\limits_{n=0}^{\infty} \dfrac{1}{(n+1)(2n+1)}$ 收敛；

当 $x = 1$ 时，级数 $\sum\limits_{n=0}^{\infty} \dfrac{1}{(n+1)(2n+1)}$ 收敛，故收敛域为 $-1 \leq x \leq 1$.

令 $S(x) = \sum\limits_{n=0}^{\infty} \dfrac{x^{2n+2}}{(n+1)(2n+1)}$，$S'(x) = 2\sum\limits_{n=0}^{\infty} \left(\dfrac{x^{2n+1}}{2n+1} \right)$，$S''(x) = 2\sum\limits_{n=0}^{\infty} x^{2n} = \dfrac{2}{1-x^2}$，

两边同时变上限积分，

$\int_0^x S''(t) \mathrm{d}t = \int_0^x \dfrac{2}{1-t^2} \mathrm{d}t \Rightarrow S'(t) \big|_0^x = (\ln|t+1| - \ln|t-1|) \big|_0^x$

$\Rightarrow S'(x) - S'(0) = \ln(x+1) - \ln(1-x)$，因为 $S'(0) = 0$，所以 $S'(x) = \ln(x+1) - \ln(1-x)$，

两边再同时变上限积分，

$\int_0^x S'(t) \mathrm{d}t = \int_0^x \ln(t+1) \mathrm{d}t - \int_0^x \ln(1-t) \mathrm{d}t$

$\Rightarrow S(t) \big|_0^x = t\ln(t+1) \big|_0^x - \int_0^x \dfrac{t}{t+1} \mathrm{d}t - t\ln(1-t) \big|_0^x + \int_0^x \dfrac{-t}{1-t} \mathrm{d}t$

$\Rightarrow S(t) \big|_0^x = t\ln(t+1) \big|_0^x - \int_0^x 1 - \dfrac{1}{t+1} \mathrm{d}t - t\ln(1-t) \big|_0^x + \int_0^x 1 - \dfrac{1}{1-t} \mathrm{d}t$

$\Rightarrow S(t) \big|_0^x = t\ln(t+1) \big|_0^x - [t - \ln(t+1)] \big|_0^x - t\ln(1-t) \big|_0^x + [t + \ln(1-t)] \big|_0^x$

$\Rightarrow S(x) - S(0) = x\ln(x+1) - x + \ln(x+1) - x\ln(1-x) + x + \ln(1-x)$,

因为 $S(0) = 0$,所以 $S(x) = (x+1)\ln(x+1) + (1-x)\ln(1-x), x \in (-1, 1)$,
由于和函数在其收敛域上连续,因此

$$S(-1) = \lim_{x \to -1^+} S(x) = \lim_{x \to -1^+} (x+1)\ln(x+1) + (1-x)\ln(1-x)$$

$$= \lim_{x \to -1^+} \frac{\ln(x+1)}{\dfrac{1}{x+1}} + 2\ln 2 = 2\ln 2,$$

$$S(1) = \lim_{x \to 1^-} S(x) = \lim_{x \to 1^-} (x+1)\ln(x+1) + (1-x)\ln(1-x)$$

$$= 2\ln 2 + \lim_{x \to 1^-} \frac{\ln(1-x)}{\dfrac{1}{1-x}} = 2\ln 2.$$

综上,$S(x) = \begin{cases} (x+1)\ln(x+1) + (1-x)\ln(1-x), & -1 < x < 1 \\ 2\ln 2, & x = \pm 1 \end{cases}$.

*(3) 微分方程法.

例 7-27 求幂级数 $\sum\limits_{n=0}^{\infty} \dfrac{x^{2n}}{(2n)!}$ 的和函数.

解 $\lim\limits_{n \to \infty} \left| \dfrac{\frac{x^{2n+2}}{(2n+2)!}}{\frac{x^{2n}}{(2n)!}} \right| < 1 \Rightarrow x^2 \lim\limits_{n \to \infty} \left| \dfrac{(2n)!}{(2n+2)!} \right| < 1$

$\Rightarrow x^2 \lim\limits_{n \to \infty} \dfrac{1}{(2n+2)(2n+1)} < 1 \Rightarrow x^2 < +\infty \Rightarrow -\infty < x < +\infty$,收敛域为 $-\infty < x < +\infty$,

① 通过观察 $\sum\limits_{n=0}^{\infty} \dfrac{x^{2n}}{(2n)!}$,我们发现与 $e^x = \sum\limits_{n=0}^{\infty} \dfrac{x^n}{n!}$ 是最接近的

$$e^x = \sum_{n=0}^{\infty} \frac{x^n}{n!} = 1 + x + \frac{x^2}{2!} + \frac{x^3}{3!} + \frac{x^4}{4!} + \cdots,$$

$$e^{-x} = \sum_{n=0}^{\infty} \frac{(-x)^n}{n!} = 1 + (-x) + \frac{x^2}{2!} + \frac{-x^3}{3!} + \frac{x^4}{4!} + \cdots,$$

$$S(x) = \sum_{n=0}^{\infty} \frac{x^{2n}}{(2n)!} = 1 + \frac{x^2}{2!} + \frac{x^4}{4!} + \frac{x^6}{6!} + \cdots = \frac{e^x + e^{-x}}{2}, x \in (-\infty, +\infty).$$

② $S(x) = \sum\limits_{n=0}^{\infty} \dfrac{x^{2n}}{(2n)!}$,(如果直接求导 $S'(x) = \sum\limits_{n=0}^{\infty} \dfrac{x^{2n-1}}{(2n-1)!}$,第一项的分母出现

$(-1)!$,这样是无意义的)$S'(x) = \left(\sum\limits_{n=1}^{\infty} \dfrac{x^{2n}}{(2n)!} + 1 \right)' = \sum\limits_{n=1}^{\infty} \dfrac{x^{2n-1}}{(2n-1)!}$,

$S''(x) = \left[\sum\limits_{n=1}^{\infty} \dfrac{x^{2n-1}}{(2n-1)!} \right]' = \sum\limits_{n=1}^{\infty} \dfrac{x^{2n-2}}{(2n-2)!} = \sum\limits_{n=0}^{\infty} \dfrac{x^{2n}}{(2n)!} = S(x)$,得 $S''(x) - S(x) = 0$,

这是二阶常系数齐次线性微分方程,

特征方程:$\lambda^2 - 1 = 0 \Rightarrow (\lambda - 1)(\lambda + 1) = 0$,得 $\lambda_1 = 1, \lambda_2 = -1$,

$S(x) = C_1 e^x + C_2 e^{-x}, S'(x) = C_1 e^x - C_2 e^{-x}$,

将 $\begin{cases} S(0) = 1 \\ S'(0) = 0 \end{cases}$ 代入得 $\begin{cases} C_1 + C_2 = 1 \\ C_1 - C_2 = 0 \end{cases} \Rightarrow C_1 = C_2 = \dfrac{1}{2}$,故 $S(x) = \dfrac{1}{2} e^x + \dfrac{1}{2} e^{-x}$.

7.9 函数展开为幂级数

若 $\lim\limits_{n\to\infty} R(x) = 0$，函数 $f(x)$ 在 x_0 处的泰勒展开式为 $f(x) = \sum\limits_{n=0}^{\infty} \dfrac{f^{(n)}(x_0)}{n!}(x-x_0)^n$；

当 $x_0 = 0$ 时，$f(x) = \sum\limits_{n=0}^{\infty} \dfrac{f^{(n)}(0)}{n!}x^n$ 称为麦克劳林展开式.

（我们在做题时，不可能做一道题就用展开式展开一道，所以建议记住上面常见的麦克劳林级数，套用即可.）

注： ①若展开时为多个级数，收敛域是各级数的**交集**，并最好能化简为一个级数；
② 若无法直接展开时，考虑积分或求导之后展开再变回来.

例 7-28 将函数 $f(x) = \dfrac{1}{3+x}$ 展开成 x 的幂级数.（有时也会问成：将函数 $f(x)$ 在 $x=0$ 处展开成幂级数）

解 $f(x) = \dfrac{1}{3+x} = \dfrac{1}{3} \cdot \dfrac{1}{1+\dfrac{x}{3}} = \dfrac{1}{3} \sum\limits_{n=0}^{\infty} (-1)^n \left(\dfrac{x}{3}\right)^n$，$-1 < \dfrac{x}{3} < 1 \Rightarrow -3 < x < 3$.

例 7-29 将函数 $f(x) = \dfrac{1}{3+x}$ 展开成 $(x-2)$ 的幂级数.（有时也会问成：将函数 $f(x)$ 在 $x=2$ 处展开成幂级数）

解 $f(x) = \dfrac{1}{3+x} = \dfrac{1}{5+x-2} = \dfrac{1}{5} \cdot \dfrac{1}{1+\dfrac{x-2}{5}} = \dfrac{1}{5} \sum\limits_{n=0}^{\infty} (-1)^n \left(\dfrac{x-2}{5}\right)^n$，

其中 $-1 < \dfrac{x-2}{5} < 1 \Rightarrow -3 < x < 7$.

例 7-30 将函数 $f(x) = \dfrac{1}{x^2+3x+2}$ 展开成 x 的幂级数.

解 $f(x) = \dfrac{1}{x^2+3x+2} = \dfrac{1}{(x+1)(x+2)} = \dfrac{1}{x+1} - \dfrac{1}{x+2} = \sum\limits_{n=0}^{\infty} (-1)^n x^n - \dfrac{1}{2} \cdot \dfrac{1}{1+\dfrac{x}{2}}$

$= \sum\limits_{n=0}^{\infty} (-1)^n x^n - \dfrac{1}{2} \sum\limits_{n=0}^{\infty} (-1)^n \left(\dfrac{x}{2}\right)^n$，

其中 $\begin{cases} -1 < x < 1 \\ -1 < \dfrac{x}{2} < 1 \end{cases}$，取交集得 $-1 < x < 1$.

例 7-31 将函数 $f(x) = \ln(-x^2+x+2)$ 展开成 $(x-1)$ 的幂级数.

解 $f(x) = \ln(-x^2+x+2) = \ln(1+x)(2-x) = \ln(1+x) + \ln(2-x)$

$= \ln(2+x-1) + \ln[1-(x-1)] = \ln 2\left(1+\dfrac{x-1}{2}\right) + \ln[1-(x-1)]$

$$= \ln 2 + \ln\left(1 + \frac{x-1}{2}\right) + \ln[1-(x-1)]$$

$$= \ln 2 + \sum_{n=1}^{\infty} \frac{(-1)^{n-1}\left(\frac{x-1}{2}\right)^n}{n} + \sum_{n=1}^{\infty} \frac{(-1)^{n-1}[-(x-1)]^n}{n}$$

$$= \ln 2 + \sum_{n=1}^{\infty} \frac{(-1)^{n-1}(x-1)^n}{n 2^n} + \sum_{n=1}^{\infty} \frac{(-1)^{2n-1}(x-1)^n}{n}$$

$$= \ln 2 + \sum_{n=1}^{\infty} \left[\frac{(-1)^{n-1}}{2^n} - 1\right]\frac{(x-1)^n}{n},$$

其中 $\begin{cases} -1 < \frac{x-1}{2} \leq 1 \\ -1 < -(x-1) \leq 1 \end{cases} \Rightarrow \begin{cases} -1 < x \leq 3 \\ 0 \leq x < 2 \end{cases}$, 取交集得 $x \in [0, 2)$.

例 7-32 将函数 $f(x) = \sin^2 x$ 展开成 x 的幂级数.

解 ① $f(x) = \sin^2 x = \frac{1 - \cos 2x}{2} = \frac{1}{2} - \frac{1}{2}\cos 2x = \frac{1}{2} - \frac{1}{2}\sum_{n=0}^{\infty}\frac{(-1)^n(2x)^{2n}}{(2n)!}$

$$= \frac{1}{2} - \frac{1}{2}\left[\sum_{n=1}^{\infty}\frac{(-1)^n(2x)^{2n}}{(2n)!} + 1\right] = -\frac{1}{2}\sum_{n=1}^{\infty}\frac{(-1)^n(2x)^{2n}}{(2n)!},$$

其中 $-\infty < 2x < +\infty \Rightarrow -\infty < x < +\infty$.

② $f(x) = \sin^2 x, f'(x) = 2\sin x \cos x = \sin 2x = \sum_{n=0}^{\infty}\frac{(-1)^n(2x)^{2n+1}}{(2n+1)!},$

$$\int_0^x f'(t)\,dt = \int_0^x \sum_{n=0}^{\infty}\frac{(-1)^n(2t)^{2n+1}}{(2n+1)!}\,dt \Rightarrow f(x) - f(0) = \sum_{n=0}^{\infty}\frac{(-1)^n 2^{2n+1}x^{2n+2}}{(2n+2)!},$$

因为 $f(0) = 0$, 所以 $f(x) = \sum_{n=0}^{\infty}\frac{(-1)^n 2^{2n+1}x^{2n+2}}{(2n+2)!}$.

例 7-33 将函数 $f(x) = \arctan x$ 展开成 x 的幂级数.

解 $f(x) = \arctan x, f'(x) = \frac{1}{1+x^2} = \sum_{n=0}^{\infty}(-1)^n x^{2n},$

$$\int_0^x f'(t)\,dt = \int_0^x \sum_{n=0}^{\infty}(-1)^n t^{2n}\,dt \Rightarrow f(x) - f(0) = \sum_{n=0}^{\infty}\frac{(-1)^n x^{2n+1}}{2n+1},$$

因为 $f(0) = 0$, 所以 $f(x) = \sum_{n=0}^{\infty}\frac{(-1)^n x^{2n+1}}{2n+1}, x \in [-1, 1]$.

例 7-34 将函数 $f(x) = \frac{1}{(1+x)^2}$ 展开成 x 的幂级数.

解 $f(x) = \frac{1}{(1+x)^2} = \left(-\frac{1}{1+x}\right)' = \left[\sum_{n=0}^{\infty}(-1)^{n+1}x^n\right]' = \left[\sum_{n=1}^{\infty}(-1)^{n+1}x^n - 1\right]'$

$$= \sum_{n=1}^{\infty}(-1)^{n+1}nx^{n-1}, 当 x = \pm 1 \text{ 时, 级数发散, 所以 } x \in (-1, 1).$$

* 幂级数的运算:

设幂级数 $\sum_{n=0}^{\infty} a_n x^n$, $\sum_{n=0}^{\infty} b_n x^n$ 的收敛半径分别为 R_1, R_2,则有:

①加减法: $\sum_{n=0}^{\infty} (a_n \pm b_n) x^n = \sum_{n=0}^{\infty} a_n x^n \pm \sum_{n=0}^{\infty} b_n x^n$;

②数乘: $\sum_{n=0}^{\infty} \lambda a_n x^n = \lambda \sum_{n=0}^{\infty} a_n x^n$, λ 为常数;

③乘法: $\left(\sum_{n=0}^{\infty} a_n x^n \right) \cdot \left(\sum_{n=0}^{\infty} b_n x^n \right)$

$= (a_0 b_0) + (a_0 b_1 + a_1 b_0) x + \cdots + (a_0 b_n + a_1 b_{n-1} + \cdots + a_n b_0) x^n + \cdots$

$= \sum_{n=0}^{\infty} \left(\sum_{i=0}^{n} a_i b_{n-i} \right) x^n$,

经过和、差、积运算后的幂级数收敛半径 $R \geqslant \min\{R_1, R_2\}$.

$\left(\sum_{n=p}^{\infty} a_n x^{mn+s} \right) \cdot \left(\sum_{n=q}^{\infty} b_n x^{mn+t} \right) = \sum_{n=p+q}^{\infty} \left(\sum_{i=p}^{n-q} a_i \cdot b_{n-i} \right) x^{mn+s+t}$,

其中, $\sum_{n=p}^{\infty} a_n x^{mn+s} = a_p x^{mp+s} + a_{p+1} x^{m(p+1)+s} + \cdots + a_{p+[n-(p+q)]} x^{m[p+n-(p+q)]+s}$,

$\sum_{n=q}^{\infty} b_n x^{mn+t} = b_q x^{mq+t} + b_{q+1} x^{m(q+1)+t} + \cdots + b_{q+[n-(p+q)]} x^{m[q+n-(p+q)]+t}$,

$\left(\sum_{n=p}^{\infty} a_n x^{mn+s} \right) \cdot \left(\sum_{n=q}^{\infty} b_n x^{mn+t} \right)$

$= a_p b_q x^{m(p+q)+s+t} + (a_p b_{q+1} + a_{p+1} b_q) x^{m(p+q+1)+s+t} + \cdots +$

$(a_p b_{q+[(n-(p+q)]} + a_{p+1} b_{q+(n-q-1)} + \cdots + a_{p+[(n-(p+q)]} b_q) x^{m(p+[(n-(p+q)])+s+m(q+[(n-(p+q)])+t} + \cdots$

$= \sum_{n=p+q}^{\infty} \left(\sum_{i=p}^{n-q} a_i \cdot b_{n-i} \right) x^{mn+s+t}$.

例 7-35 将 $f(x) = \dfrac{e^x}{1-x}$ 展开成 x 的幂级数.

解 $e^x = \sum_{n=0}^{\infty} \dfrac{x^n}{n!} = 1 + x + \dfrac{x^2}{2!} + \dfrac{x^3}{3!} + \cdots + \dfrac{x^n}{n!} + \cdots, x \in (-\infty, +\infty)$,

$\dfrac{1}{1-x} = \sum_{n=0}^{\infty} x^n = 1 + x + x^2 + x^3 + \cdots + x^n + \cdots, x \in (-1, 1)$,

$f(x) = \dfrac{e^x}{1-x} = \left(\sum_{n=0}^{\infty} \dfrac{x^n}{n!} \right) \cdot \left(\sum_{n=0}^{\infty} x^n \right) = \sum_{n=0}^{\infty} \left(\sum_{i=0}^{n} \dfrac{1}{i!} \right) x^n$.

第8章
向量代数与空间解析几何

1. 向量代数
①理解向量的概念,掌握向量的表示法,会求向量的模、非零向量的方向余弦和非零向量在轴上的投影.
②掌握向量的线性运算(加法运算与数量乘法运算),会求向量的数量积与向量积.
③会求两个非零向量的夹角,掌握两个非零向量平行、垂直的充分必要条件.

2. 平面与直线
①会求平面的点法式方程与一般式方程. 会判定两个平面的位置关系.
②会求点到平面的距离.
③会求直线的点向式方程、一般式方程和参数式方程. 会判定两条直线的位置关系.
④会求点到直线的距离,两条异面直线之间的距离.
⑤会判定直线与平面的位置关系.

8.1 向量的基本概念

向量:既有大小又有方向的量,常用从起点指向终点的带箭头的有向线段$\overrightarrow{AB}$及小写黑体字母 a 表示.(向量可以在空间进行平移)

向量的模:向量的大小或长度,记作$|a|$.

模长为 1 的向量称为**单位向量**;模长为 0 的向量称为**零向量**;

与 a 同方向的单位向量,记作 $a^0 = \dfrac{a}{|a|}$.

向量运算的几何描述:三角形法则(见图 8-1)与平行四边形法则(见图 8-2).

图 8-1

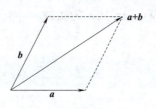

图 8-2

空间直角坐标系:(共八个卦限,见图 8-3)

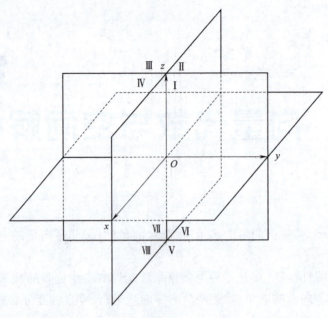

图 8-3

已知空间中两点,点 $A(x_1,y_1,z_1)$,点 $B(x_2,y_2,z_2)$,

则向量 $\overrightarrow{AB} = (x_2-x_1, y_2-y_1, z_2-z_1)$,即终点坐标减去起点坐标,

$|\overrightarrow{AB}| = \sqrt{(x_2-x_1)^2+(y_2-y_1)^2+(z_2-z_1)^2}$.

设 i,j,k 分别表示 x,y,z 轴正向上的单位向量,其中

$i=(1,0,0), j=(0,1,0), k=(0,0,1)$,

故向量 $\overrightarrow{AB}$ 也可表示为 $\overrightarrow{AB} = (x_2-x_1)i + (y_2-y_1)j + (z_2-z_1)k$.

例 8-1 已知 $A(1,2,3), B(2,3,4)$,求 $|\overrightarrow{AB}|$.

解 $\overrightarrow{AB} = (2-1, 3-2, 4-3) = (1,1,1)$,$|\overrightarrow{AB}| = \sqrt{1^2+1^2+1^2} = \sqrt{3}$.

例 8-2 若 $a=(3,2,1)$,求 $|a|$ 与其同方向的单位向量.

解 $|a| = \sqrt{3^2+2^2+1^2} = \sqrt{14}$,

$a^0 = \dfrac{a}{|a|} = \dfrac{(3,2,1)}{\sqrt{14}} = \left(\dfrac{3}{\sqrt{14}}, \dfrac{2}{\sqrt{14}}, \dfrac{1}{\sqrt{14}}\right) = \left(\dfrac{3\sqrt{14}}{14}, \dfrac{\sqrt{14}}{7}, \dfrac{\sqrt{14}}{14}\right)$.

向量的加减法与数乘:设 $a=(x_1,y_1,z_1), b=(x_2,y_2,z_2)$,则:

① $a \pm b = (x_1 \pm x_2, y_1 \pm y_2, z_1 \pm z_2)$;

② $\lambda a = (\lambda x_1, \lambda y_1, \lambda z_1)$,$\lambda$ 为实数.

8.2 方向角和方向余弦

设非零向量 a 与 x 轴、y 轴、z 轴正方向的夹角,称为此向量的**方向角**,分别记为 α, β, γ,

如图 8-4 所示. 称方向角的余弦值 $\cos\alpha,\cos\beta,\cos\gamma$ 为向量的**方向余弦**.

（规定：向量与向量间的夹角满足 $0\leq\alpha\leq\pi$）

例如：$\boldsymbol{a}=(x,y,z)$，则 $\cos\alpha=\dfrac{x}{\sqrt{x^2+y^2+z^2}}=\dfrac{x}{|\boldsymbol{a}|}$，

$\cos\beta=\dfrac{y}{|\boldsymbol{a}|},\cos\gamma=\dfrac{z}{|\boldsymbol{a}|}$. 可以发现，

① $\cos^2\alpha+\cos^2\beta+\cos^2\gamma=1$；
② $\boldsymbol{a}^0=(\cos\alpha,\cos\beta,\cos\gamma)$.

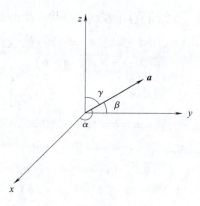

图 8-4

例 8-3 已知点 $M(2,2,\sqrt{2}),N(1,3,0)$，求 $\overrightarrow{MN}$ 的模及其方向角、方向余弦.

解 $\overrightarrow{MN}=(-1,1,-\sqrt{2}),|\overrightarrow{MN}|=\sqrt{(-1)^2+1^2+(-\sqrt{2})^2}=2$，

$\cos\alpha=\dfrac{-1}{|\overrightarrow{MN}|}=\dfrac{-1}{2},\cos\beta=\dfrac{1}{|\overrightarrow{MN}|}=\dfrac{1}{2},\cos\gamma=\dfrac{-\sqrt{2}}{|\overrightarrow{MN}|}=\dfrac{-\sqrt{2}}{2},\alpha=\dfrac{2\pi}{3},\beta=\dfrac{\pi}{3},\gamma=\dfrac{3\pi}{4}$.

8.3 投　影

已知向量 $\boldsymbol{a},\boldsymbol{b},\theta$ 为 $\boldsymbol{a},\boldsymbol{b}$ 的夹角，则向量 $\boldsymbol{a}$ 在 $\boldsymbol{b}$ 上的投影为 $|\boldsymbol{a}|\cos\theta$，记作 $\mathrm{Prj}_{\boldsymbol{b}}\boldsymbol{a}$. 如图 8-5 和图 8-6 所示.

注：投影有正有负，正负取决于 θ 的大小. 同理 $\mathrm{Prj}_{\boldsymbol{a}}\boldsymbol{b}=|\boldsymbol{b}|\cos\theta$.

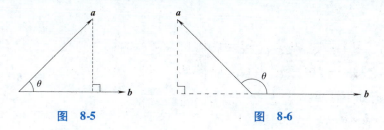

图 8-5　　　　　　　　图 8-6

8.4 数量积（点乘）

向量 $\boldsymbol{a}$ 与 $\boldsymbol{b}$ 的数量积 $\boldsymbol{a}\cdot\boldsymbol{b}=|\boldsymbol{a}|\cdot|\boldsymbol{b}|\cos\theta,\theta$ 为 $\boldsymbol{a},\boldsymbol{b}$ 的夹角，数量积的结果是一个数.

那么向量 $\boldsymbol{a}$ 在 $\boldsymbol{b}$ 上的投影 $\mathrm{Prj}_{\boldsymbol{b}}\boldsymbol{a}=|\boldsymbol{a}|\cos\theta=|\boldsymbol{a}|\dfrac{\boldsymbol{a}\cdot\boldsymbol{b}}{|\boldsymbol{a}|\cdot|\boldsymbol{b}|}=\dfrac{\boldsymbol{a}\cdot\boldsymbol{b}}{|\boldsymbol{b}|}$.

数量积具有如下性质：
① $\boldsymbol{a}\cdot\boldsymbol{a}=|\boldsymbol{a}|\cdot|\boldsymbol{a}|\cos 0=|\boldsymbol{a}|^2$；
② 设 $\boldsymbol{a}=(x_1,y_1,z_1),\boldsymbol{b}=(x_2,y_2,z_2)$，则 $\boldsymbol{a}\cdot\boldsymbol{b}=x_1x_2+y_1y_2+z_1z_2$；
③ $\boldsymbol{a}\cdot\boldsymbol{b}=0\Leftrightarrow\boldsymbol{a}\perp\boldsymbol{b}\Leftrightarrow x_1x_2+y_1y_2+z_1z_2=0$；

④ $a \cdot b = b \cdot a$;
⑤ $(a+b) \cdot c = a \cdot c + b \cdot c$;
⑥ $(\lambda a) \cdot b = \lambda (a \cdot b)$.

例 8-4 已知 $a = (1, 0, -1), b = (1, -2, 1)$,求 $a+b$ 与 a 的夹角 θ.

解 $a + b = (2, -2, 0), \cos\theta = \dfrac{(a+b) \cdot a}{|a+b| \cdot |a|} = \dfrac{2+0+0}{\sqrt{4+4+0} \cdot \sqrt{1+0+1}} = \dfrac{1}{2}, \theta = \dfrac{\pi}{3}$.

例 8-5 已知 $a \perp b$,且 $|a| = 3, |b| = 3$,求 $|a + 2b|$.

解 $|a+2b|^2 = (a+2b) \cdot (a+2b) = a \cdot a + 2a \cdot b + 2b \cdot a + 4b \cdot b$.
因为 $a \perp b$,所以 $a \cdot b = 0$,得 $|a+2b|^2 = |a|^2 + 4|b|^2 = 45$,故 $|a+2b| = 3\sqrt{5}$.

8.5 向量积(叉乘)

记向量 a 与 b 的向量积为 $a \times b$,如图 8-7 所示. 向量积的结果是一个新的向量,有:

① $a \times b$ 的方向由右手法则判定:除拇指外四指合并,拇指与四指垂直,四指由 a 的方向握向 b 的方向,此时拇指的指向就是 $a \times b$ 的方向;(所以 $(a \times b) \perp a, (a \times b) \perp b$)

② $a \times b$ 的大小为 $|a \times b| = |a| \cdot |b| \sin\theta, \theta$ 为 a, b 的夹角,所以 $|a \times b|$ 表示以 $|a|, |b|$ 为邻边的平行四边形面积.

$a \times b = \begin{vmatrix} i & j & k \\ x_1 & y_1 & z_1 \\ x_2 & y_x & z_2 \end{vmatrix}$

$= \begin{vmatrix} y_1 & z_1 \\ y_2 & z_2 \end{vmatrix} i - \begin{vmatrix} x_1 & z_1 \\ x_2 & z_2 \end{vmatrix} j + \begin{vmatrix} x_1 & y_1 \\ x_2 & y_2 \end{vmatrix} k$

图 8-7

向量积具有如下性质:
① $a \times b = -b \times a$;
② $a \times b = 0 \Leftrightarrow a // b \Leftrightarrow \dfrac{x_1}{x_2} = \dfrac{y_1}{y_2} = \dfrac{z_1}{z_2}$;
③ $(a \times b) \perp a, (a \times b) \perp b$;
④ $(a + b) \times c = a \times c + b \times c$;
⑤ $(\lambda a) \times b = a \times (\lambda b) = \lambda(a \times b)$;
⑥ 判断 a, b, c 是否共面,即 $(a \times b) \cdot c = 0$;
*⑦ 混合积: $(a \times b) \cdot c = (b \times c) \cdot a = (c \times a) \cdot b$.

例 8-6 已知 $a = (1, 2, 1), b = (2, 3, 4)$,求 $a \times b$.

解 $a \times b = \begin{vmatrix} i & j & k \\ 1 & 2 & 1 \\ 2 & 3 & 4 \end{vmatrix} = 5i - 2j - k = (5, -2, -1)$.

例 8-7 已知点 $A(1,0,2), B(2,0,1), C(3,2,1)$,求 $S_{\triangle ABC}$.

解 $\overrightarrow{AB}=(1,0,-1), \overrightarrow{AC}=(2,2,-1)$,

$$\overrightarrow{AB}\times\overrightarrow{AC}=\begin{vmatrix} i & j & k \\ 1 & 0 & -1 \\ 2 & 2 & -1 \end{vmatrix}=2i-j+2k=(2,-1,2)$$

$$S_{\triangle ABC}=\frac{1}{2}|\overrightarrow{AB}\times\overrightarrow{AC}|=\frac{1}{2}\sqrt{4+1+4}=\frac{3}{2}.$$

8.6 空间平面

1. 点法式方程

①垂直于平面的非零向量为该平面的法向量,记作 $\boldsymbol{n}=(A,B,C)$;

②在平面上找一确定的点 $M_0(x_0,y_0,z_0)$,那么除点 M_0 外任意一点为 $M(x,y,z)$,有 $\overrightarrow{M_0M}=(x-x_0,y-y_0,z-z_0)$;

③$\overrightarrow{M_0M}\perp\boldsymbol{n}\Rightarrow\overrightarrow{M_0M}\cdot\boldsymbol{n}=0$,即 $A(x-x_0)+B(y-y_0)+C(z-z_0)=0$,此方程称为平面的**点法式**方程.

例 8-8 求过点 $M_0(1,2,-1)$ 且与向量 $\boldsymbol{n}=(1,2,3)$ 垂直的平面方程.

解 平面方程为 $(x-1)+2(y-2)+3(z+1)=0$.

一般式方程(由点法式方程去括号而来):

$A(x-x_0)+B(y-y_0)+C(z-z_0)=Ax+By+Cz-Ax_0-By_0-Cz_0=0.$

令 $D=-Ax_0-By_0-Cz_0$,则有 $Ax+By+Cz+D=0$,此方程称为平面的一般式方程.

当 $D=0$ 时,平面过原点;

当 $A=0$ 时,平面平行于 x 轴;

当 $B=0$ 时,平面平行于 y 轴;

当 $C=0$ 时,平面平行于 z 轴.

例 8-9 求过 z 轴和点 $M_0(3,1,2)$ 的平面方程.

解 平面过 z 轴,类似于平面与 z 轴平行,且过原点,设平面方程为 $Ax+By=0$,将 $M_0(3,1,2)$ 代入,$3A+B=0\Rightarrow B=-3A$,得平面方程为 $Ax-3Ay=0\Rightarrow x-3y=0$.

例 8-10 求通过 y 轴和点 $(1,2,3)$ 的平面方程.

解 设平面方程为 $Ax+Cz=0$,将点 $(1,2,3)$ 代入,$A+3C=0\Rightarrow A=-3C$,得平面方程为 $-3Cx+Cz=0\Rightarrow -3x+z=0$.

例 8-11 已知一平面过点 $(1,0,-1)$ 且平行于向量 $\boldsymbol{a}=(2,1,1)$ 与 $\boldsymbol{b}=(1,-1,0)$,求该平面方程.

解 $\boldsymbol{a}\times\boldsymbol{b}=\begin{vmatrix} i & j & k \\ 2 & 1 & 1 \\ 1 & -1 & 0 \end{vmatrix}=i+j-3k=(1,1,-3)$,

故平面方程为 $(x-1)+(y-0)-3(z+1)=0$.

例 8-12 求过三点 $A(1,2,3), B(2,3,1), C(3,2,1)$ 的平面方程.

解 $\vec{AB} = (1,1,-2), \vec{AC} = (2,0,-2),$

$$\vec{AB} \times \vec{AC} = \begin{vmatrix} i & j & k \\ 1 & 1 & -2 \\ 2 & 0 & -2 \end{vmatrix} = -2i - 2j - 2k = -2(1,1,1),$$

故平面方程为 $(x-1) + (y-2) + (z-3) = 0$.

2. 平面与平面的位置关系（由两者法向量的关系判断）

设有两个平面：$\pi_1 : A_1x + B_1y + C_1z + D_1 = 0$；$\pi_2 : A_2x + B_2y + C_2z + D_2 = 0$；则可知两平面的法向量分别为 $\boldsymbol{n}_1 = (A_1, B_1, C_1), \boldsymbol{n}_2 = (A_2, B_2, C_2)$.

① 平行：$\pi_1 // \pi_2 \Leftrightarrow \boldsymbol{n}_1 // \boldsymbol{n}_2 \Leftrightarrow \dfrac{A_1}{A_2} = \dfrac{B_1}{B_2} = \dfrac{C_1}{C_2}$；

② 垂直：$\pi_1 \perp \pi_2 \Leftrightarrow \boldsymbol{n}_1 \perp \boldsymbol{n}_2 \Leftrightarrow A_1A_2 + B_1B_2 + C_1C_2 = 0$；

③ 相交：只有 $\dfrac{A_1}{A_2} = \dfrac{B_1}{B_2} = \dfrac{C_1}{C_2}$ 不成立（不平行就相交）；

④ 重合：既平行又有交点，$\dfrac{A_1}{A_2} = \dfrac{B_1}{B_2} = \dfrac{C_1}{C_2} = \dfrac{D_1}{D_2}$.

例 8-13 求过点 $(1,1,1)$ 且与平面 $2x - 2y + 2z - 22 = 0$ 平行的平面方程.

解 由于两平面平行,则两平面对应的法向量也平行,$\boldsymbol{n} = (2, -2, 2) = 2(1, -1, 1)$,故平面方程为 $(x-1) - (y-1) + (z-1) = 0$.

例 8-14 一平面过两点 $A(1,1,1)$ 与 $B(0,1,-1)$ 且垂直于平面 $\pi : x + y + z = 0$,求该平面方程.

解 $\vec{AB} = (-1, 0, -2)$,平面 π 的法向量 $\boldsymbol{n}_1 = (1,1,1)$,所求平面的法向量既与 $\vec{AB}$ 垂直,又与 $\boldsymbol{n}_1$ 垂直,$\boldsymbol{n} = \vec{AB} \times \boldsymbol{n}_1 = \begin{vmatrix} i & j & k \\ -1 & 0 & -2 \\ 1 & 1 & 1 \end{vmatrix} = 2i - j - k = (2, -1, -1)$,故平面方程为 $2(x-1) - (y-1) - (z-1) = 0$.

例 8-15 已知两平面 $mx + 7y - 6z - 24 = 0$ 与 $-3my - 7z - 19 = 0$ 相互垂直,求 m.

解 两平面垂直,即两平面对应的法向量垂直,$\boldsymbol{n}_1 = (m, 7, -6), \boldsymbol{n}_2 = (0, -3m, -7)$,$\boldsymbol{n}_1 \cdot \boldsymbol{n}_2 = -21m + 42 = 0 \Rightarrow m = 2$.

3. 两平面的夹角（即两平面法向量的夹角,但此夹角为 $0 \leq \theta \leq \dfrac{\pi}{2}$）

步骤：① 写出 $\boldsymbol{n}_1, \boldsymbol{n}_2$；

② 求 $\cos \theta = \dfrac{|\boldsymbol{n}_1 \cdot \boldsymbol{n}_2|}{|\boldsymbol{n}_1| \cdot |\boldsymbol{n}_2|}$（因为此夹角为锐角,所以分子要加绝对值）；

③ 求出 θ 大小.

例 8-16 求两平面 $x - y + 2z - 6 = 0$ 与 $2x + y + z - 5 = 0$ 的夹角 θ.

解 $\boldsymbol{n}_1 = (1, -1, 2), \boldsymbol{n}_2 = (2, 1, 1),$

$\cos \theta = \dfrac{|\boldsymbol{n}_1 \cdot \boldsymbol{n}_2|}{|\boldsymbol{n}_1| \cdot |\boldsymbol{n}_2|} = \dfrac{|2 - 1 + 2|}{\sqrt{1+1+4} \cdot \sqrt{4+1+1}} = \dfrac{3}{6} = \dfrac{1}{2}, \theta = \dfrac{\pi}{3}$.

例 8-17 求两平面 $2x-2y+z-1=0$ 与 $y+3z-1=0$ 的夹角 θ.

解 $\boldsymbol{n}_1=(2,-2,1),\boldsymbol{n}_2=(0,1,3)$,

$$\cos\theta=\frac{|\boldsymbol{n}_1\cdot\boldsymbol{n}_2|}{|\boldsymbol{n}_1|\cdot|\boldsymbol{n}_2|}=\frac{|0-2+3|}{\sqrt{4+4+1}\cdot\sqrt{0+1+9}}=\frac{1}{3\sqrt{10}}=\frac{\sqrt{10}}{30},\theta=\arccos\frac{\sqrt{10}}{30}.$$

4. 点到平面的距离

点 $P(x_0,y_0,z_0)$ 到平面 $Ax+By+Cz+D=0$ 的距离 $d=\dfrac{|Ax_0+By_0+Cz_0+D|}{\sqrt{A^2+B^2+C^2}}$.

(如图 8-8 所示, 设平面上有一点 M_0, 则点到平面的距离 d 就是 $\overrightarrow{M_0P}$ 在平面法向量 $\boldsymbol{n}$ 上投影的绝对值.)

过程: 设平面上有一点 $M_0(x_1,y_1,z_1)$,

$\overrightarrow{M_0P}=(x_0-x_1,y_0-y_1,z_0-z_1),\boldsymbol{n}=(A,B,C)$,

$$d=\frac{|\overrightarrow{M_0P}\cdot\boldsymbol{n}|}{|\boldsymbol{n}|}=\frac{|A(x_0-x_1)+B(y_0-y_1)+C(z_0-z_1)|}{\sqrt{A^2+B^2+C^2}}$$

$$=\frac{|Ax_0-Ax_1+By_0-By_1+Cz_0-Cz_1|}{\sqrt{A^2+B^2+C^2}}$$

$$=\frac{|Ax_0+By_0+Cz_0-Ax_1-By_1-Cz_1|}{\sqrt{A^2+B^2+C^2}}$$

$$=\frac{|Ax_0+By_0+Cz_0-(Ax_1+By_1+Cz_1)|}{\sqrt{A^2+B^2+C^2}}$$

$$=\frac{|Ax_0+By_0+Cz_0-(-D)|}{\sqrt{A^2+B^2+C^2}}=\frac{|Ax_0+By_0+Cz_0+D|}{\sqrt{A^2+B^2+C^2}}.$$

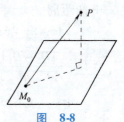

图 8-8

注: 做题时可直接套用此公式.

例 8-18 求点 $(3,1,1)$ 到平面 $3x-4y-5z+2=0$ 的距离.

解 $d=\dfrac{|9-4-5+2|}{\sqrt{9+16+25}}=\dfrac{2}{5\sqrt{2}}=\dfrac{\sqrt{2}}{5}.$

例 8-19 求点 $(1,2,1)$ 到平面 $x+y-2z+1=0$ 的距离.

解 $d=\dfrac{|1+2-2+1|}{\sqrt{1+1+4}}=\dfrac{2}{\sqrt{6}}=\dfrac{\sqrt{6}}{3}.$

例 8-20 已知两点 $A(1,2,1)$ 与 $B(2,0,3)$, 求与点 B 距离为 2 且垂直于 $\overrightarrow{AB}$ 的平面方程.

解 $\overrightarrow{AB}$ 即为该平面的法向量, $\overrightarrow{AB}=(1,-2,2)$, 设平面方程为 $x-2y+2z+D=0$,

$d=\dfrac{|2-0+6+D|}{\sqrt{1+4+4}}=\dfrac{|8+D|}{3}=2\Rightarrow D_1=-2,D_2=-14$,

故平面方程为 $x-2y+2z-2=0$ 或 $x-2y+2z-14=0$.

5. 平行平面的距离

设有两平面: $\pi_1:Ax+By+Cz+D_1=0$;

$\pi_2: Ax + By + Cz + D_2 = 0$;

如图 8-9 所示,两平面的法向量需一致,则两平行平面的距离 $d = \dfrac{|D_2 - D_1|}{\sqrt{A^2 + B^2 + C^2}}$.

注:证明过程与点到平面的距离相同,只是点 P 在另一个平面上.

例 8-21 求两平面 $x + 2y + 3z - 1 = 0$ 与 $x + 2y + 3z + 5 = 0$ 的距离.

解 $d = \dfrac{|D_2 - D_1|}{\sqrt{A^2 + B^2 + C^2}} = \dfrac{|-1-5|}{\sqrt{1+4+9}} = \dfrac{6}{\sqrt{14}} = \dfrac{3\sqrt{14}}{7}$.

例 8-22 求两平面 $2x + 4y + 3z - 1 = 0$ 与 $4x + 8y + 6z - 6 = 0$ 的距离.

解 $4x + 8y + 6z - 6 = 0 \Rightarrow 2x + 4y + 3z - 3 = 0$,

$d = \dfrac{|D_2 - D_1|}{\sqrt{A^2 + B^2 + C^2}} = \dfrac{|(-1) - (-3)|}{\sqrt{4 + 16 + 9}} = \dfrac{2}{\sqrt{29}} = \dfrac{2\sqrt{29}}{29}$.

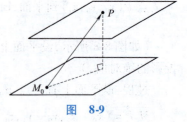

图 8-9

8.7 空间直线

1. 直线的方程

点向式方程(也称对称式方程)

① 平行于直线的非零向量称为方向向量,记作 $\mathbf{s} = (m, n, p)$;

② 在直线上找一确定的点 $M_0(x_0, y_0, z_0)$,那么除点 M_0 外任意一点为 $M(x, y, z)$,有 $\overrightarrow{M_0M} = (x - x_0, y - y_0, z - z_0)$;

③ $\overrightarrow{M_0M} // \mathbf{s}$,即 $\dfrac{x - x_0}{m} = \dfrac{y - y_0}{n} = \dfrac{z - z_0}{p}$,此方程称为直线的**点向式方程**.

例 8-23 求过点 $(2, 3, 4)$ 且方向向量为 $\mathbf{s} = (3, 1, 4)$ 的直线方程.

解 直线方程为 $\dfrac{x - 2}{3} = \dfrac{y - 3}{1} = \dfrac{z - 4}{4}$.

参数式方程:令 $\dfrac{x - x_0}{m} = \dfrac{y - y_0}{n} = \dfrac{z - z_0}{p} = t$,则有 $\begin{cases} x = mt + x_0 \\ y = nt + y_0 \\ z = pt + z_0 \end{cases}$,此方程称为直线的**参数式方程**.

注:在计算交点类问题时,用直线的参数式方程.

一般式方程(也称交面式方程):即两个相交平面的公共线.

$\begin{cases} A_1 x + B_1 y + C_1 z + D_1 = 0 \\ A_2 x + B_2 y + C_2 z + D_2 = 0 \end{cases}$ 联立两平面方程,此方程称为直线的一般式方程,该直线方程的方向向量 $\mathbf{s} = \mathbf{n}_1 \times \mathbf{n}_2$,直线上一点可随意取,建议两个方程联立化简先约去一个变量,再去取值.

例 8-24 将直线 $\begin{cases} x-y-2=0 \\ 2x+y-z-3=0 \end{cases}$ 改写成点向式和参数式.

解 $s = n_1 \times n_2 = \begin{vmatrix} i & j & k \\ 1 & -1 & 0 \\ 2 & 1 & -1 \end{vmatrix} = i+j+3k = (1,1,3)$,直线上一点可随意取,只要满足两个方程即可,如:令 $x=2$,通过第一个方程得 $y=0$,再将 $\begin{cases} x=2 \\ y=0 \end{cases}$ 代入第二个方程得 $z=1$,即点 $(2,0,1)$ 在直线上,直线点向式方程为 $\dfrac{x-2}{1} = \dfrac{y-0}{1} = \dfrac{z-1}{3}$.

令 $\dfrac{x-2}{1} = \dfrac{y-0}{1} = \dfrac{z-1}{3} = t \Rightarrow \begin{cases} x = t+2 \\ y = t \\ z = 3t+1 \end{cases}$ 为参数式方程.

例 8-25 求直线 $\dfrac{x-2}{1} = \dfrac{y-3}{1} = \dfrac{z-4}{2}$ 与平面 $2x+y+z-6=0$ 的交点.

解 交点问题,一般考虑用参数式方程.

令 $\dfrac{x-2}{1} = \dfrac{y-3}{1} = \dfrac{z-4}{2} = t \Rightarrow \begin{cases} x = t+2 \\ y = t+3 \\ z = 2t+4 \end{cases}$,设交点 $Q(t+2, t+3, 2t+4)$,由于交点亦在平面上,得 $2(t+2)+t+3+2t+4-6=0 \Rightarrow 5t+5=0 \Rightarrow t=-1$,故交点为 $(1,2,2)$.

例 8-26 求点 $P(1,2,-1)$ 在平面 $2x+y-3z+2=0$ 上的投影点坐标.

解 以平面法向量为直线方向向量,点 P 在直线上,得直线方程 $\dfrac{x-1}{2} = \dfrac{y-2}{1} = \dfrac{z+1}{-3}$,该点在平面上的投影即为该直线与平面的交点.

令 $\dfrac{x-1}{2} = \dfrac{y-2}{1} = \dfrac{z+1}{-3} = t \Rightarrow \begin{cases} x = 2t+1 \\ y = t+2 \\ z = -3t-1 \end{cases}$,设交点 $(2t+1, t+2, -3t-1)$,

代入平面得 $2(2t+1)+(t+2)-3(-3t-1)+2=0 \Rightarrow 14t+9=0 \Rightarrow t = -\dfrac{9}{14}$,故投影点坐标为 $\left(-\dfrac{2}{7}, \dfrac{19}{14}, \dfrac{13}{14}\right)$.

2. 直线与直线的位置关系(由两者方向向量的关系判断)

设有两条直线:$L_1: \dfrac{x-x_1}{m_1} = \dfrac{y-y_1}{n_1} = \dfrac{z-z_1}{p_1}$;$L_2: \dfrac{x-x_2}{m_2} = \dfrac{y-y_2}{n_2} = \dfrac{z-z_2}{p_2}$,则可知两直线的方向向量和直线上一点:$s_1 = (m_1, n_1, p_1)$,点 $P(x_1, y_1, z_1)$;$s_2 = (m_2, n_2, p_2)$,点 $Q(x_2, y_2, z_2)$.

①平行:$L_1 // L_2 \Leftrightarrow s_1 // s_2 \Leftrightarrow \dfrac{m_1}{m_2} = \dfrac{n_1}{n_2} = \dfrac{p_1}{p_2}$;

②垂直:$L_1 \perp L_2 \Leftrightarrow s_1 \perp s_2 \Leftrightarrow s_1 \cdot s_2 = m_1 m_2 + n_1 n_2 + p_1 p_2 = 0$;

③重合:平行且有交点,$s_1 /\!/ s_2$ 且点 P 在 L_2 上;
④相交:首先不平行 $s_1 /\!/ s_2$ 不成立,再三向量共面 $(s_1 \times s_2) \cdot \overrightarrow{PQ} = 0$;
⑤异面:$(s_1 \times s_2) \cdot \overrightarrow{PQ} \neq 0$.

例 8-27 求与直线 $\begin{cases} 2x - y - 5z - 1 = 0 \\ x - 4z - 3 = 0 \end{cases}$ 平行且过点 $(-3, 2, 5)$ 的直线方程.

解 $s = n_1 \times n_2 = \begin{vmatrix} i & j & k \\ 2 & -1 & -5 \\ 1 & 0 & -4 \end{vmatrix} = 4i + 3j + k = (4, 3, 1)$,

故直线方程为 $\dfrac{x+3}{4} = \dfrac{y-2}{3} = \dfrac{z-5}{1}$.

3. 直线与平面的位置关系

设平面 $\pi: Ax + By + Cz + D = 0$,直线 $L: \dfrac{x - x_0}{m} = \dfrac{y - y_0}{n} = \dfrac{z - z_0}{p}$,则可知 $n = (A, B, C)$; $s = (m, n, p)$,点 $P(x_0, y_0, z_0)$.
①平行:$\pi /\!/ L \Leftrightarrow n \perp s$;
②垂直:$\pi \perp L \Leftrightarrow n /\!/ s$;
③重合:平行 $\pi /\!/ L$ 且点 P 在平面上.

例 8-28 判断直线 $\begin{cases} 2x + y - 1 = 0 \\ 3x + z - 2 = 0 \end{cases}$ 与平面 $x + 2y - z - 1 = 0$ 的位置关系.

解 直线方向向量 $s = \begin{vmatrix} i & j & k \\ 2 & 1 & 0 \\ 3 & 0 & 1 \end{vmatrix} = i - 2j - 3k = (1, -2, -3)$,平面法向量 $n = (1, 2, -1)$,
$s \cdot n = 1 - 4 + 3 = 0$,在直线上找一点 $(0, 1, 2)$ 代入平面方程 $0 + 2 - 2 - 1 = -1$,点不在平面上,故直线与平面平行.

例 8-29 求过点 $M(2, 0, -3)$ 且与直线 $\begin{cases} x - 2y + 4z - 7 = 0 \\ 3x + 5y - 2z + 1 = 0 \end{cases}$ 垂直的平面方程.

解 直线方向向量 $s = \begin{vmatrix} i & j & k \\ 1 & -2 & 4 \\ 3 & 5 & -2 \end{vmatrix} = -16i + 14j + 11k = (-16, 14, 11)$,由于直线与平面垂直,所以直线方向向量即为平面法向量,故平面方程为
$$-16(x - 2) + 14(y - 0) + 11(z + 3) = 0.$$

例 8-30 求两平行直线 $\dfrac{x+3}{3} = \dfrac{y+2}{-2} = \dfrac{z}{1}$ 和 $\dfrac{x+3}{3} = \dfrac{y+4}{-2} = \dfrac{z+1}{1}$ 所确定的平面方程.

解 直线方向向量 $s = (3, -2, 1)$,两直线上各一点 $P(-3, -2, 0)$,点 $Q(-3, -4, -1)$,
$\overrightarrow{PQ} = (0, -2, -1)$,平面法向量 $n = s \times \overrightarrow{PQ} = \begin{vmatrix} i & j & k \\ 3 & -2 & 1 \\ 0 & -2 & -1 \end{vmatrix} = 4i + 3j - 6k = (4, 3, -6)$,故
平面方程为 $4(x + 3) + 3(y + 2) - 6(z - 0) = 0$.

例 8-31 已知两直线 $L_1: \dfrac{x-1}{1} = \dfrac{y-2}{0} = \dfrac{z-3}{-1}$ 和 $L_2: \dfrac{x+2}{2} = \dfrac{y-1}{1} = \dfrac{z}{1}$，求过 L_1 且平行于 L_2 的平面方程.

解 平面法向量 $\boldsymbol{n} = \boldsymbol{s}_1 \times \boldsymbol{s}_2 = \begin{vmatrix} \boldsymbol{i} & \boldsymbol{j} & \boldsymbol{k} \\ 1 & 0 & -1 \\ 2 & 1 & 1 \end{vmatrix} = \boldsymbol{i} - 3\boldsymbol{j} + \boldsymbol{k} = (1, -3, 1)$，直线 L_1 在平面上，即点 $(1, 2, 3)$ 也在平面上，故平面方程为 $(x-1) - 3(y-2) + (z-3) = 0$.

交点与投影问题：

例 8-32 求点 $A(1, -1, 2)$ 在直线 $\dfrac{x+1}{-2} = \dfrac{y}{1} = \dfrac{z-1}{2}$ 上的投影点坐标.

解 过点 A 作直线的垂线，垂线与直线垂直相交，故投影点即为垂线与直线的交点. 设投影点 $B(-2t-1, t, 2t+1)$，$\overrightarrow{AB} = (-2t-2, t+1, 2t-1)$，直线方向向量 $\boldsymbol{s} = (-2, 1, 2)$，$\overrightarrow{AB} \perp \boldsymbol{s}$，得 $\overrightarrow{AB} \cdot \boldsymbol{s} = 4t + 4 + t + 1 + 4t - 2 = 0 \Rightarrow t = -\dfrac{1}{3}$，投影点 $B\left(-\dfrac{1}{3}, -\dfrac{1}{3}, \dfrac{1}{3}\right)$.

例 8-33 求直线 $\dfrac{x+2}{3} = \dfrac{y-3}{-2} = z$ 与平面 $x + 2y + 2z = 5$ 的交点坐标.

解 令 $\dfrac{x+2}{3} = \dfrac{y-3}{-2} = z = t \Rightarrow \begin{cases} x = 3t - 2 \\ y = -2t + 3 \\ z = t \end{cases}$，设交点 $Q(3t-2, -2t+3, t)$，代入平面方程得 $3t - 2 + 2(-2t+3) + 2t = 5 \Rightarrow t = 1$，故交点坐标为 $(1, 1, 1)$.

例 8-34 求点 $(-1, 2, 0)$ 在平面 $x + 2y - z + 1 = 0$ 的投影点坐标.

解 过点作平面的垂线，投影点坐标即为垂线与平面的交点.

过点 $(-1, 2, 0)$，并以平面法向量为方向向量的垂线方程为 $\dfrac{x+1}{1} = \dfrac{y-2}{2} = \dfrac{z-0}{-1}$，设直线与平面的交点 $Q(t-1, 2t+2, -t)$，代入平面方程得 $t - 1 + 4t + 4 + t + 1 = 0 \Rightarrow t = -\dfrac{2}{3}$，故投影点坐标为 $\left(-\dfrac{5}{3}, \dfrac{2}{3}, \dfrac{2}{3}\right)$.

例 8-35 求点 $P(3, 7, 5)$ 关于平面 $2x - 6y + 3z + 42 = 0$ 对称的点 P' 的坐标.

解 连接 PP'，直线 PP' 与平面垂直，且相交于点 Q，交点 Q 即为点 P、点 P' 的中点，直线 PP' 是过点 P 作平面的垂线，为 $\dfrac{x-3}{2} = \dfrac{y-7}{-6} = \dfrac{z-5}{3}$，设交点 $Q(2t+3, -6t+7, 3t+5)$，代入平面方程得 $2(2t+3) - 6(-6t+7) + 3(3t+5) + 42 = 0 \Rightarrow t = -\dfrac{3}{7}$，得交点 $Q\left(\dfrac{15}{7}, \dfrac{67}{7}, \dfrac{26}{7}\right)$，故 $P'\left(2 \times \dfrac{15}{7} - 3, 2 \times \dfrac{67}{7} - 7, 2 \times \dfrac{26}{7} - 5\right) \Rightarrow P'\left(\dfrac{9}{7}, \dfrac{85}{7}, \dfrac{17}{7}\right)$.

例 8-36 求直线 $\dfrac{x-1}{2} = \dfrac{y-1}{3} = \dfrac{z}{1}$ 在平面 $x-y+z+5=0$ 的投影.

解 直线方向向量 $\boldsymbol{s}=(2,3,1)$,平面法向量 $\boldsymbol{n}=(1,-1,1)$,$\boldsymbol{s}\cdot\boldsymbol{n}=2-3+1=0$,该直线与平面平行,因此投影直线与该直线平行.

过点 $(1,1,0)$,并以平面法向量为方向向量的直线方程为 $\dfrac{x-1}{1}=\dfrac{y-1}{-1}=\dfrac{z-0}{1}$,

设交点 $Q(t+1,-t+1,t)$,代入平面方程得 $t+1+t-1+t+5=0 \Rightarrow t=-\dfrac{5}{3}$,

得 $Q\left(-\dfrac{2}{3},\dfrac{8}{3},-\dfrac{5}{3}\right)$,故投影直线为 $\dfrac{x+\dfrac{2}{3}}{2}=\dfrac{y-\dfrac{8}{3}}{3}=\dfrac{z+\dfrac{5}{3}}{1}$.

例 8-37 求直线 $\dfrac{x-1}{2}=\dfrac{y-1}{3}=\dfrac{z}{1}$ 在平面 $x-y+2z+5=0$ 的投影.

解 该直线与平面不平行,不平行即相交.

令 $\dfrac{x-1}{2}=\dfrac{y-1}{3}=\dfrac{z}{1}=t$,设交点 $Q_1(2t+1,3t+1,t)$,

代入平面方程得 $2t+1-3t-1+2t+5=0 \Rightarrow t=-5$,得 $Q_1(-9,-14,-5)$,

过点 $(1,1,0)$,并以平面法向量为方向向量的直线方程为 $\dfrac{x-1}{1}=\dfrac{y-1}{-1}=\dfrac{z-0}{2}$.

设交点 $Q_2(t+1,-t+1,2t)$,代入平面方程得 $t+1+t-1+4t+5=0 \Rightarrow t=-\dfrac{5}{6}$,

得 $Q_2\left(\dfrac{1}{6},\dfrac{11}{6},-\dfrac{5}{3}\right)$,$\overrightarrow{Q_1Q_2}=\left(\dfrac{55}{6},\dfrac{95}{6},\dfrac{10}{3}\right)=\dfrac{5}{6}(11,19,4)$.

投影直线为 $\dfrac{x+9}{11}=\dfrac{y+14}{19}=\dfrac{z+5}{4}$.

4. 两直线的夹角（即两直线方向向量的夹角,但此夹角为 $0 \leqslant \theta \leqslant \dfrac{\pi}{2}$）

步骤：

① 写出 $\boldsymbol{s}_1,\boldsymbol{s}_2$;

② 求 $\cos\theta = \dfrac{|\boldsymbol{s}_1 \cdot \boldsymbol{s}_2|}{|\boldsymbol{s}_1| \cdot |\boldsymbol{s}_2|}$（因为此夹角为锐角,所以分子要加绝对值）；

③ 求出 θ 大小.

例 8-38 求直线 $L_1: \dfrac{x-1}{1}=\dfrac{y}{-4}=\dfrac{z+3}{1}$ 与直线 $L_2: \dfrac{x}{2}=\dfrac{y+2}{-2}=\dfrac{z}{-1}$ 的夹角 θ.

解 $\boldsymbol{s}_1=(1,-4,1),\boldsymbol{s}_2=(2,-2,-1)$,

$\cos\theta = \dfrac{|\boldsymbol{s}_1 \cdot \boldsymbol{s}_2|}{|\boldsymbol{s}_1| \cdot |\boldsymbol{s}_2|} = \dfrac{|2+8-1|}{\sqrt{1+16+1} \cdot \sqrt{4+4+1}} = \dfrac{9}{3\sqrt{18}} = \dfrac{\sqrt{2}}{2}$,$\theta = \dfrac{\pi}{4}$.

例 8-39 求直线 $L_1: \dfrac{x-3}{4} = \dfrac{y-2}{-12} = \dfrac{z+1}{3}$ 与直线 $L_2: \dfrac{x-1}{2} = \dfrac{y+2}{-1} = \dfrac{z}{-2}$ 的夹角 θ.

$s_1 = (4, -12, 3), s_2 = (2, -1, -2)$,

$\cos\theta = \dfrac{|s_1 \cdot s_2|}{|s_1| \cdot |s_2|} = \dfrac{|8+12-6|}{\sqrt{16+144+9} \cdot \sqrt{4+1+4}} = \dfrac{14}{3\sqrt{169}} = \dfrac{14}{39}, \theta = \arccos\dfrac{14}{39}$.

例 8-40 求直线 $L_1: \dfrac{x-1}{4} = \dfrac{y-5}{-2} = \dfrac{z+8}{1}$ 与直线 $L_2: \begin{cases} x-y=6 \\ 2y+z=3 \end{cases}$ 的夹角 θ.

解 $s_1 = (4, -2, 1), s_2 = \begin{vmatrix} i & j & k \\ 1 & -1 & 0 \\ 0 & 2 & 1 \end{vmatrix} = -i - j + 2k = (-1, -1, 2)$,

$s_1 \cdot s_2 = -4 + 2 + 2 = 0, \theta = \dfrac{\pi}{2}$.

5. 直线与平面的夹角

步骤：

① 写出 s, n;

② 求 $\sin\theta = \cos\varphi = \dfrac{|s \cdot n|}{|s| \cdot |n|}$（因为此夹角为锐角，所以分子要加绝对值）；

③ 求出 θ 大小.

注：直线与平面的夹角，会是方向向量与法向量夹角为锐角情况下的余角.

例 8-41 求直线 $\dfrac{x-1}{2} = \dfrac{y-1}{3} = \dfrac{z}{2}$ 与平面 $x-y+z=0$ 的夹角.

解 $s = (2, 3, 2), n = (1, -1, 1)$

$\sin\theta = \dfrac{|s \cdot n|}{|s| \cdot |n|} = \dfrac{|2-3+2|}{\sqrt{4+9+4} \cdot \sqrt{1+1+1}} = \dfrac{1}{\sqrt{51}}, \theta = \arcsin\dfrac{\sqrt{51}}{51}$.

6. 点到直线的距离

如图 8-10 所示，设直线外一点 $P(x_1, y_1, z_1)$,

直线 $L: \dfrac{x-x_0}{m} = \dfrac{y-y_0}{n} = \dfrac{z-z_0}{p}$,

则可知 $s = (m, n, p)$, 点 $Q(x_0, y_0, z_0)$.

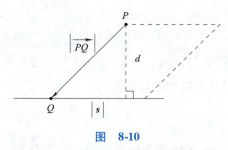

图 8-10

① 以 $|\overrightarrow{PQ}|$ 和 $|s|$ 为邻边的平行四边形面积为 $|\overrightarrow{PQ} \times s|$;

②点到直线的距离 $d = \dfrac{\text{平行四边形面积}}{\text{底边边长}} = \dfrac{|\overrightarrow{PQ} \times s|}{|s|}$.

注：平行直线间的距离也为点到直线的距离，这里不再赘述.

例 8-42 求点 $P(1,2,1)$ 到直线 $\dfrac{x-1}{2} = \dfrac{y-1}{1} = \dfrac{z-2}{2}$ 的距离.

解 由直线方程可知，$s = (2,1,2)$，点 $Q(1,1,2)$，则 $\overrightarrow{PQ} = (0,-1,1)$，

$$\overrightarrow{PQ} \times s = \begin{vmatrix} i & j & k \\ 0 & -1 & 1 \\ 2 & 1 & 2 \end{vmatrix} = -3i + 2j + 2k = (-3,2,2),$$

$$d = \dfrac{|\overrightarrow{PQ} \times s|}{|s|} = \dfrac{\sqrt{9+4+4}}{\sqrt{4+1+4}} = \dfrac{\sqrt{17}}{3}.$$

例 8-43 求点 $P(1,-1,0)$ 到直线 $\begin{cases} x-y+1=0 \\ x+y-2z-1=0 \end{cases}$ 的距离.

解 直线方向向量 $s = \begin{vmatrix} i & j & k \\ 1 & -1 & 0 \\ 1 & 1 & -2 \end{vmatrix} = 2i + 2j + 2k = (2,2,2)$，直线上一点 $Q(0,1,0)$，

则 $\overrightarrow{PQ} = (-1,2,0)$，$\overrightarrow{PQ} \times s = \begin{vmatrix} i & j & k \\ -1 & 2 & 0 \\ 2 & 2 & 2 \end{vmatrix} = 4i + 2j - 6k = (4,2,-6)$，

$$d = \dfrac{|\overrightarrow{PQ} \times s|}{|s|} = \dfrac{\sqrt{16+4+36}}{\sqrt{4+4+4}} = \dfrac{2\sqrt{14}}{2\sqrt{3}} = \dfrac{\sqrt{42}}{3}.$$

7. 异面直线的距离

设有两条直线：$L_1: \dfrac{x-x_1}{m_1} = \dfrac{y-y_1}{n_1} = \dfrac{z-z_1}{p_1}$；$L_2: \dfrac{x-x_2}{m_2} = \dfrac{y-y_2}{n_2} = \dfrac{z-z_2}{p_2}$，则可知两直线的方向向量和直线上一点：$s_1 = (m_1, n_1, p_1)$，点 $P(x_1, y_1, z_1)$；$s_2 = (m_2, n_2, p_2)$，点 $Q(x_2, y_2, z_2)$.

方法一：投影.

①过两直线作公垂线；

②公垂线的长度即为异面直线的距离，也即 $\overrightarrow{PQ}$ 在公垂线上的投影；

③公垂线方向向量为 $s_3 = s_1 \times s_2$，距离为 $d = \dfrac{|\overrightarrow{PQ} \cdot s_3|}{|s_3|}$，如图 8-11 所示.

（因为投影有正负，所以分子要加绝对值）

方法二：平行平面.

①过两直线作公垂线；

②以公垂线方向向量 $s_3 = s_1 \times s_2$ 为法向量，和点 P、点 Q 构建两个平行平面；

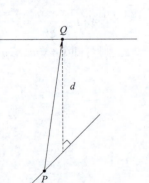

图 8-11

③异面直线的距离即为两平行平面的距离.

例 8-44 求异面直线 $L_1: \dfrac{x-3}{2}=\dfrac{y+1}{1}=\dfrac{z-1}{1}$ 与 $L_2: \dfrac{x+1}{1}=\dfrac{y-2}{0}=\dfrac{z}{1}$ 之间的距离.

解 ①由直线方程可知 $s_1=(2,1,1), P(3,-1,1), s_2=(1,0,1), Q(-1,2,0)$,

$$\overrightarrow{PQ}=(-4,3,-1), s_1\times s_2=\begin{vmatrix} i & j & k \\ 2 & 1 & 1 \\ 1 & 0 & 1 \end{vmatrix}=i-j-k=(1,-1,-1),$$

$$d=\dfrac{|\overrightarrow{PQ}\cdot(s_1\times s_2)|}{|s_1\times s_2|}=\dfrac{|-4-3+1|}{\sqrt{1+1+1}}=2\sqrt{3}.$$

② $s_1\times s_2=\begin{vmatrix} i & j & k \\ 2 & 1 & 1 \\ 1 & 0 & 1 \end{vmatrix}=i-j-k=(1,-1,-1)$,以叉乘后的新向量为法向量,构建两个

平面, $\pi_1:(x-3)-(y+1)-(z-1)=0\Rightarrow x-y-z-3=0$,

$\pi_2:(x+1)-(y-2)-z=0\Rightarrow x-y-z+3=0$,

$$d=\dfrac{|D_1-D_2|}{|s_1\times s_2|}=\dfrac{|-3-3|}{\sqrt{1+1+1}}=2\sqrt{3}.$$

例 8-45 求异面直线 $L_1: \dfrac{x-3}{3}=\dfrac{y-8}{-1}=\dfrac{z-3}{1}$ 与 $L_2: \dfrac{x+3}{-3}=\dfrac{y+7}{2}=\dfrac{z-6}{4}$ 之间的距离.

解 ①由直线方程可知 $s_1=(3,-1,1), P(3,8,3), s_2=(-3,2,4), Q(-3,-7,6)$,

$$\overrightarrow{PQ}=(-6,-15,3), s_1\times s_2=\begin{vmatrix} i & j & k \\ 3 & -1 & 1 \\ -3 & 2 & 4 \end{vmatrix}=-6i-15j+3k=(-6,-15,3),点 P,Q 正好$$

为公垂线与两直线的交点, $d=\dfrac{|\overrightarrow{PQ}\cdot(s_1\times s_2)|}{|s_1\times s_2|}=|\overrightarrow{PQ}|=\sqrt{36+225+9}=\sqrt{270}=3\sqrt{30}.$

② $s_1\times s_2=\begin{vmatrix} i & j & k \\ 3 & -1 & 1 \\ -3 & 2 & 4 \end{vmatrix}=-6i-15j+3k=(-6,-15,3)$,以叉乘后的新向量为法向

量,构建两个平面, $\pi_1:-6(x-3)-15(y-8)+3(z-3)=0\Rightarrow -6x-15y+3z+129=0$,

$\pi_2:-6(x+3)-15(y+7)+3(z-6)=0\Rightarrow -6x-15y+3z-141=0$,

$$d=\dfrac{|D_1-D_2|}{|s_1\times s_2|}=\dfrac{|129-(-141)|}{\sqrt{36+225+9}}=\dfrac{270}{\sqrt{270}}=3\sqrt{30}.$$